普通高等教育"十三五"规划教材

微机原理与接口技术

耿 茜 沈国荣 季秀霞 迟少华 编著

国防工业出版社

·北京·

内 容 简 介

本书以 80x86/Pentium 系列微型计算机为背景机,主要介绍微型计算机硬件组成和工作原理、指令系统和汇编语言程序设计、微机接口技术 3 个方面的内容。全书共 12 章,分别介绍微型计算机基础知识、微型计算机总线技术、Intel 80x86 系列微处理器、8086/8088 指令系统、汇编语言程序设计、微型计算机存储器、微型计算机输入/输出接口技术、微型计算机中断技术、微型计算机并行接口技术、可编程定时器/计数器、微型计算机串行接口技术、模拟输入输出技术等。

本书融入多位教师的教学经验,重点突出、详略有序,既可作为应用型本科工科专业相关课程的教材,又可作为工程技术人员和其他自学者的参考书。

图书在版编目(CIP)数据

微机原理与接口技术/耿茜等编著.—北京:国防工业出版社,2016.7(2017.4 重印)
普通高等教育"十三五"规划教材
ISBN 978-7-118-10907-8

Ⅰ.①微… Ⅱ.①耿… Ⅲ.①微型计算机—理论—高等学校—教材②微型计算机—接口技术—高等学校—教材 Ⅳ.①TP36

中国版本图书馆 CIP 数据核字(2016)第 126353 号

※

国防工业出版社出版发行
(北京市海淀区紫竹院南路 23 号 邮政编码 100048)
三河市德鑫印刷有限公司印刷
新华书店经售

*

开本 787×1092 1/16 印张 18½ 字数 425 千字
2017 年 4 月第 1 版第 2 次印刷 印数 4001—6000 册 定价 38.00 元

(本书如有印装错误,我社负责调换)

国防书店:(010)88540777   发行邮购:(010)88540776
发行传真:(010)88540755   发行业务:(010)88540717

前 言

"微机原理与接口技术"是高等院校工科相关专业一门重要的专业基础课程。本课程的主要任务是使学生获得计算机硬件技术方面的基础知识、基本思想、基本方法和基本技能，培养学生利用硬件与软件相结合的方法分析解决相关专业领域问题的思维方式和初步能力，为将来学习后续课程和跟踪计算机技术的新发展打下基础。

全书共分 12 章，第 1 章微型计算机基础知识、第 2 章微型计算机总线技术、第 3 章 Intel 80x86 系列微处理器、第 4 章 8086/8088 指令系统、第 5 章汇编语言程序设计、第 6 章微型计算机存储器、第 7 章微型计算机输入/输出接口技术、第 8 章微型计算机中断技术、第 9 章微型计算机并行接口技术、第 10 章可编程定时器/计数器、第 11 章微型计算机串行接口技术、第 12 章模拟输入输出技术。附录部分包括 ASCII 码字符表、8086/8088 指令系统简表、8086 宏汇编常用伪指令简表、BIOS 系统功能调用和 DOS 系统功能调用（INT 21H）。

本课程建议授课时数为 48~64 学时。由于"微机原理与接口技术"是技术性、实践性较强的课程，建议根据实际的上机条件及实验设备，安排适当的汇编上机及接口实验内容，以巩固所学知识。

本书获得南京航空航天大学金城学院教材建设项目资助，由南京航空航天大学金城学院教师耿茜、沈国荣、季秀霞、迟少华共同编著，耿茜负责全书统稿。南京航空航天大学吴宁教授、马维华教授审阅了全书并提出了许多宝贵的意见和建议，在此表示衷心的感谢！同时感谢南京航空航天大学金城学院顾利民教授在本书编写过程中给予的关心和支持！

由于编者水平有限，书中难免有疏漏和不当之处，敬请同行专家和广大读者不吝指正。

编著者

2016 年 5 月

目 录

第1章 微型计算机基础知识 ... 1
1.1 计算机的基本结构和工作原理 ... 1
1.1.1 计算机的基本结构 ... 1
1.1.2 计算机的基本工作原理 ... 2
1.2 微型计算机系统 ... 2
1.2.1 微型计算机硬件系统的基本组成 ... 2
1.2.2 IBM PC/XT 机硬件系统 ... 4
1.3 微型计算机的发展历程与应用 ... 4
1.3.1 微型计算机的发展历程 ... 4
1.3.2 微型计算机的应用 ... 6
1.4 微型计算机的基本特点与主要性能指标 ... 8
1.4.1 微型计算机的基本特点 ... 8
1.4.2 微型计算机的主要性能指标 ... 9
1.5 计算机内部数据的表示方法 ... 9
1.5.1 数值数据的编码 ... 10
1.5.2 非数值数据的编码 ... 16
习题 ... 21

第2章 微型计算机总线技术 ... 22
2.1 概述 ... 22
2.1.1 总线的分类 ... 22
2.1.2 总线标准 ... 23
2.1.3 总线的性能指标 ... 23
2.1.4 总线数据传输过程 ... 24
2.2 常用系统总线 ... 24
2.2.1 PC/XT 总线 ... 24
2.2.2 ISA 总线 ... 26
2.2.3 PCI 总线 ... 29
2.3 常用外部总线 ... 31
2.3.1 RS-232 总线 ... 31
2.3.2 IEEE 1394 高速总线 ... 31
2.3.3 USB 总线 ... 33
习题 ... 36

第3章 Intel 80x86 系列微处理器 …… 37
3.1 8086/8088 微处理器概述 …… 37
3.2 8086/8088 内部寄存器结构 …… 37
3.2.1 通用寄存器组 …… 37
3.2.2 段寄存器组 …… 39
3.2.3 控制寄存器组 …… 39
3.3 8086/8088 的存储器组织和 I/O 组织 …… 41
3.3.1 存储器的分段管理 …… 41
3.3.2 物理地址与逻辑地址 …… 42
3.3.3 物理地址的形成 …… 42
3.3.4 堆栈 …… 43
3.3.5 存储器组织 …… 44
3.3.6 I/O 组织 …… 44
3.4 8086/8088 的内部结构 …… 45
3.4.1 总线接口部件（BIU） …… 45
3.4.2 执行部件（EU） …… 46
3.4.3 BIU 与 EU 的动作协调原则 …… 47
3.5 8086/8088 外特性——引脚信号及其功能 …… 47
3.5.1 8086 外特性——引脚信号及其功能 …… 48
3.5.2 8088 与 8086 引脚的不同之处 …… 53
3.6 8086/8088 最小工作模式及其系统结构 …… 53
3.6.1 8284A 时钟发生器 …… 53
3.6.2 总线分离与缓冲 …… 55
3.6.3 最小工作模式下控制核心单元的组成 …… 58
3.7 8086/8088 最大工作模式及其系统结构 …… 59
3.7.1 总线控制器 8288 …… 59
3.7.2 最大工作模式下控制核心单元的组成 …… 59
3.8 8086/8088 总线时序 …… 59
3.8.1 时钟周期、总线周期和指令周期 …… 60
3.8.2 存储器与 I/O 的读操作总线时序 …… 60
3.8.3 存储器与 I/O 的写操作总线时序 …… 61
3.9 Intel 80286 到 Pentium CPU …… 63
3.9.1 80286 …… 63
3.9.2 80386 …… 64
3.9.3 80486 …… 65
3.9.4 Pentium（奔腾） …… 66
习题 …… 67

第4章 8086/8088 指令系统 …… 69
4.1 指令格式 …… 69

4.2 寻址方式 ………………………………………………………………………………… 70
　　4.2.1 立即寻址 ……………………………………………………………………… 70
　　4.2.2 寄存器寻址 …………………………………………………………………… 70
　　4.2.3 存储器寻址 …………………………………………………………………… 70
4.3 8086/8088 指令系统 …………………………………………………………………… 73
　　4.3.1 数据传送类指令 ……………………………………………………………… 73
　　4.3.2 算术运算类指令 ……………………………………………………………… 79
　　4.3.3 位操作类指令 ………………………………………………………………… 85
　　4.3.4 串操作类指令 ………………………………………………………………… 88
　　4.3.5 控制转移类指令 ……………………………………………………………… 91
　　4.3.6 处理器控制类指令 …………………………………………………………… 97
习题 …………………………………………………………………………………………… 98

第 5 章 汇编语言程序设计 …………………………………………………………………… 101
5.1 汇编语言程序概述 …………………………………………………………………… 101
　　5.1.1 汇编语言程序的开发过程 …………………………………………………… 101
　　5.1.2 汇编语言程序格式 …………………………………………………………… 102
　　5.1.3 汇编语言程序语句格式 ……………………………………………………… 103
5.2 汇编语言的数据项与表达式 ………………………………………………………… 104
5.3 汇编语言的伪指令 …………………………………………………………………… 107
5.4 汇编语言程序设计基本方法 ………………………………………………………… 111
　　5.4.1 顺序程序设计 ………………………………………………………………… 111
　　5.4.2 分支程序设计 ………………………………………………………………… 112
　　5.4.3 循环程序设计 ………………………………………………………………… 113
　　5.4.4 子程序设计 …………………………………………………………………… 115
　　5.4.5 系统功能调用 ………………………………………………………………… 115
习题 …………………………………………………………………………………………… 118

第 6 章 微型计算机存储器 …………………………………………………………………… 120
6.1 概述 …………………………………………………………………………………… 120
　　6.1.1 半导体存储器的分类 ………………………………………………………… 120
　　6.1.2 半导体存储器的结构 ………………………………………………………… 121
　　6.1.3 半导体存储器的主要性能指标 ……………………………………………… 123
　　6.1.4 存储器的分级结构 …………………………………………………………… 125
6.2 随机存取存储器 ……………………………………………………………………… 126
　　6.2.1 静态随机存取存储器（SRAM） ……………………………………………… 126
　　6.2.2 动态随机存取存储器（DRAM） ……………………………………………… 127
　　6.2.3 集成随机存取存储器（IRAM） ……………………………………………… 131
　　6.2.4 视频随机存取存储器（VRAM） ……………………………………………… 131
　　6.2.5 高速 RAM ……………………………………………………………………… 131
6.3 只读存储器 …………………………………………………………………………… 133

- 6.3.1 掩模式只读存储器（MROM） …… 133
- 6.3.2 可编程的只读存储器（PROM） …… 134
- 6.3.3 可擦除的可编程只读存储器（EPROM） …… 135
- 6.3.4 用电可擦除可编程只读存储器（EEPROM 或 E^{2}PROM） …… 136
- 6.3.5 闪速存储器（Flash Memory） …… 137
- 6.4 微机内存区域划分 …… 137
- 6.5 存储器与 CPU 的连接 …… 138
  - 6.5.1 存储器与 CPU 连接时应注意的问题 …… 138
  - 6.5.2 存储器地址译码方法 …… 140
  - 6.5.3 存储芯片的扩展 …… 144
- 习题 …… 150

第 7 章 微型计算机输入/输出接口技术 …… 152
- 7.1 概述 …… 152
  - 7.1.1 输入/输出接口的概念与功能 …… 152
  - 7.1.2 CPU 与外设之间的接口信息 …… 155
  - 7.1.3 I/O 端口的编址方法 …… 156
  - 7.1.4 I/O 端口的地址分配 …… 157
  - 7.1.5 I/O 端口的译码 …… 158
- 7.2 CPU 与外设之间的数据传送方式 …… 161
  - 7.2.1 直接程序控制方式 …… 161
  - 7.2.2 中断传送方式 …… 164
  - 7.2.3 直接存储器存取方式 …… 165
- 7.3 I/O 接口的基本结构及读写技术 …… 167
  - 7.3.1 I/O 接口的基本结构 …… 167
  - 7.3.2 I/O 接口的读写技术 …… 168
- 习题 …… 172

第 8 章 微型计算机中断技术 …… 173
- 8.1 中断的基本概念 …… 173
  - 8.1.1 中断及中断源 …… 173
  - 8.1.2 中断系统的功能 …… 174
  - 8.1.3 中断工作过程 …… 175
- 8.2 8086 的中断结构 …… 177
  - 8.2.1 8086 中断类型 …… 177
  - 8.2.2 中断向量和中断向量表 …… 179
  - 8.2.3 8086 的中断响应过程 …… 180
- 8.3 可编程中断控制器 8259A …… 183
  - 8.3.1 8259A 的功能 …… 183
  - 8.3.2 8259A 的引脚信号及内部结构 …… 184

  8.3.3 8259A 的工作方式 …………………………………………………… 187
  8.3.4 8259A 的编程方法 …………………………………………………… 190
 习题 …………………………………………………………………………………… 196

第 9 章 微型计算机并行接口技术 ……………………………………………… 197
 9.1 概述 ………………………………………………………………………… 197
 9.2 可编程并行接口芯片 8255A ……………………………………………… 197
  9.2.1 8255A 的引脚定义与功能 …………………………………………… 198
  9.2.2 8255A 的控制字 ……………………………………………………… 200
  9.2.3 8255A 的工作方式 …………………………………………………… 202
 9.3 8255A 应用举例 …………………………………………………………… 207
 习题 …………………………………………………………………………………… 214

第 10 章 可编程定时器/计数器 ………………………………………………… 215
 10.1 定时/计数的基本概念 …………………………………………………… 215
 10.2 可编程定时器/计数器 8253 ……………………………………………… 215
  10.2.1 8253 的主要性能 …………………………………………………… 215
  10.2.2 8253 的内部结构 …………………………………………………… 216
  10.2.3 8253 的引脚 ………………………………………………………… 217
  10.2.4 8253 的工作方式 …………………………………………………… 218
 10.3 8253 的编程及应用 ……………………………………………………… 222
  10.3.1 8253 的控制字 ……………………………………………………… 222
  10.3.2 8253 的编程 ………………………………………………………… 223
  10.3.3 8253 的应用 ………………………………………………………… 225
 习题 …………………………………………………………………………………… 227

第 11 章 微型计算机串行接口技术 ……………………………………………… 229
 11.1 串行通信的基本概念 …………………………………………………… 229
  11.1.1 串行通信涉及的常用术语 ………………………………………… 229
  11.1.2 串行通信数据的传送方式 ………………………………………… 231
  11.1.3 串行通信的种类 …………………………………………………… 232
 11.2 串行通信接口标准 ……………………………………………………… 233
  11.2.1 RS-232C 接口标准 ………………………………………………… 234
  11.2.2 RS-449/422/423 与 RS-485 接口标准 …………………………… 237
 11.3 串行通信接口芯片 8251A ……………………………………………… 239
  11.3.1 8251A 的结构和引脚功能 ………………………………………… 239
  11.3.2 8251A 的应用 ……………………………………………………… 244
 习题 …………………………………………………………………………………… 251

第 12 章 模拟输入输出技术 ……………………………………………………… 252
 12.1 概述 ……………………………………………………………………… 252
 12.2 数模转换及应用 ………………………………………………………… 252
  12.2.1 DAC 主要参数 ……………………………………………………… 253

12.2.2 DAC 连接特性	253
12.2.3 典型 DAC 芯片 DAC0832	253
12.2.4 D/A 转换接口应用	255

12.3 模数转换及应用 ……………………………………………………………… 257
  12.3.1 ADC 主要参数 …………………………………………………………… 257
  12.3.2 ADC 连接特性 …………………………………………………………… 258
  12.3.3 典型 ADC 芯片 ADC0809 ……………………………………………… 258
  12.3.4 A/D 转换接口应用 ……………………………………………………… 260
 习题 ……………………………………………………………………………………… 263

附录 …………………………………………………………………………………………… 265
 附录一 ASC Ⅱ 码字符表 ……………………………………………………………… 265
 附录二 8086/8088 指令系统简表 …………………………………………………… 266
 附录三 8086 宏汇编常用伪指令简表 ………………………………………………… 273
 附录四 BIOS 系统功能调用 …………………………………………………………… 275
 附录五 DOS 系统功能调用（INT 21H） ……………………………………………… 279

参考文献 …………………………………………………………………………………… 285

第 1 章　微型计算机基础知识

计算机是 20 世纪人类最伟大的发明之一，特别是随着微型计算机技术和网络技术的高速发展，计算机已经成为人们在生活和工作中不可缺少的工具。

通用计算机按照规模、性能和价格可分为巨型机、大型机、小型机、工作站、微型机（微型计算机）等类型。微型计算机简称"微型机""微机""微电脑"，是由大规模集成电路组成的体积较小的电子计算机。

本章简要介绍计算机的基本结构和工作原理、微型计算机系统的基本概念、微型计算机的发展历程与应用、微型计算机的基本特点与主要性能指标以及计算机内部数据的表示方法。

1.1　计算机的基本结构和工作原理

1.1.1　计算机的基本结构

1945 年 6 月，美籍匈牙利数学家冯·诺依曼提出了在数字计算机内部的存储器中存放程序的概念，这是所有现代电子计算机的范式，称为"冯·诺依曼结构"。按这一结构制造的计算机称为存储程序计算机，又称为通用计算机。

冯·诺依曼结构计算机的主要特点包括：
（1）计算机由运算器、存储器、控制器和输入/输出 5 个部件组成。
（2）存储器以二进制形式存储指令和数据。
（3）存储程序工作方式：存储器一维线性编址，按址存取，指令从存储器逐条取出，串行执行。

冯·诺依曼结构计算机的基本结构如图 1-1 所示。

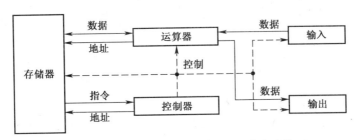

图 1-1　冯·诺依曼结构计算机的基本结构

图 1-1 所示计算机 5 大部件之间的互连采用各部件之间单独连线的方式，这种连接方式称为分散连接。现代计算机 5 大部件通过一组公共信息传输线连接，这种连接方式

称为总线连接(参见图 1-2)。

1.1.2 计算机的基本工作原理

冯·诺依曼结构计算机采用存储程序控制方式进行工作。

人们利用计算机来完成某项任务时,首先根据要完成的任务编制程序。程序是指完成某项任务的计算机指令序列。当要完成该项任务时,通过输入设备将指令序列和原始数据输入到计算机的内存储器(简称内存)中。计算机从内存中取出第一条指令,控制器按照指令的要求,从内存中取出数据进行指定的操作,然后再按地址把结果送到内存中去。接下来,再自动取出下一条指令,在控制器的指挥下完成规定操作。依此进行下去,直至全部指令执行完毕。

由此可见,计算机的工作方式取决于它的两个基本能力:一是能存储程序;二是能自动执行程序。计算机利用内存来存放所要执行的程序,而控制器则依次从内存中取出程序的每条指令,加以分析和执行,直到完成全部指令序列为止。这就是计算机的存储程序控制方式的工作原理。这一原理最初是由美籍匈牙利数学家冯·诺依曼于 1945 年提出来的,因此称为冯·诺依曼原理。

1.2　微型计算机系统

微型计算机系统与传统的计算机系统一样,都是由硬件系统和软件系统两大部分组成的。

硬件是组成计算机系统的各个物理部件的总称,它是计算机系统快速、可靠、自动工作的物质基础。

软件是计算机系统中各类程序、有关文档以及所需数据的总称。软件系统由系统软件和应用软件两大部分组成。系统软件是指管理、控制和协调计算机系统资源的程序集合。这些资源包括硬件资源和软件资源,并为用户提供一个友好的操作界面和工作平台。应用软件是指为了解决某些具体问题而编制的程序,包括商品化的通用软件和应用软件以及用户自己编制的各种应用程序。

本书重点介绍微型计算机硬件系统。

1.2.1 微型计算机硬件系统的基本组成

微型计算机硬件系统包括微处理器、存储器、输入/输出接口与输入/输出设备,各部件通过系统总线进行数据传送。

微型计算机的硬件结构如图 1-2 所示。

1. 微处理器

微处理器(Microprocessor Unit,MPU),也称为中央处理器(Central Processing Unit,CPU),由控制器、运算器和寄存器组 3 个主要部分组成,是微型计算机的核心部件。

1) 控制器

控制器是微型计算机的指挥中心,它的作用是从内存中取出指令,然后分析指令,发出由该指令规定的一系列操作命令,完成该指令所要求的操作。

控制器主要由程序计数器、指令寄存器、指令译码器、时序信号发生器等部件构成,它

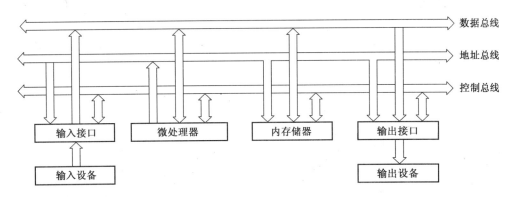

图 1-2 微型计算机的硬件结构

的功能直接关系到微型计算机的性能。

2）运算器

运算器又称算术逻辑单元（Arithmetic and Logical Unit，ALU），是用二进制进行算术运算和逻辑运算的部件。

3）寄存器组

寄存器组是 CPU 内部的若干个存储单元，用来存放参加运算的二进制数据以及保存运算结果。寄存器一般可分为通用寄存器和专用寄存器。

2. 存储器

微型计算机的存储器由内存储器（简称内存）和外存储器（简称外存）两部分组成。这里所说的存储器是指内存储器，它用来存放微型计算机的指令和数据。

存储器以存储单元为单位线性编址，CPU 按地址读/写存储单元中的内容，通常一个存储单元可存放 8 位二进制数，即 1 个字节。CPU 只能直接访问内存。

3. 输入/输出接口与输入/输出设备

输入/输出设备（简称 I/O 设备）是微型计算机与外界联系的设备，也称为外设。微型计算机通过外设获得各种外界信息，并且通过外设输出运算处理结果。常用的输入设备有键盘、鼠标、扫描仪、摄像机等，常用的输出设备有显示器、打印机、绘图仪等。

微型计算机与 I/O 设备必须通过输入/输出接口（I/O 接口）连接起来，I/O 接口实质上是将外设连接到总线上的一组逻辑电路的总称。

4. 系统总线

总线（Bus）是微型计算机各功能部件之间、微型计算机系统与设备之间传送信息的公共通道，它是一组相关标准信号线的集合，用来传输数据、地址和控制信息。

微型计算机采用了总线结构，CPU 通过总线读取指令，并通过它与内存、外设之间进行数据交换。

在 CPU、存储器、I/O 接口之间传输信息的总线称为"系统总线"。系统总线包括以下 3 部分。

1）地址总线（Address Bus，AB）

它是单向总线，用于传送 CPU 发出的地址信息，以指明与 CPU 交换信息的内存单元或 I/O 设备。

2）数据总线(Data Bus,DB)

它是双向的,用于 CPU 与内存或外设之间进行数据交换时传输数据信息。

3）控制总线(Control Bus,CB)

控制总线用于传送控制信号、时序信号和状态信号等。CPU 向内存或外设发出的控制命令、内存或外设向 CPU 发出的状态信息均可通过它来传送。作为整体而言,CB 是双向的,而对 CB 中的每一条线来说,它是单向的。

1.2.2 IBM PC/XT 机硬件系统

1981 年,IBM 公司推出了以 Intel 公司生产的 8088 微处理器作为 CPU、Microsoft 公司开发的 MS-DOS 为操作系统的个人计算机,称为 IBM PC,这款微型计算机获得了巨大成功。当时,IBM PC 配有两部 5.25 英寸 360KB 软盘机,一部单色或 CGA 显示卡,存储器为 64KB,可扩充到 256KB。与之搭配的操作系统是 DOS1.0,此版本的 DOS 没有子目录的概念,也不能处理硬盘。

1983 年,IBM 公司推出了 IBM PC/XT,配备一部 10MB 硬盘机及一部 5.25 英寸 360KB 软盘机。为了配合新机器,DOS 也大幅改进并吸收 UNIX 的优点,升级为 DOS2.0 版,此版本的 DOS 加入了对硬盘的支持。

如图 1-3 所示,本书以 IBM PC/XT 为背景机,介绍微型计算机的基本工作原理。

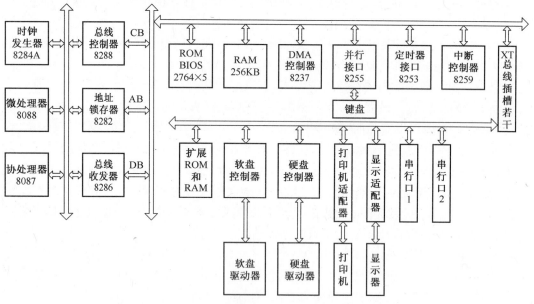

图 1-3 IBM PC/XT 硬件结构框图

1.3 微型计算机的发展历程与应用

1.3.1 微型计算机的发展历程

1946 年,美国宾夕法尼亚大学与美国军方阿伯丁弹道实验室研制成功了第一台电子管组成的数字积分器和计算机 ENIAC(Electronic Numerical Integrator and Computer),如图 1-4 所示。ENIAC 是个庞然大物,含有 18000 个电子管,重 30t,耗电 150kW,占地面积约 140m^2,每秒可进行 5000 次加法运算,耗资 40 多万美元。该机正式运行到 1955 年 10 月 2 日为止,这 10 年间共运行了 80223h。

图 1-4　第一台电子计算机 ENIAC

自 ENIAC 诞生以来,伴随着电子器件的发展,计算机技术得到了突飞猛进的发展,计算机的体系结构也发生了重大变化。一般来说,电子计算机发展历程的各个阶段,是以所采用的电子器件的不同来划分的。从 20 世纪 40 年代起,计算机经历了电子管时代、晶体管时代、小规模(SSI)和中规模(MSI)集成电路时代、大规模(LSI)和超大规模(VLSI)集成电路时代。目前,人们正在致力于新一代计算机的研究。

20 世纪 70 年代初,随着微电子技术的飞速发展,计算机的发展进入了以大规模和超大规模集成电路为主要器件的第四代发展时期。第四代计算机的一个重要分支就是以大规模、超大规模集成电路为基础发展起来的微型计算机。

微型计算机的发展是以微处理器的发展为主要标志的。正如近代其他科技的发展一样,微处理器时代仿佛一夜之间就到来了,3 个公司,3 个计划,几乎不约而同地成为微处理器产业的先锋,它们就是 Intel 公司的 Intel 4004、TI(德州仪器)公司的 TMS 1000 和盖瑞特艾雷赛奇工业部的 CADC。

1981 年,IBM 公司将 Intel 公司生产的 16 位的微处理器 8088 芯片用于其研制的 PC 机中,如图 1-5 所示,从而开创了全新的微机时代。从 8088 应用到 IBM PC 机上开始,个人计算机真正走进了人们的工作和生活之中,标志着一个新时代的开始。

微型计算机的核心部件是微处理器,通常人们以 Intel 公司生产的微处理器为主线介绍微机系统的发展过程。下面简单介绍一下 Intel CPU 的发展历程(摘自"英特尔创新四十年风雨路")。

- 1971 年,Intel 公司推出第一款微处理器:4004。
- 1972 年,第一款 8 位微处理器 Intel 8008 面世。
- 1974 年,Intel® 8080,被许多人视为第一款真正的通用微处理器,用于停车灯和收银机等多种市场领域。

图 1-5 IBM PC

- 1978 年,Intel 公司推出 Intel® 8086 处理器,这款处理器随后成为行业标准配置。
- 1981 年,IBM 公司选用 Intel® 8088 处理器作为其第一款计算机的组件。
- 1985 年,Intel 推出 32 位 Intel386™ 微处理器,可同时运行多个软件程序。
- 1993 年,Intel® 奔腾® 处理器推出,助力多媒体革命。
- 1995 年,Intel® 高能奔腾® 处理器推出,支持 32 位工作站和服务器。
- 1999 年,Intel® 奔腾® III 和奔腾® III 至强® 处理器面市,处理器性能更上层楼。
- 2001 年,Intel® 安腾® 处理器和 Intel® 至强® 处理器上市,进一步提升服务器和工作站的性能。
- 2003 年,Intel® 迅驰® 移动计算技术面市,该技术具备卓越的性能、耐久的电池使用时间和集成的无线局域网功能,支持更加纤巧、轻薄的便携式计算机。其中,集成无线局域网功能简化了无线互联网连接,被业界广泛普及采用。
- 2006 年,Intel 公司推出四核 Intel® 至强® 5300 系列处理器和 Intel® 酷睿™2 至尊处理器,开启多核 CPU 时代大幕。
- 2007 年,Intel 推出代表性的无铅 Intel® 酷睿™2 至尊处理器和 Intel® 至强® 处理器,突破性的 Intel45 纳米制程和高-K 金属栅极硅制程技术重新定义了晶体管概念。

1.3.2 微型计算机的应用

微型计算机的应用已渗透到社会的各行各业,其主要应用领域如下。

1. 科学计算(数值计算)

科学计算是指利用计算机来完成科学研究和工程技术中提出的数学问题的计算。在现代科学技术工作中,科学计算问题是大量的和复杂的。利用微型计算机的高速计算、大存储容量和连续运算的能力,可以实现人工无法解决的各种科学计算问题。

2. 数据处理(信息处理)

数据处理是指对各种数据进行收集、存储、整理、分类、统计、加工、利用、传输等一系列活动的统称。据统计,80%以上的微型计算机主要用于数据处理,这类工作量大而且覆盖面宽,决定了计算机应用的主导方向。

目前,数据处理已广泛地应用于办公自动化、企事业单位计算机辅助管理与决策、情报检索、图书管理、电影电视动画设计、会计电算化等。信息正在形成独立的产业,多媒体技术使信息展现在人们面前的不仅有数字和文字,还有声情并茂的声音、图像信息。

3. 辅助技术(计算机辅助设计与制造)

计算机辅助技术包括 CAD、CAM 和 CAI 等。

1) 计算机辅助设计(Computer Aided Design,CAD)

计算机辅助设计是利用计算机系统辅助设计人员进行工程或产品设计,以实现最佳设计效果的一种技术。它已广泛地应用于飞机、汽车、机械、电子、建筑和轻工等领域。例如,在电子计算机的设计过程中,利用 CAD 技术进行体系结构模拟、逻辑模拟、插件划分、自动布线等,可以大大提高设计工作的自动化程度。又如,在建筑设计过程中,利用 CAD 技术进行力学计算、结构计算、绘制建筑图纸等,不但可以提高设计速度,而且可以大大提高设计质量。

2) 计算机辅助制造(Computer Aided Manufacturing,CAM)

计算机辅助制造是利用计算机系统进行生产设备的管理、控制和操作的过程。例如,在产品的制造过程中,利用计算机控制机器的运行,处理生产过程中所需的数据,控制和处理材料的流动以及对产品进行检测等。使用 CAM 技术可以提高产品质量,降低成本,缩短生产周期,提高生产率和改善劳动条件。

将 CAD 和 CAM 技术集成,实现设计生产自动化,这种技术称为计算机集成制造系统(CIMS)。

3) 计算机辅助教学(Computer Aided Instruction,CAI)

计算机辅助教学是利用计算机系统使用课件来辅助教学。课件可以用创作工具或高级语言来开发制作,它能引导学生循序渐进地学习,使学生轻松自如地从课件中学到所需要的知识。CAI 的主要特点是交互教育、个别指导和因人施教。

4. 过程控制(实时控制)

过程控制是利用计算机及时采集检测数据,按最优值迅速地对控制对象进行自动调节或自动控制。采用计算机进行过程控制,不仅可以大大提高控制的自动化水平,还可以提高控制的及时性和准确性,从而改善劳动条件、提高产品质量及合格率。因此,计算机过程控制已在机械、冶金、石油、化工、纺织、水电、航天等部门得到广泛的应用。

例如,在汽车工业方面,利用微型计算机控制机床、控制整个装配流水线,不仅可以实现精度要求高、形状复杂的零件加工自动化,还可以使整个车间或工厂实现自动化。

5. 人工智能(智能模拟)

人工智能(Artificial Intelligence)是计算机模拟人类的智能活动,如感知、判断、理解、学习、问题求解和图像识别等。现在人工智能的研究已取得不少成果,有些已开始走向实用阶段。例如,模拟高水平医学专家进行疾病诊疗的专家系统;具有一定思维能力的智能机器人等。

6. 网络应用

计算机技术与现代通信技术的结合构成了计算机网络。计算机网络的建立,不仅解决了一个单位、一个地区、一个国家中计算机与计算机之间的通信和各种软、硬件资源的共享,还大大促进了国际间的文字、图像、视频和声音等各类数据的传输与处理。

因为微型计算机具有体积小、重量轻、功耗低、功能强、可靠性高、结构灵活、使用环境要求低、价格低廉等一系列特点和优点,所以,得到了广泛的应用,如卫星和导弹的发射、石油勘探、天气预报、邮电通信、航空订票、计算机辅助、智能仪器、家用电器乃至电子表、儿童玩具等。它已渗透到国民经济的各个部门,无处不在。微型计算机的问世和飞速发展,使计算机真正走出了科学的殿堂,进入到人类社会生产和生活的各个方面。微型计算机从过去只限于各部门、各单位少数专业人员使用,普及到广大民众,成为人们工作和生活不可缺少的工具,从而把人类社会推进到了信息时代。

1.4 微型计算机的基本特点与主要性能指标

1.4.1 微型计算机的基本特点

因为微型计算机是采用大规模和超大规模集成电路组成的,所以它除了具有一般计算机的运算速度快、计算精度高、记忆功能和逻辑判断力强,并且自动工作等常规特点外,还有它自己的独特优点。

1. 体积小、重量轻、功耗低

由于采用了大规模和超大规模集成电路,构成微型计算机所需的器件数目大为减少,体积大为缩小。随着微处理器技术的发展,今后推出的高性能微处理器产品将体积更小、功耗更低而功能更强,这些优点对于航空、航天、智能仪器仪表等领域具有特别重要的意义。

2. 可靠性高、对使用环境要求低

微型计算机采用大规模集成电路以后,系统内使用的芯片和接插件数目大幅度减少,简化了外部引线,使安装更加容易。加之 MOS 电路芯片本身功耗低、发热量小,这样微型计算机的可靠性就大大提高了。因此,也降低了微型计算机对使用环境的要求,普通的办公室和家庭环境也就能满足要求。

3. 结构简单、设计灵活、适应性强

微型计算机采用模块化的硬件结构,特别是采用总线结构后,微型计算机系统成为一个开放的体系结构。系统中各功能部件通过标准化的插槽和接口相连,用户选择不同的功能部件(板卡)和相应外设就可构成不同功能要求和规模的微型计算机系统。由于微型计算机的模块化结构和可编程功能,使得一个标准的微型计算机在不改变系统硬件设计或只部分地改变某些硬件条件下,在相应软件的支持下就能适应不同的应用任务的要求,或升级为更高档次的微机系统,从而使微型计算机具有很强的适应性和宽广的应用范围。

4. 性能价格比高

随着微电子学的高速发展和大规模、超大规模集成电路技术的不断成熟,集成电路芯片的价格越来越低,微型计算机的成本不断下降。同时,许多过去只能在大、中型计算机中采用的技术(如流水线技术、RISC 技术、虚拟存储技术等)也能在微型机中采用,许多高性能的微型计算机的性能实际上已经超过了中、小型计算机的水平,但其价格要比中、小型计算机低得多。

随着超大规模集成电路技术的进一步成熟,其生产规模和自动化程度的不断提高,微型计算机的价格还会越来越便宜,性价比也会越来越高,这将使微型计算机得到更为广泛的应用。

1.4.2 微型计算机的主要性能指标

微型计算机的性能指标用于评价微型计算机性能的高低,和普通计算机一样,CPU 字长、运算速度和内存容量是其最基本、最重要的性能指标。

1. CPU 字长

CPU 一次能处理数据的位数,它是由加法器、寄存器的位数决定的,所以 CPU 字长一般等于内部寄存器的位数。

CPU 字长通常以字节(Byte)为基本单位,用大写字母 B 表示,一个字节等于 8 个二进制位(bit)。一般 CPU 的字长是字节的 1、2、4、8 倍,微型计算机的 CPU 字长有 8 位、16 位、32 位、64 位等几种档次。

2. 运算速度

运算速度是一项综合性指标,它与许多因素有关,如机器的主频、执行何种操作及主存本身的速度等。

微型计算机的运算速度可以采用每秒钟所能执行的指令条数来衡量,一般用"百万条每秒"(MIPS)。

微型计算机一般采用主频来描述运算速度,如 Intel 酷睿 i5 4590 的主频为 3.3GHz。一般说来,主频越高,运算速度就越快。

3. 内存容量

内存容量以字节(B)为基本单位,通常用 KB(千字节)、MB(兆字节)、GB(吉字节)等来衡量。它们之间的关系为 1KB=1024B,1MB=1024KB,1GB=1024MB。

除了上述主要性能指标外,微型计算机还有其他一些指标,例如,所配置外围设备的性能指标以及所配置系统软件的情况等。另外,各项指标之间也不是彼此孤立的,在实际应用时,应该把它们综合起来考虑。计算机性能指标和性能评价是比较复杂和细致的工作,在此仅做简单介绍。

1.5 计算机内部数据的表示方法

在计算机科学中,数据是计算机处理的对象。因为计算机内部采用二进制,所以所有现实世界中的各种信息,如数字、文字、声音、图像、视频等,都必须通过输入设备转化为数字计算机能够识别的二进制符号 0/1,以便计算机进行处理、存储和传输。将现实世界中的信息转化为计算机能够识别的二进制数据的过程称为编码。计算机内部数据都是"数字化编码"了的数据。

计算机内部数据分为"数值数据"和"非数值数据"两大类。"数值数据"是指在数轴上能找到其对应点的数据,包括整数和实数。"非数值数据"包括文字、声音、图像、视频等。

1.5.1 数值数据的编码

在现实生活中,人们通常使用带符号的十进制数表示数值数据,如 128、-3.14 等。但计算机无法直接处理十进制数据,必须将其转换成 0/1 序列的二进制编码识别处理。

通常将数值数据在计算机内部的编码称为机器数,而机器数表示的十进制数值称为机器数的真值。

对数值数据的编码需要解决 3 个问题:数制转换、小数点的处理和符号的表示。

1. 数制及其相互转换

现实生活中,人们通常采用十进制,计算机内部采用二进制。当数值较大时,二进制数位数多,冗长难记,所以程序员常将其转换为八进制或十六进制表示。同一数据,八进制或十六进制表示比二进制短,同时,八进制或十六进制与二进制的转换非常容易。

因此,需要研究二、八、十、十六进制数的表示方法和数制间的相互转换。

1)进位计数制(二、八、十、十六进制数)

将数字符号按序排列成数位,并遵照某种由低位到高位进位的方法进行计数,来表示数值的方式,称为进位计数制。例如,人们常用的是十进位计数制,简称十进制,就是按照"逢十进一"的原则进行计数的。

进位计数制的表示主要包含 3 个基本要素:数位、基数和位权。

数位是指数码在一个数中所处的位置;基数是指在某种进位计数制中,每个数位上所能使用的数码的个数,如十进位计数制中,每个数位上可以使用的数码为 0、1、2、3……9 这 10 个数码,即其基数为 10;位权是指一个固定值,每个数位上的数码所代表的数值的大小等于这个数位上的数码乘上这个固定值。数码所处的位置不同,代表数的大小也不同。例如,在十进位计数制中,小数点左边第一位位权为 10^0、左边第二位位权为 10^1、左边第三位位权为 10^2……;小数点右边第一位位权为 10^{-1}、小数点右边第二位位权为 10^{-2},以此类推。

R 进位计数制,有 R 个基本符号(数码)用以表示各位上的数字,基数为 R,采用"逢 R 进一"的运算规则,对于每一个数位 i,相应的位权为 R^i。

任意一个 R 进制数表示为

$$d_n d_{n-1} \cdots d_1 d_0 . d_{-1} d_{-2} \cdots d_{-m} \qquad (m,n \text{ 为正整数})$$

其值应为

$$d_n \times R^n + d_{n-1} \times R^{n-1} + \cdots + d_1 \times R^1 + d_0 \times R^0 + d_{-1} \times R^{-1} + d_{-2} \times R^{-2} + \cdots + d_{-m} \times R^{-m}$$

其中,$d_i (i=n, n-1, \cdots, 1, 0, -1, -2, \cdots -m)$ 可以是数码中的任何一个。

(1)十进制数

10 个基本符号:0、1、2、3、4、5、6、7、8、9。基数为 10,采用"逢 10 进 1"的运算规则,对于每一个数位 i,其该位上的权为 10^i。

例如,1369.58 代表的实际值为

$$1\times10^3 + 3\times10^2 + 6\times10^1 + 9\times10^0 + 5\times10^{-1} + 8\times10^{-2}$$

(2) 二进制数

2 个基本符号:0、1。基数为 2,采用"逢 2 进 1"的运算规则,对于每一个数位 i,其该位上的权为 2^i。

例如,二进制数 $(101101.01)_2$ 代表的实际值为

$(101101.01)_2 = 1×2^5+0×2^4+1×2^3+1×2^2+0×2^1+1×2^0+0×2^{-1}+1×2^{-2} = (45.25)_{10}$

注:下标 2 表示二进制数;下标 10 表示十进制数。

(3) 八进制数

8 个基本符号:0、1、2、3、4、5、6、7。基数为 8,采用"逢 8 进 1"的运算规则,对于每一个数位 i,其该位上的权为 8^i。

(4) 十六进制数

16 个基本符号:0、1、2、3、4、5、6、7、8、9、A、B、C、D、E、F。基数为 16,采用"逢 16 进 1"的运算规则,对于每一个数位 i,其该位上的权为 16^i。

表 1-1 所列为 4 种进位制数之间的对应关系。

表 1-1　4 种进位制数之间的对应关系

二进制数	八进制数	十进制数	十六进制数
0000	0	0	0
0001	1	1	1
0010	2	2	2
0011	3	3	3
0100	4	4	4
0101	5	5	5
0110	6	6	6
0111	7	7	7
1000	10	8	8
1001	11	9	9
1010	12	10	A
1011	13	11	B
1100	14	12	C
1101	15	13	D
1110	16	14	E
1111	17	15	F

从表 1-1 中可看出,十六进制系统的前 10 个数字与十进制系统中的相同,后 6 个基本符号 A、B、C、D、E、F 的值分别为十进制的 10、11、12、13、14、15。

在书写时可使用后缀字母标识该数的进位计数制,一般用字母 B(Binary)表示二进制,用字母 Q(Octal,避免与数字 0 混淆而采用字母 Q)表示八进制,用字母 D(Decimal)表示十进制(十进制数的后缀可以省略),用字母 H(Hexadecimal)表示十六进制。例如,二进制数 10011010B,八进制数 74Q,十进制数 125D 或 125,十六进制数 35FDH。

2) 数制间的相互转换

(1) R 进制数转换成十进制数

R 进制数转换成十进制数采用"按权展开"法。

【例 1.1】　二进制数转换成十进制数。

$101101.01B = 1×2^5+0×2^4+1×2^3+1×2^2+0×2^1+1×2^0+0×2^{-1}+1×2^{-2} = 45.25$

【例 1.2】 八进制数转换成十进制数。
204.2Q = $2\times8^2 + 0\times8^1 + 4\times8^0 + 2\times8^{-1}$ = 132.25

【例 1.3】 十六进制数转换成十进制数。
2B.CH = $2\times16^1 + 11\times16^0 + 12\times16^{-1}$ = 43.75

（2）十进制数转换成 R 进制数

十进制数转换成 R 进制数时,将整数部分和小数部分分别进行转换。

① 整数部分的转换

整数部分的转换方法是"除基取余,上右下左(先低后高)",即用要转换的十进制整数去除以基数 R,将得到的余数作为结果数据中各位的数字,直到余数为 0 为止。上面的余数(先得到的余数)作为右边的低位数位上的数字,下面的余数作为左边的高位数位上的数字。

【例 1.4】 将十进制整数 303 分别转换成二、八、十六进制数。

	余数				余数	
2 │ 303			8 │ 303		
151	1	低位	37	7	低位
75	1		4	5	
37	1		0	4	高位
18	1				
9	0			余数	
4	1		16 │ 303		
2	0		18	F	低位
1	0		1	2	
0	1	高位	0	1	高位

所以,303 = 100101111B = 457Q = 12FH。

② 小数部分的转换

小数部分的转换方法是"乘基取整,上左下右(先高后低)",即用要转换的十进制小数去乘以基数 R,将得到的乘积的整数部分作为结果数据中各位的数字,小数部分继续与基数 R 相乘,以此类推,直到某一步乘积的小数部分为 0 或已得到希望的位数为止。最后,将上面的整数部分作为左边的高位数位上的数字,下面的整数部分作为右边的低位数位上的数字。在进行转换的过程中,可能乘积的小数部分始终得不到 0,即转换得到希望的位数后还有余数,这种情况下得到的是近似值。

【例 1.5】 将十进制小数 0.3125 分别转换成二、八进制数。

0.3125×2 = 0.6250　　整数部分 = 0　　（高位）
0.6250×2 = 1.2500　　整数部分 = 1　　↓
0.2500×2 = 0.5000　　整数部分 = 0　　↓
0.5000×2 = 1.0000　　整数部分 = 1　　（低位）
所以,0.3125 = 0.0101B。

0.3125×8 = 2.5000　　整数部分 = 2　　（高位）
0.5000×8 = 4.0000　　整数部分 = 4　　（低位）
所以,0.3125 = 0.24Q。

【例 1.6】 将十进制小数 0.825 转换成二进制数。

0.825×2=1.650	整数部分=1	（高位）
0.650×2=1.300	整数部分=1	↓
0.300×2=0.600	整数部分=0	↓
0.600×2=1.200	整数部分=1	↓
0.200×2=0.400	整数部分=0	↓
0.400×2=0.800	整数部分=0	↓
0.800×2=1.600	整数部分=1	↓
……	……	（低位）

所以，0.825≈0.1101001B。

③ 含整数、小数部分的数的转换

将整数、小数部分分别进行转换，得到转换后的整数和小数部分，然后再将这两部分组合起来得到一个完整的数。

【例1.7】 将十进制数303.3125转换成二、八进制数。

303.3125=100101111.0101B=457.24Q

（3）二、八、十六进制数的相互转换

① 八进制数转换成二进制数

八进制数转换成二进制数的方法是把每一个八进制数字改写成等值的3位二进制数。八进制数字与二进制数的对应关系见表1-1。

【例1.8】 将27.254Q转换成二进制数。

27.254Q=010 111.010 101 100B=10111.0101011B

② 十六进制数转换成二进制数

十六进制数转换成二进制数的方法与八进制数转换成二进制数的方法类似，只要把每一个十六进制数字改写成等值的4位二进制数即可。十六进制数与二进制数的对应关系见表1-1。

【例1.9】 将十六进制数3E.4CH转换成二进制数。

3E.4CH=0011 1110.0100 1100B=111110.010011B

③ 二进制数转换成八进制数

二进制数转换成八进制数时，整数部分从低位向高位方向每3位用一个等值的八进制数来替换，最后不足3位时在高位补0凑满3位；小数部分从高位向低位方向每3位用一个等值的八进制数来替换，最后不足3位时在低位补0凑满3位。

【例1.10】 将二进制数转换成八进制数。

0.10101B=000.101 010B=0.52Q

10011.01B=010 011.010B=23.2Q

④ 二进制数转换成十六进制数

二进制数转换成十六进制数时，整数部分从低位向高位方向每4位用一个等值的十六进制数来替换，最后不足4位时在高位补0凑满4位；小数部分从高位向低位方向每4位用一个等值的十六进制数来替换，最后不足4位时在低位补0凑满4位。

【例1.11】 将二进制数转换成十六进制数。

1011001.11B=0101 1001.1100B=59.CH

从以上内容可以看出,当数值较大时,二进制数位数多,冗长难记,而八进制数和十六进制数却像十进制数一样简练,易写易记,且二进制数与八进制数、十六进制数的对应关系非常简单。因此,程序员为了开发程序、调试程序、阅读机器内部代码时的方便,经常使用八进制或十六进制来等值地表示二进制。

2. 定点表示与浮点表示方法

本部分处理数值数据编码中的小数点问题。

在现实生活中所使用的十进制数通常带有小数点,然而计算机内部数据为 0/1 序列,无法直接表示小数点。为了解决这个问题,计算机内部数值数据采用定点表示方法。

定点表示方法可以直接用来表示整数或纯小数。对于既有整数部分,又有小数部分的实数,采用浮点表示方法。浮点表示方法实际上是通过一个定点整数加一个定点小数来实现的。

1) 定点表示方法

采用定点表示方法表示的整数称为"定点整数",其小数点总是固定在(隐含在)数的最右边。

采用定点表示方法表示的纯小数称为"定点小数",如果是无符号数,其小数点总是固定在(隐含在)数的最左边;如果是有符号数,其小数点总是固定在(隐含在)符号位和数值位之间。

需要指出的是在计算机内部,数据存储、运算和传送的部件的位数都是有限的,所以,不管采用什么表示方法,都只能表示一定范围内的数。

例如,对于定点整数,如果运算的结果超出了其表示范围,则该数将无法表示,这种现象称为"溢出"。

2) 浮点表示方法

对于任意一个二进制数 X,可以表示成如下形式:

$$X = (-1)^s \times M \times R^E$$

其中:

S 取值为 0 或 1,决定数 X 的符号;

M 是一个二进制定点小数,称为数 X 的尾数;

E 是一个二进制定点整数,称为数 X 的阶码;

R 是基数,可以取值为 2、4、16 等。

对于浮点数的编码,一般基数是隐含的,因此,一个浮点数是用一位二进制表示数符、一个定点整数和一个定点小数共同来表示的。

关于浮点表示方法,本书不做详细介绍,有兴趣的读者请查阅相关资料。

3. 无符号定点数的表示

当一个编码的所有位都用来表示数值时,该编码表示的就是无符号数。一般在全部是正数运算,且不出现负值结果的场合下,可以省略符号位,使用无符号数表示。例如,可用无符号数进行地址运算。由于无符号数省略了一位符号位,所以在字长一定的情况下,它的表示范围大于有符号数。

当一个无符号数的小数点默认在数的最后时,则该数为一个无符号定点整数,例如,具有最大值的 8 位无符号整数的编码是 11111111,其值为 255;当一个无符号数的小数点默认在数的最前时,则该数为一个无符号定点小数,例如,具有最大值的 8 位无符号小数的编码也是 11111111,其值为 $(1-2^{-8})$。

存放在一个 n 位寄存器中的无符号定点整数的范围为 $0 \sim 2^n - 1$。

4. 有符号定点整数的表示

本部分介绍有符号定点整数的 3 种编码方法:原码、反码和补码。

1) 原码

原码的编码规则:

(1) 最高位为符号位,对于正数,符号位为 0,对于负数,符号位为 1。

(2) 其余各位为数值位,其数值位与真值的数值位相同。

原码的特点:

(1) 0 有两个编码,假设采用 8 位原码,则 $[+0]_{原} = 0\ 0000000$,$[-0]_{原} = 1\ 0000000$。

(2) n 位二进制原码表示的数值范围为 $2^{n-1} - 1 \sim -2^{n-1} + 1$。

例如,8 位二进制原码表示的数值范围:

原码:01111111 ~ 11111111。

真值:+1111111B ~ -1111111B,即 $2^{8-1} - 1(+127) \sim -2^{8-1} + 1(-127)$。

【例 1.12】 确定 101011B 和 -101011B 的 8 位原码。

$[101011]_{原} = 00101011$,$[-101011]_{原} = 10101011$。

【例 1.13】 已知 8 位原码 00111011 和 10010110,确定其对应的真值。

$[00111011]_{原}$ 对应的真值为 111011B,$[10010110]_{原}$ 对应的真值为 -10110B。

原码编码简单,与真值转换方便。但是计算机内部实现原码的加减法运算较为复杂,通常采用补码实现。

2) 反码

在介绍补码之前,先介绍反码,通常求反作为求补的中间过程。

反码的编码规则:

(1) 最高位为符号位,对于正数,符号位为 0,对于负数,符号位为 1。

(2) 其余各位为数值位,对于正数,其数值位与真值的数值位相同;对于负数,其数值位是通过真值的数值位各位取反得到。

反码的特点:

(1) 0 有两个编码,假设采用 8 位反码,则 $[+0]_{反} = 0\ 0000000$,$[-0]_{反} = 1\ 1111111$。

(2) n 位二进制反码表示的数值范围为 $2^{n-1} - 1 \sim -2^{n-1} + 1$。

例如,8 位二进制反码表示的数值范围:

反码:01111111 ~ 10000000。

真值:+1111111B ~ -1111111B,即 $2^{8-1} - 1(+127) \sim -2^{8-1} + 1(-127)$。

【例 1.14】 确定 101011B 和 -101011B 的 8 位反码。

$[101011]_{反} = 00101011$,$[-101011]_{反} = 11010100$。

【例 1.15】 已知 8 位反码 00111011 和 10010110,确定其对应的真值。

$[00111011]_{反}$ 对应的真值为 111011B,$[10010110]_{反}$ 对应的真值为 -1101001B。

3) 补码

补码的编码规则:

(1) 最高位为符号位,对于正数,符号位为 0,对于负数,符号位为 1。
(2) 其余各位为数值位,对于正数,其数值位与真值的数值位相同;对于负数,其数值位是真值的数值位各位取反后加 1 得到的。

补码的特点:
(1) 0 只有一个编码,假设采用 8 位补码,则$[0]_{补}$ = 0 0000000。
(2) n 位二进制补码表示的数值范围为 $2^{n-1}-1 \sim -2^{n-1}$。

例如,8 位二进制补码表示的数值范围:
补码:01111111 ~ 10000000。
真值:+1111111B ~ -10000000B,即 $2^{8-1}-1$(+127) ~ -2^{8-1}(-128)。

【例 1.16】 确定 101011B 和-101011B 的 8 位补码。
$[101011]_{补}$ = 00101011,$[-101011]_{补}$ = 11010101。

【例 1.17】 已知 8 位补码 00111011 和 10010110,确定其对应的真值。
$[00111011]_{补}$对应的真值为 111011B,$[10010110]_{补}$对应的真值为-1101010B。

注:当由负数的补码确定其真值时,真值的数值位是由补码数值位各位取反后加 1 得到的。

4) 小结

以上简单介绍了计算机内部常用的 3 种编码:原码、反码和补码。下面对这 3 种编码进行总结与比较。

(1) 3 种编码都是为了解决负数在机器中的表示而提出的。对于正数,它们的符号都是 0,其数值部分都是真值的数值部分本身;而对于负数,符号位均为"1",数值位则各有不同的表示:

原码:同真值的数值位。
反码:真值的数值位各位取反。
补码:真值的数值位各位取反,末位加 1。
由编码求真值,是一个完全相反的过程,先确定数值位,然后将符号位转换成符号即可。

(2) 原码和反码都有+0 和-0 两种零的表示,而补码可唯一表示零。
(3) 补码和反码的符号位可作为数值的一部分看待,可以和数值位一起参加运算。而原码的符号位必须和代表绝对值的数值位分开处理。
(4) 原码和反码能表示的正数和负数的范围相对 0 来说是对称的。假定机器数为 n 位,原码和反码的数的表示范围都是 $2^{n-1}-1 \sim -2^{n-1}+1$。

补码的表示范围不对称,负数表示的范围较正数宽,能多表示一个最小负数:-2^{n-1}。

1.5.2 非数值数据的编码

计算机内部数据除了数值数据以外,其他数据均归为非数值数据,通常包括文字、声音、图像、视频等。

本节简要讨论计算机内部非数值数据的编码表示方法。

1. 数字的编码

数值数据在计算机内部的表示大多采用上述定点或浮点表示方法。有些计算机内部还同时采用一种用二进制编码十进制数基本符号的方法来表示数值数据,以便用在一些要求直接使用十进制数进行计算的场合。这种十进制数基本符号用二进制编码的表示形式称为 BCD 码(Binary Coded Decimal)。许多计算机有专门的十进制运算指令,并有专门的逻辑线路在 BCD 码运算时使每 4 位二进制数按十进制处理。

每位十进制数的取值是基本符号 0~9 这 10 个数之一,因此,每一个十进制数位采用 4 位二进制位来表示。而 4 位二进制位可以组合成 16 种状态,去掉 10 种状态后还有 6 种冗余状态,所以从 16 种状态中选取 10 种状态表示十进制数位 0~9 的方法很多,可以产生多种 BCD 码。

1) 十进制有权码

十进制有权码是指表示每个十进制数位的 4 个二进制数位都有一个确定的权。表 1-2 所列为几种常用的十进制有权码方案。

表 1-2 几种常用的十进制有权码方案

十进制数	8421 码	2421 码	5211 码	8421 码	4311 码
0	0000	0000	0000	0000	0000
1	0001	0001	0001	0111	0001
2	0010	0010	0011	0110	0011
3	0011	0011	0101	0101	0100
4	0100	0100	0111	0100	1000
5	0101	1011	1000	1011	0111
6	0110	1100	1010	1010	1011
7	0111	1101	1100	1001	1100
8	1000	1110	1110	1000	1110
9	1001	1111	1111	1111	1111

在表 1-2 中,最常用的一种编码就是 8421 码,它选取 4 位二进制数按计数顺序的前 10 个代码与十进制数字相对应。每位的权从左到右分别为 8、4、2、1,因此称为 8421 码,也称自然(Nature)BCD 码,常记为 NBCD 码。

2) 十进制无权码

十进制无权码是指表示每个十进制数位的 4 个二进制数位没有确定的权。在无权码方案中,用得较多的是余 3 码和格雷码。表 1-3 所列为两种常用的十进制无权码方案。

表 1-3 两种常用的十进制无权码方案

十进制数	余 3 码	格雷码(1)	格雷码(2)
0	0011	0000	0000
1	0100	0001	0100
2	0101	0011	0110
3	0110	0010	0010
4	0111	0110	1010
5	1000	1110	1011
6	1001	1010	0011
7	1010	1000	0001
8	1011	1100	1001
9	1100	0100	1000

2. 西文字符的编码

西文是由字母、数字、标点符号及一些特殊符号所组成的,它们统称为"字符"(Character)。所有字符的集合称为"字符集"。字符不能直接在计算机内部进行处理,因而也必须对其进行数字化编码,字符集中每一个字符都有一个代码(二进制编码的 0/1 序列),这些代码具有唯一性,互相区别,构成了该字符集的代码表,简称码表。

字符集有多种,每一个字符集的编码方法也多种多样。字符主要用于外部设备和计算机之间交换信息。一旦确定了所使用的字符集和编码方法后,计算机内部所表示的二进制代码和外部设备输入、打印和显示的字符之间就有了唯一的对应关系。

目前,计算机中使用得最广泛的西文字符集及其编码是 ASCII 码,即美国标准信息交换码(American Standard Code for Information Interchange),ASCII 字符编码见表 1-4。

表 1-4　ASCII 字符编码

	$b_6b_5b_4$ =000	$b_6b_5b_4$ =001	$b_6b_5b_4$ =010	$b_6b_5b_4$ =011	$b_6b_5b_4$ =100	$b_6b_5b_4$ =101	$b_6b_5b_4$ =110	$b_6b_5b_4$ =111
$b_3b_2b_1b_0$ = 0000	NUL	DLE	SP	0	@	P	`	p
$b_3b_2b_1b_0$ = 0001	SOH	DC1	!	1	A	Q	a	q
$b_3b_2b_1b_0$ = 0010	STX	DC2	"	2	B	R	b	r
$b_3b_2b_1b_0$ = 0011	ETX	DC3	#	3	C	S	c	s
$b_3b_2b_1b_0$ = 0100	EOT	DC4	$	4	D	T	d	t
$b_3b_2b_1b_0$ = 0101	ENQ	NAK	%	5	E	U	e	u
$b_3b_2b_1b_0$ = 0110	ACK	SYN	&	6	F	V	f	v
$b_3b_2b_1b_0$ = 0111	BEL	ETB	'	7	G	W	g	w
$b_3b_2b_1b_0$ = 1000	BS	CAN	(	8	H	X	h	x
$b_3b_2b_1b_0$ = 1001	HT	EM	)	9	I	Y	i	y
$b_3b_2b_1b_0$ = 1010	LF	SUB	*	:	J	Z	j	z
$b_3b_2b_1b_0$ = 1011	VT	ESC	+	;	K	[	k	{
$b_3b_2b_1b_0$ = 1100	FF	FS	,	<	L	\	l		
$b_3b_2b_1b_0$ = 1101	CR	GS	-	=	M	]	m	}
$b_3b_2b_1b_0$ = 1110	SO	RS	.	>	N	^	n	~
$b_3b_2b_1b_0$ = 1111	SI	US	/	?	O	_	o	DEL

从表 1-4 中可以看出,每个字符都由 7 个二进位 $b_6b_5b_4b_3b_2b_1b_0$ 表示,其中 $b_6b_5b_4$ 是高位部分,$b_3b_2b_1b_0$ 是低位部分。一个字符在计算机中实际上是用 8 位表示的。一般情况下,最高一位 b_7 为"0"。7 个二进位 $b_6b_5b_4b_3b_2b_1b_0$ 从 0000000 到 1111111 共表示 128 种编码,可用来表示 128 个不同的字符,其中包括 10 个数字、26 个小写字母、26 个大写字母、算术运算符、标点符号、商业符号等。表 1-4 中共有 95 个可打印(或显示)字符和 33 个控制字符。这 95 个可打印(或显示)字符在计算机键盘上能找到相应的键,按键后就可将对应字符的二进制编码送入计算机内。表 1-4 中第 0 列和第 1 列以及第 7 列最末一个字符(DEL)称为控制字符,共 33 个,它们在传输、打印或显示输出时起控制作用。

ASCII 字符编码有两个规律:

（1）字符0~9这10个数字字符的高3位编码为011,低4位分别为0000~1001。当去掉高3位时,低4位正好是二进制形式的0~9。这样既满足了正常的排序关系,又有利于实现ASCII与二进制数之间的转换。

（2）英文字母字符的编码值也满足正常的字母排序关系,而且大、小写字母的编码之间有简单的对应关系,差别仅在b_5这一位上,若这一位为0,则是大写字母;若为1,则是小写字母。这使得大、小写字母之间的转换非常方便。

3. 汉字的编码

西文是一种拼音文字,用有限的几个字母就可以拼写出所有单词。因此,西文中仅需要对有限个少量的字母和一些数学符号、标点符号等辅助字符进行编码。中文信息的基本组成单位是汉字字符,计算机要对汉字信息进行处理,就必须对汉字字符进行编码。汉字字符的数量巨大,给汉字在计算机内部的表示、汉字的传输与交换、汉字的输入和输出等带来了一系列问题。为了适应汉字系统各组成部分对汉字信息处理的不同需要,汉字系统必须处理以下几种汉字代码:输入码、机内码、字模点阵码。

1) 汉字输入码

目前,最简便、最广泛采用的汉字输入方法是利用英文键盘输入汉字。由于汉字字数多,无法使每个汉字与西文键盘上的一个键相对应,因此,必须使每个汉字用一个或几个键来表示,这种对每个汉字用相应的按键进行的编码表示就称为汉字的"输入码",又称"外码"。汉字输入码的码元(组成编码的基本元素)一定是西文键盘中的某个按键。

汉字的输入编码方案众多。能够被广泛接受的编码方案应具有易学习、易记忆,且效率高(击键次数较少)、重码少、容量大(包含汉字的字数多)等。到目前为止,还没有一种在所有方面都很好的编码方法,真正推广应用较好的也只有少数几种。

汉字输入编码方法大体分成4类:

（1）数字编码。用一串数字来表示汉字的编码。如电报码、区位码等,它们难以记忆,不易推广。

（2）字音编码。基于汉语拼音的编码。简单易学,适合于非专业人员。缺点是同音字引起的重码多,需增加选择操作。例如,现在常用的微软拼音输入法和智能ABC输入法等。

（3）字形编码。将汉字的字形分解归类而给出的编码。重码少、输入速度快,但编码规则不易掌握,例如,五笔字形法和表形码。

（4）形音编码。将汉字读音和形状结合起来考虑的编码。它吸取了字音编码和字形编码的优点,使编码规则简化、重码减少,但不易掌握。

2) 汉字机内码与字符集

汉字通过输入码输入到计算机内部后,按照一种称为"机内码"的编码形式在系统中进行存储、查找、传送等处理。ASCII码就是一种机内码。

为了适应计算机处理汉字信息的需要,1981年我国颁布了GB2312—1980《信息交换用汉字编码字符集·基本集》。该标准选出6763个常用汉字,并为每个汉字规定了标准代码,以供汉字信息在不同计算机系统之间交换使用。这个标准称为"国标码",又称"国标交换码"。

《信息交换用汉字编码字符集·基本集》由三部分组成:第一部分是字母、数字和各种符号,包括英文、俄文、日文平假名与片假名、罗马字母、汉语拼音等共687个;第二部分为一级常用汉字,共3755个,按汉语拼音排列;第三部分为二级常用字,共3008个,按偏旁部首排列。

《信息交换用汉字编码字符集·基本集》为任意一个字符(汉字或其他字符)规定了一个唯一的二进制代码。码表由94行(十进制编号0~93行)、94列(十进制编号0~93列)组成,行号称为区号,列号称为位号。每一个汉字或符号在码表中都有各自的位置,因此各有一个唯一的位置编码,该编码用字符所在的区号及位号的二进制代码表示,7位区号在左、7位位号在右,共14位,这14位代码就称该汉字的"区位码"。因此,区位码指出了该汉字在码表中的位置。

汉字的区位码并不是其国标码。由于信息传输的原因,每个汉字的区号和位号必须各自加上32,即16进制的20H,这样区号和位号各自加上32后的相应的二进制代码才是它的国标码,国标码中区号和位号还是各自占7位。

在计算机内部,为了处理与存储的方便,汉字国标码的前后各7位分别用1个字节来表示,所以共需2个字节才能表示1个汉字。因为计算机中的信息是混合在一起进行处理的,所以汉字信息如不予以特别的标识,则它与单字节的ASCII码就会混淆不清,无法识别。为了解决这个问题,将表示汉字的2个字节的最高位置为1,从而方便在计算机内部区分英文字符和汉字字符。这种双字节的汉字编码就是一种汉字"机内码"。目前,PC机中汉字机内码的表示大多数都是这种方式。

例如,根据《信息交换用汉字编码字符集·基本集》,汉字"中"所在的区号与位号分别为36H与30H,即区位码为3630H(0011 0110 0011 0000B),国标码为3630H+2020H=5650H(0101 0110 0101 0000B),机内码为5650H+8080H=D6D0H(1101 0110 1101 0000B)。

必须注意,汉字输入码与汉字机内码是不同范畴的概念,不能把它们混淆起来。使用不同的输入编码方法输入到计算机中的同一汉字,其机内码是相同的。

3)汉字的字模点阵码和轮廓描述

经过计算机处理的汉字,如果需要在屏幕上显示出来或用打印机打印出来,还必须将汉字机内码转换成人们可以阅读的方块字形式。

每一个汉字的字形都必须预先存放在计算机内,一套汉字(如《信息交换用汉字编码字符集·基本集》)的所有字符的形状描述信息集合在一起称为字形信息库,简称字库。不同的字体(如宋体、仿宋、楷体、黑体等)对应着不同的字库。在输出每一个汉字的时候,计算机都要先到字库中去找到它的字形描述信息,然后把字形信息送到相应的设备输出。

汉字的字形主要有两种描述方法:字模点阵描述和轮廓描述。字模点阵描述是将字库中的各个汉字用一个元素为"0"或"1"的方阵(如16×16、24×24、32×32甚至更大)来表示,汉字中有黑点的地方用"1"表示,空白处用"0"表示,人们把这种用来描述汉字字模的二进制点阵数据称为汉字的"字模点阵码";轮廓描述比较复杂,它把汉字笔画的轮廓用一组直线和曲线来勾画,记下每一直线和曲线的数学描述公式,这种方式精度高,字形大小可以任意变化。

习 题

1.1 冯·诺依曼结构计算机的主要特点是什么?

1.2 简述微型计算机的硬件结构并说明各部件的主要功能。

1.3 绘制 IBM PC/XT 硬件系统结构图。

1.4 简述微型计算机的主要应用领域。

1.5 简述微型计算机的基本特点。

1.6 简述微型计算机的主要性能指标。

1.7 实现下列各数的转换。

(1) $(25.8125)_{10} = (?)_2 = (?)_8 = (?)_{16}$

(2) $(1011010.01)_2 = (?)_8 = (?)_{10} = (?)_{16}$

(3) $(3FC.4)_{16} = (?)_2 = (?)_{10}$

1.8 假定机器数的位数为8位(1位符号,7位数值),写出下列各二进制数的原码、补码和反码表示。

+0,-0,+127,-127,-128,+1001B,-1001B

1.9 已知定点整数的原码分别为 01101010、10000000、11010011,则对应的十进制真值分别为多少?

1.10 已知定点整数的补码分别为 01101010、10000000、11010011,则对应的十进制真值分别为多少?

1.11 已知 A、a、0 的 ASCII 编码分别为 0100 0001、0110 0001、0011 0000,则 D、e、F、g、3、6 的 ACSII 码分别是什么?

1.12 某机字长 16 位,其无符号整数、原码定点整数、补码定点整数所能表示的数的范围分别是什么?

1.13 已知汉字"大"的国标码为 3473H,其区位码和机内码分别为多少?

第 2 章 微型计算机总线技术

总线是计算机各功能部件之间、计算机系统与设备之间传送信息的公共通道,它是一组相关标准信号线的集合,用来传输数据、地址和控制信息。本章首先介绍总线的分类、标准、性能指标和数据传输过程等内容,然后介绍几种常见的微型计算机系统总线与外设总线。

2.1 概 述

2.1.1 总线的分类

图 2-1 所示为某型号主板的总线接口实物图,主板上有 AGP 加速图形接口插槽、PCI 外部设备互连总线插槽、ISA 工业标准总线插槽。微型计算机系统中具有多种总线,从不同的角度可以分为不同类型的总线。

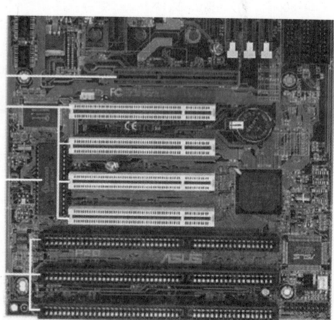

图 2-1 某型号主板的总线接口实物图

1. 按功能或信号类型分类

按总线的功能或信号类型分类,可以把总线分为地址总线、数据总线和控制总线,通常所说的总线都包括上述 3 个组成部分。地址总线用来传送地址信息,数据总线用来传送数据信息,控制总线用来传送各种控制信息。

2. 按总线的层次结构分类

按总线的层次结构分类,可以把总线分为 CPU 总线、存储总线、系统总线和外部总线。CPU 总线用来连接 CPU 和控制芯片;存储总线用来连接存储控制器和主存;系统总线也称为 I/O 通道总线,用来连接扩充插槽上的各扩充板卡;外部总线用来连接外部设备或其他微机系统。系统总线有多种标准,以适用于各种系统,如 16 位的 ISA 总线、32/64 位的 PCI 总线等,人们通常所说的总线就是指系统总线。

3. 按总线的通信方式分类

按总线的通信方式可分为并行通信和串行通信,相应的通信总线称为并行总线和串行总线。并行总线有多条数据线,可以并行传送多位二进制信息,通信速度快,实时性好,但信号线的数量较多。串行总线只有 1 条数据线,一次只能传送 1 位二进制信息,通信速率低,但简易、方便、灵活。

2.1.2 总线标准

总线标准是由国际标准化组织制定的计算机各个模块之间的互联规范。总线标准规范了计算机系统总线的设计,提高了可互换性和可维护性,提高了计算机系统的性能和可靠性。

总线标准必须有详细和明确的规范说明,其内容主要包括:

(1) 物理特性。定义总线物理形态和结构布局,规定总线的形式(电缆、印制线或接插件)以及具体位置等。

(2) 机械特性。定义总线机械连接特性,机械性能包括接插件的类型、形状、尺寸、牢靠等级、数量和次序。

(3) 功能特性。定义总线各信号线功能,不同信号实现不同功能。

(4) 电气特性。定义信号的传递方向、工作电平、负载能力的最大额定值等。

ISA、EISA、PCI 和 PCI Express 等是常见的微机系统总线标准,RS-232C、IEEE 1394 和 USB 等是常见的微机外部总线标准。

2.1.3 总线的性能指标

总线的主要功能是在各功能部件之间进行通信,因此能否保证各功能部件间的通信通畅是衡量总线的关键指标。总线宽度、总线频率、总线带宽是表示总线性能的主要参数。

1. 总线宽度

总线宽度又称总线位宽,是指数据总线的位数,即能同时传送数据的二进制位数,单位为位(bit)。例如,IBM PC/XT 总线有 8 位数据线,总线宽度是 8,称为 8 位总线。

2. 总线频率

总线频率是总线工作速度的一个重要参数,是指总线工作的频率,即 1s 能够传送数据的次数,通常用 MHz 表示。例如,IBM PC/XT 总线的频率为 4.77MHz。总线频率越高,工作速度越快。

3. 总线带宽

总线带宽又称总线的数据传输率,是指每秒钟总线上可传送的数据总量,通常以

MB/s 为单位。总线带宽由总线宽度与总线频率共同决定。

总线带宽=(总线宽度/8 位)×总线频率

例如,IBM PC/XT 的数据总线带宽为(8bit／8)×4.77MHz=4.77MB/s。

2.1.4 总线数据传输过程

总线上的数据传输是在主控模块控制下进行的,主控模块指的是具有控制总线能力的模块,不具备控制总线能力的模块称为从模块。从模块可以对总线上传输的信号进行地址译码,接收和执行主控模块的命令信号。总线每个时刻只能被某一个模块控制使用,但在实际应用中通常会有一个以上的模块同时请求控制总线进行信息传输的情况发生,因此需要进行总线仲裁。总线完成一次数据传输过程,需要经过请求总线、总线仲裁、寻址(目的寻址)、信息传输和错误检测 5 个阶段。

(1) 请求总线。利用总线进行信息传送的主控模块申请总线,以便取得总线控制权。

(2) 总线仲裁。多个主控模块同时申请总线使用权时,系统根据某种算法做出裁定,把总线的控制权赋予某个主控模块。总线仲裁方法可分为静态仲裁和动态仲裁两种:静态仲裁是把总线周期固定划分为若干个时间片,每个主控模块占用其中的一个时间片;动态仲裁是在主控模块请求时,根据事先设定的规则分配总线使用权。不同的总线采用的仲裁方法可能不同,例如,USB 总线采用的是静态仲裁方式,PCI 总线采用的是动态仲裁方式。

(3) 寻址(目的寻址)。某主控模块取得总线控制权后,由该模块进行寻址,通知被访问的模块进行信息传输。

(4) 信息传输。根据读写方式确定信息流向,完成主控模块与被访问模块之间的数据传输。信息传输数据有两种方式:单周期方式与突发数据传输。单周期方式是在获得一次总线使用权后只能传输一个数据,如果需要传输多个数据,就要多次申请使用总线;突发数据传输是指获得一次总线使用权可以连续进行多个数据的传输,在寻址过程中,主控模块发送数据块的首地址,后续的数据在首地址的基础上按一定的规则寻址,例如,PCI 总线支持突发数据传输方式,这种方式下总线利用率高。

(5) 错误检测。由于外界或者自身存在着各种随机出现的干扰因素,总线上传输的信息可能产生错误。因此,需要错误检测电路来发现和纠正出现的错误,由专用的总线信号来报告出现的错误。最常用、最简单的错误检测方法是奇偶检验。错误检测结束后,主控模块的有关信息均从系统总线上撤销,让出总线。

2.2 常用系统总线

微型计算机系统总线经历了一系列发展过程,按照其影响力和应用的广泛性,可以将系统总线分成三个时代:第一代系统总线以 ISA 总线标准为代表,第二代以 PCI 总线标准为代表,第三代以 PCI Express 总线标准为代表。本节将按系统总线形成的时间顺序简要介绍常用的 8 位 PC/XT 总线、16 位 ISA 总线和 32/64 位的 PCI 总线。

2.2.1 PC/XT 总线

PC/XT 总线指 IBM 公司 1981 年推出的 IBM PC/XT 机使用的系统总线,也称为 8 位

ISA 总线,它是微型计算机系列总线发展的起点,其影响最为久远。

1. PC/XT 总线的特点

由图 1-3 IBM PC/XT 硬件结构框图可以看出,IBM PC/XT 机的总线不只是 8088CPU 引脚的延伸,它还包括了经过 8087 协处理器、8288 总线控制器、8259 中断控制器、8237DMA 控制器及其他逻辑的重新驱动、组合而成的总线信号。其特点如下:

(1) PC/XT 总线支持 1KB 的 I/O 地址空间、1MB 的存储器地址空间、8 位数据存取。

(2) IBM PC/XT 机的主板上有 8 个 PC/XT 总线扩展插槽,每个扩展插槽由 62 个引脚的双列扩展插槽构成,如图 2-2 所示。插槽上的每个引脚都有不同的名称,表示不同的功能信号,连接到主板上系统总线的对应信号线,因此主板上的每个扩展槽地位相同。

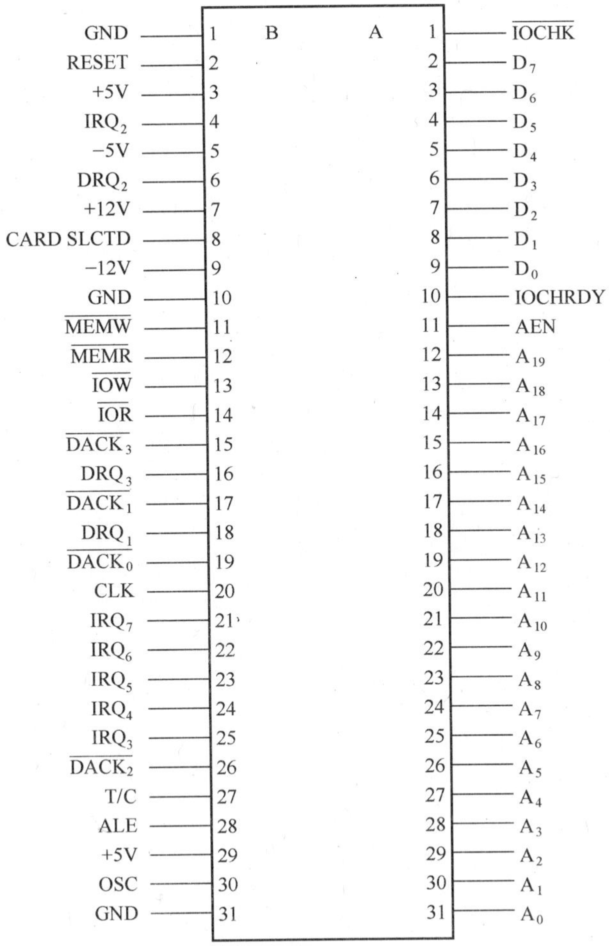

```
       B              A
  1  GND          1  IOCHK
  2  RESET        2  D_7
  3  +5V          3  D_6
  4  IRQ_2        4  D_5
  5  -5V          5  D_4
  6  DRQ_2        6  D_3
  7  +12V         7  D_2
  8  CARD SLCTD   8  D_1
  9  -12V         9  D_0
 10  GND         10  IOCHRDY
 11  MEMW        11  AEN
 12  MEMR        12  A_19
 13  IOW         13  A_18
 14  IOR         14  A_17
 15  DACK_3      15  A_16
 16  DRQ_3       16  A_15
 17  DACK_1      17  A_14
 18  DRQ_1       18  A_13
 19  DACK_0      19  A_12
 20  CLK         20  A_11
 21  IRQ_7       21  A_10
 22  IRQ_6       22  A_9
 23  IRQ_5       23  A_8
 24  IRQ_4       24  A_7
 25  IRQ_3       25  A_6
 26  DACK_2      26  A_5
 27  T/C         27  A_4
 28  ALE         28  A_3
 29  +5V         29  A_2
 30  OSC         30  A_1
 31  GND         31  A_0
```

图 2-2 PC/XT 总线扩展插槽引脚信号

(3) 除满足特殊需要的±12V 电源外,其他信号均与 TTL 电平兼容。

2. PC/XT 总线的信号线

PC/XT 总线的 62 条信号线分为 5 类:地址线、数据线、控制线、状态线和辅助与电源线。

1) 地址线 $A_{19} \sim A_0$(共 20 条)

可用来寻址内存地址或 I/O 地址。对 I/O 寻址时只用 $A_9 \sim A_0$（8088CPU）。

2）数据线 $D_7 \sim D_0$（共 8 条）

可用于在 CPU、存储器以及 I/O 端口之间传送数据，可由 $\overline{\text{IOW}}$ 或 $\overline{\text{MEMW}}$、$\overline{\text{IOR}}$ 或 $\overline{\text{MEMR}}$ 来选通数据传送对象与操作类型。

3）控制线（共 21 条）

AEN：地址允许信号，高电平有效，表明正处于 DMA（直接存储器存取）控制周期中。此信号可用来在 DMA 期间禁止 I/O 端口的地址译码。

ALE：地址锁存允许信号，其下降沿用来锁存地址线 $A_{19} \sim A_0$ 上的地址信息。

$\overline{\text{IOR}}$：I/O 读信号，用来把选中的 I/O 设备的数据读到数据总线上。在 CPU 启动的 I/O 周期中，通过地址线选择 I/O 设备；在 DMA 周期中，I/O 设备由 $\overline{\text{DACK}}$ 选择。

$\overline{\text{IOW}}$：I/O 写信号，用来把数据总线上的数据写入被选中的 I/O 端口。I/O 端口的选择方法与 $\overline{\text{IOR}}$ 相同，端口选择信号由 CPU 或 DMA 控制器产生。

$\overline{\text{MEMR}}$：存储器读信号，用来把选中的存储单元中的数据读到数据总线上。

$\overline{\text{MEMW}}$：存储器写信号，用来把数据总线上的数据写入被选中的存储单元中。

T/C：DMA 终止计数信号，该信号是一个高电平脉冲，表明 DMA 传送的数据已到达其程序预置的字节数，用来结束一次 DMA 数据块传送。

$DRQ_3 \sim DRQ_1$：DMA 请求信号，此信号用来表示外部设备要求进入 DMA 周期。DMA 控制器有 4 个通道，DRQ_0 级别最高，已被系统专用于刷新动态存储器，因此未进入系统总线，DRQ_3 级别最低。

$IRQ_7 \sim IRQ_2$：中断请求信号，通过主板上的中断控制器向 CPU 请求中断。IRQ_2 级别最高，IRQ_7 级别最低。

$\overline{\text{DACK}}_3 \sim \overline{\text{DACK}}_0$：DMA 响应信号，它表明对应 DRQ 已被接收，DMA 控制器将占用总线并进入 DMA 周期。$\overline{\text{DACK}}_0$ 的发出仅表明系统对存储器刷新请求的响应。

RESET：系统复位信号，用来复位和初始化接口及 I/O 设备。此信号在系统电源接通时为高电平，当所有电平都达到规定后变低。

4）状态线（共 2 条）

$\overline{\text{IOCHK}}$：I/O 通道检查信号，低电平有效，用来表明接口插件板或系统板存储器出错，它将产生一次不可屏蔽中断。

IOCHRDY：I/O 通道就绪信号，高电平表示"就绪"。该信号线可供低速 I/O 或存储器请求延长总线周期用。低速设备被选中，且收到读/写命令时将此线电平拉低，以便在总线周期中加入等待状态 T_W，但最多不能超过 10 个时钟周期。

2.2.2 ISA 总线

IBM 公司于 1984 年推出了 16 位 PC 机 IBM PC/AT，这是真正意义上的 16 位微型计算机，使用的是 AT 总线。AT 总线后，由 Intel 公司、IEEE 和 EISA 集团联合开发出与其相近的工业标准体系结构（Industry Standard Architecture，ISA）总线。ISA 总线标准化以后，逐渐演变成为一个事实上的工业标准,得到广泛的应用。本节主要介绍 16 位 ISA 总线。

1. ISA 总线的特点

(1) 总线支持力强,支持 64KB 的 I/O 地址空间、16MB 的存储器地址空间、8/16 位数据存取、15 级硬件中断、7 个 DMA 通道等。

(2) 16 位 ISA 总线是一种多主控(Multi Master)总线,可通过系统总线扩充槽中的 $\overline{MASTER}$ 的信号线实现。除 CPU 外,DMA 控制器、刷新控制器和带处理器的智能接口卡都可以成为 ISA 总线的主控设备。

(3) 支持 8 种类型的总线周期,分别为 8/16 位的存储器读周期、8/16 位的存储器写周期、8/16 位的 I/O 读周期、8/16 位的 I/O 写周期、中断请求和中断响应周期、DMA 周期、存储器刷新周期和总线仲裁周期。

2. ISA 总线的信号线

ISA 总线是在 PC/XT 总线的基础发展起来的,它在不改变原 PC/XT 总线 62 插槽设计的基础上扩展了一个 36 线插槽,同一插槽中分为 62 线和 36 线两段,共 98 线,如图2-3所示。ISA 总线数据宽度为 16 位,最高工作频率 8MHz。I/O 通道上各个信号的电气性

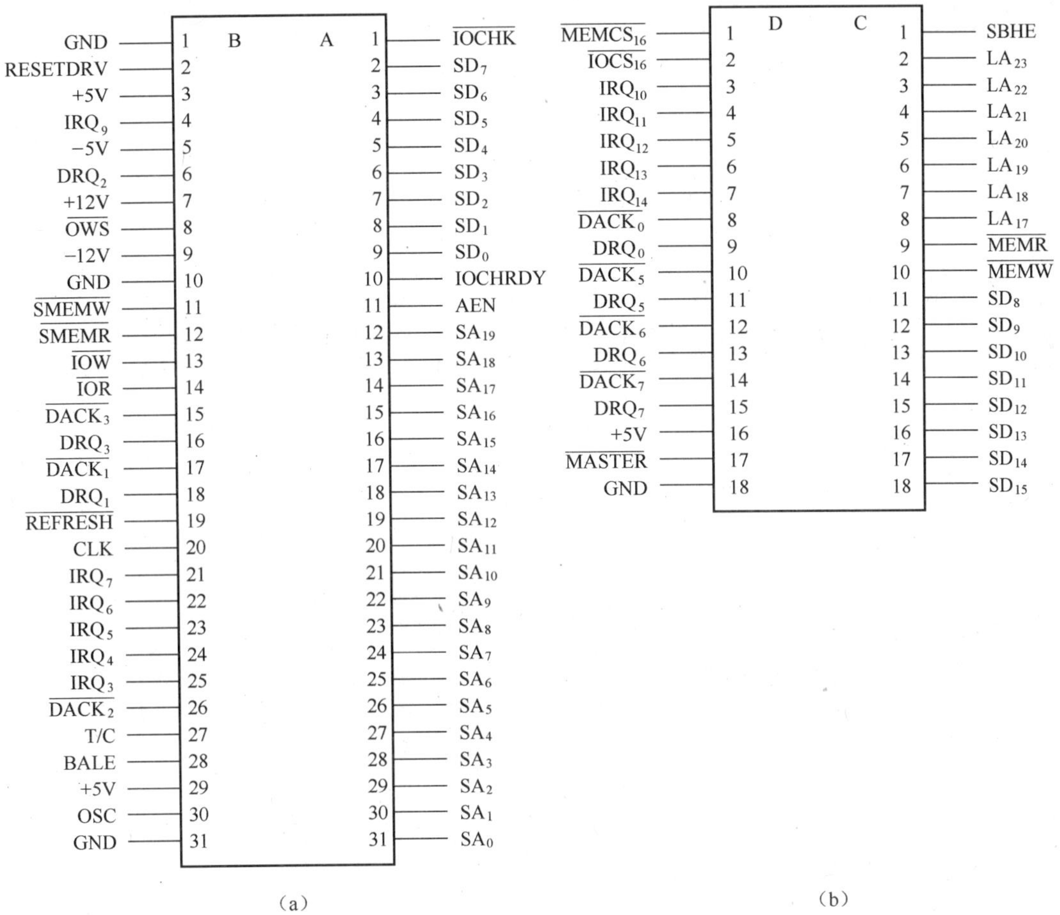

图 2-3 ISA 总线信号

(a)ISA 总线基本插槽引脚图;(b)ISA 总线扩展插槽引脚图。

能及信号引脚在插线板上的位置都经过了规范化，具有统一的定义，用户可以方便地通过扩展槽完成接口卡与系统的连接。每个总线周期传输一个数据/地址，不支持突发（Burst）传输方式，除了 CPU 和 DMA 控制器之外，其他 ISA 设备均是从设备，总线仲裁由 CPU 完成。

1) ISA 总线基本插槽

对于 ISA 总线基本插槽的 62 条信号线，引脚排列及定义与 PC/XT 总线基本相同，如图 2-3(a)所示，但 B_4 引脚、B_8 引脚和 B_{19} 引脚不同，如表 2-1 所列。另外，ISA 总线中，称 PC/XT 总线的 $\overline{MEMR}$ 和 $\overline{MEMW}$ 两条信号线为 $\overline{SMEMR}$ 和 $\overline{SMEMW}$，仍作为地址线 $A_{19} \sim A_0$（ISA 总线称为 $SA_{19} \sim SA_0$）寻址的 1MB 内存的读/写选通信号。对基本插槽而言，PC/XT 总线与 ISA 总线兼容，因此 PC/XT 总线又称为 8 位 ISA 总线，而 PC/AT 总线称为 16 位 ISA 总线。

表 2-1 PC/XT 总线插槽和 ISA 基本插槽的区别

引脚序号	PC/XT 总线插槽	ISA 总线基本插槽
B_4	IRQ_2	$\overline{OWS}$(需等待状态信号线)
B_8	CARD SLCTD	当 $\overline{OWS}$ 有效(低)时，CPU 无需插入等待周期
B_{19}	为 $\overline{DACK_0}$，作为内存动态 RAM 刷新 DRQ_0 响应	为 $\overline{REFREAH}$，作刷新用（$\overline{DACK_0}$ 被安排在扩展插槽的 D_8 引脚）

电源线。ISA 总线提供 4 种电源：+12V、-12V、+5V、-5V。

2) ISA 总线扩展插槽

如图 2-3(b)所示，ISA 总线扩展插槽的 36 条信号线包括数据线 8 条、地址线 7 条、控制信号线 19 条、电源和地线 2 条。

$LA_{23} \sim LA_{17}$：地址线。$LA_{23} \sim LA_{17}$ 加上 $SA_{19} \sim SA_0$ 可实现 16MB 的寻址空间。为了使 62 线插槽与 PC/XT 总线兼容，$SA_{19} \sim SA_{17}$ 与 $LA_{19} \sim LA_{17}$ 是重复的。

$SD_{15} \sim SD_8$：数据线。它们是 8 位双向信号线，用于传送 16 位数据中的高 8 位。

SBHE：系统总线高字节允许输入信号，高电平有效。当其有效时，表示数据总线 $SD_{15} \sim SD_8$ 正在进行高字节传送。

$IRQ_{15} \sim IRQ_{10}$：中断请求输入线。其中，IRQ_{13} 留给数据协处理器使用，不在总线上出现。这些中断请求线都是边沿触发，由三态门驱动器驱动的。

DRQ_0、$DRQ_7 \sim DRQ_5$：DMA 请求线，DRQ_0 优先级最高，DRQ_7 优先级最低。

$\overline{MEMR}$：存储器读信号，低电平有效，用于将 24 位地址存储单元的数据读到数据总线。

$\overline{MEMW}$：存储器写信号，低电平有效，用于把数据总线上的数据存入 24 位地址存储单元。

$\overline{MEMCS}_{16}$：存储器 16 位片选信号，低电平有效。该信号有效时，表示当前要传输的数据有一个等待状态的 16 位存储器周期。

$\overline{IOCS}_{16}$：16 位 I/O 片选信号，低电平有效。该信号有效时，表示当前要传输的数据有一个等待状态的 16 位 I/O 周期。

MASTER：主控输入信号，低电平有效。它由要求占用总线的有主控能力的外设驱动，与 DRQ 一起使用。

2.2.3 PCI 总线

外部设备互连（Peripheral Component Interconnect，PCI）总线的概念是 Intel 公司在 1991 年下半年提出的，并立即受到了工业界的重视。1992 年 6 月，计算机界的一些主要公司联合成立了 PCI 集团，共同建立、发展和推广 PCI 总线标准。PCI 总线是当前最流行的总线技术之一。

PCI 总线是不依附于某个具体处理器的总线。从结构上看，PCI 总线是在 CPU 和原来的 ISA 系统总线之间插入的另一级总线，具体由一个桥接电路实现对这一层的管理，并实现上下之间的接口以协调数据的传输和信号的缓冲，能支持近 10 种类型的外设接口，并能在较高时钟频率下保持高性能。PCI 总线也支持总线主控技术，允许智能设备在需要时取得总线控制权，以加速数据传输。

1. PCI 总线的特点

PCI 总线的主要参数如下：总线时钟频率 33MHz/66MHz；最大数据传输速率在时钟频率为 33MHz 时为 132MB/s（32 位）或 264MB/s（64 位）；采用与时钟同步的方式；数据总线的宽度为 32 位/64 位；具有与处理器和存储器子系统完全并行操作的能力；能支持 64 位寻址能力；具有完全的多总线主控能力；能自动识别外设（即插即用功能）；能实现中断共享等。PCI 总线的特点概述如下：

（1）线性突发传输。PCI 总线支持突发的数据传输模式，满足了新型处理器高速缓冲存储器（Cache）与内存之间的读写速度要求。线性突发传输能够更有效地运用总线的带宽进行数据传输，以减少不必要的寻址操作。

（2）多总线主控。PCI 总线不同于 ISA 总线，其地址总线和数据总线是分时复用的。这样减少了接插件的管脚数，便于实现突发数据的传输。数据传输时，一个 PCI 设备作为主控设备，而另一个 PCI 设备作为从设备。总线上所有时序的产生与控制，都是由主控设备发起的。

（3）支持总线主控方式和同步总线操作。挂接在 PCI 总线上的设备有"主控"和"从控"两类。PCI 总线允许多处理器系统中的任何一个处理器或其他有总线主控能力的设备成为总线主控设备。PCI 总线是一种同步总线，除了中断等少数几个信号外，其他信号与总线时钟的上升沿同步。

2. PCI 总线的信号线

PCI 总线包含 32 位（或 64 位）数据总线、32 位（或 64 位）地址总线、接口控制线、仲裁及系统线等。通常将 PCI 总线的全部信号分为必选信号和可选信号两大类。必选信号是 32 位 PCI 接口不可缺少的，通过这些信号线可实现完整的 PCI 接口功能，如数据传输、接口控制、总线仲裁等。对于目标设备，必选信号线有 47 条，对于主控设备，必选信号线有 49 条。可选信号线用于高性能 PCI 接口进行功能与性能方面的扩展，如 64 位地址/数据、中断信号、66MHz 主频等信号线。PCI 总线信号如图 2-4 所示。

1) 时钟复位信号

CLK：总线时钟输入信号，决定 PCI 总线的工作频率。PCI 的其他信号在 CLK 的上升沿同步。

$\overline{\text{RST}}$：复位输入信号，复位 PCI 总线上的接口设备。

2）地址与数据接口信号

$AD_{31} \sim AD_0$：32 位地址/数据复用双向三态信号。作为地址时，AD_0 和 AD_1 不传送地址，而表示突发方式。

$C/\overline{BE}_3 \sim C/\overline{BE}_0$：32 位总线命令与字节使能多路复用三态信号。在传输地址时，4 条线传输的是总线命令，可表示 16 种不同的总线命令；在传输数据时，该信号传输字节使能信号，提供字节允许。

PAR：奇偶校验信号。对 $AD_{31} \sim AD_0$ 与 $C/\overline{BE}_3 \sim C/\overline{BE}_0$ 进行校验得到的校验码。

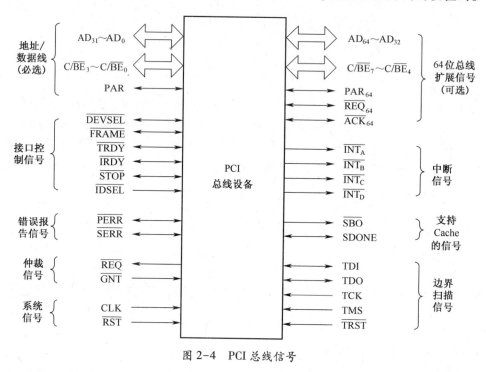

图 2-4 PCI 总线信号

3）接口信号

$\overline{\text{FRAME}}$：由当前主控设备驱动的帧周期信号，表示一次数据帧访问的开始和持续时间。

$\overline{\text{TRDY}}$：目标设备准备好信号。有效时，表示总线目标设备准备就绪。

$\overline{\text{IRDY}}$：主控设备准备好信号。有效时，表示总线主控设备准备就绪。$\overline{\text{IRDY}}$ 与 $\overline{\text{TRDY}}$ 联合使用，只有两个信号都有效时，数据才能传输，否则进入等待周期。

$\overline{\text{STOP}}$：停止数据传送信号。有效时，表明目标设备要求主控设备终止当前的数据传送。

$\overline{\text{DEVSEL}}$：设备选择信号。该信号由从设备在识别出地址时发出，当它有效时，说明总线上有某一设备已被选中，并作为当前访问的从设备。

$\overline{\text{IDSEL}}$：初始化设备选择信号。在读写自动配置空间时，用来作为芯片选择信号。

$\overline{\text{LOCK}}$：总线锁定信号。表示当前主控设备或从设备独占总线资源，需进行多次数据传输。

4）出错报告信号

$\overline{\text{PERR}}$：数据奇偶检验错误报告信号。由数据接收设备发出。

$\overline{\text{SERR}}$：系统错误报告信号。该信号有效，表示系统产生致命错误。

5）仲裁信号

$\overline{\text{REQ}}$：总线请求信号。当总线上设备要使用总线时，使$\overline{\text{REQ}}$有效，该信号送到总线判优控制器。

6）中断信号

$\overline{\text{INT}}_A \sim \overline{\text{INT}}_D$：中断请求信号。$\overline{\text{INT}}_A$用于单功能设备，$\overline{\text{INT}}_B \sim \overline{\text{INT}}_D$应用于多功能设备。这些中断信号在 PCI 总线中是可选信号。

限于篇幅，对于其他信号本书不再阐述，如有需要可参阅其他相关书籍。

2.3 常用外部总线

用户开发系统常常需要与外部总线打交道，外部总线常常以专用的接插件形式提供给用户使用，因此也有外部总线标准。计算机与外部信息交换有两种交换方式，一种是并行通信方式，另一种是串行通信方式。并行通信时，数据的各位同时进行传输；串行通信时，数据与控制信息是一位一位地进行传输的。一般来说，串行通信的速度较慢，传输距离较长，硬件电路也相对简单。但随着串行通信技术的发展，特别是 USB 技术的日益成熟和接口电路的日益简单化，串行数据传输速度大大提高，并逐步取代了并行通信。本节将简要介绍如今广泛应用的外部总线接口标准 RS-232、IEEE1394、USB 等。

2.3.1 RS-232 总线

RS-232 总线是美国电子工业联合会（Recommended Standard Electronics Industries Association，EIA）与 Bell 公司一起开发的协议，经过 3 次修改后，于 1969 年公布并成为串行总线标准。它已广泛应用于微机与微机之间、微机与外部设备之间的数据通信。

RS-232 的全称是"数据终端设备（DTE）和数据通信设备（DCE）之间串行二进制数据交换接口技术标准"。该标准规定采用一个 25 引脚的 DB-25 连接器，对连接器的每个引脚的信号内容加以规定，并对各种信号的电平加以规定。其后，IBM-PC 机将 RS-232 简化成了 DB-9 连接器，并且成为事实标准。工业控制的 RS-232 口一般只使用 RXD、TXD、GND 这 3 条线。RS-232 总线的详细内容请参见本书第 11 章。

2.3.2 IEEE 1394 高速总线

IEEE 1394 是为了增加外部多媒体设备与电脑连接性能而设计的高速串行总线，传输速率可以达到 400Mbit/s。利用 IEEE 1394 技术可以便捷地把计算机和摄像机、高速硬盘、音响等多种多媒体设备连接起来。

1. IEEE 1394 的主要特点

1) 优越的实时性能

IEEE 1394 具有两种数据传输模式：同步(Synchronous)传输与非同步(Asynchronous)传输。其中，同步传输模式会确保某一连线的频宽，加上 IEEE 1394 高速的传输速度，能保证图像和声音不会出现时断时续的现象。

2) 连接方便，支持热插拔、即插即用功能

IEEE 1394 采用设备自动配置技术，允许热插拔(Hot Plug In)和即插即用(Plug & Play)，方便用户使用。此外，IEEE 1394 可自动调整局部拓扑结构，实现网络重构和自动分配 ID。

3) 总线直接提供电源

IEEE 1394 总线的 6 芯电缆中有 2 条是电源线，可向被连接的设备提供 4~10V/1.5A 的电源。这样一来，就不需要为每台设备配置独立的供电系统，并且当设备断电和出现故障时，也不会影响整个系统的正常运行。

4) 通用性强

IEEE 1394 允许采用树形或菊花链结构，以级联方式在一个接口上可连接 63 个不同种类的设备。可连接传统外设(如硬盘、光驱、打印机)、多媒体设备(如声卡、视频卡)、电子产品(如数码相机、视频电话)、家用电器(如 VCR、HDTV、音响)等。IEEE 1394 为微机外设和电子产品提供了统一的接口，增强了通用性。

2. IEEE 1394 电缆及连接

早期的 IEEE 1394 定义一个带有 6 针插头的 6 芯电缆来实现设备间的互连，如图 2-5 所示。电缆由 2 对(4 条)信号传送线 TPA/TPA* 和 TPB/TPB*、2 条电源线 VP 和 VG，向连接在总线上的设备提供 4~10V/1.5A 的电源。通常 6 条线按号的顺序采用的颜色分别是白、黑、红、绿、橙和蓝。此外，还有一种不提供电源的 4 针线缆，一般用于移动 PC 机、数码相机等设备。

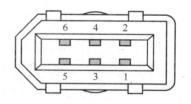

图 2-5 IEEE 1394 引脚图

3. IEEE 1394 的主控制器接口

IEEE 1394 总线定义了 4 个协议层，每层定义了一套相关的服务用于支持配置、总线管理及在应用程序和 IEEE 1394 协议层之间的通信。这 4 个协议层分别是物理层、链路层、交换层和串行总线管理。

(1) 物理层。主要提供设备和电缆之间的电气和机械连接，处理数据传输和接收，确保所有设备可以访问总线。根据不同总线的物理介质，将数据链接层的逻辑信号转换成实际的物理电信号，并提供了保证每次只有一种设备传输数据的仲裁服务。

(2) 链路层。提供同步和异步模式下的数据包确认、定址、数据校验及数据分帧等。该层主要完成数据的编址、校验和数据包的制作。

(3) 交换层。只处理异步数据包，定义了请求应答协议，用以执行总线传输。该层支持对异步传输协议的读/写和锁定，读命令使接收端向发送端返回数据，写命令使发送端发送数据到接收端，锁定命令综合了读/写两种功能。

(4) 串行总线管理。提供全部总线的控制功能，包括确保向所有总线连接设备的电力供应、优化定时机制、分配同步通道 ID、处理基本错误提示等。

4. IEEE 1394 的数据传输方式与工作过程

1) IEEE 1394 的数据传输方式

IEEE 1394 支持异步和同步两种数据传输方式。异步方式是把数据交换层信息送到一个特定的 64 位地址。异步方式不需要以固定的速率传送数据，也不要求稳定的总线带宽。同步方式要求有规则的访问总线，需确保某一连线的频宽，比异步方式有更高的总线优先级。对同一个接口，可提供异步和同步两种工作方式，即在同一总线上能可靠地传输计算机数据、音频和不同速率的视频信号。

2) IEEE 1394 的工作过程

(1) IEEE 1394 总线必须经过初始化，之后才能使用交换层服务来传送命令、数据和状态。

(2) 当总线初始化完成后，每个结点都得到一个各不相同的结点标志。

(3) 启动设备读取每个结点的配置 ROM，以寻找实现串行总协议 SBP(Serial BUS Protocol)的结点。寻找结束后，SBP 被初始化。

(4) 接着开始同步或异步注册的过程。

(5) 注册完毕，就可以进行数据传输了。若传输过程出现错误，则必须进行异常处理。

2.3.3 USB 总线

USB(Universal Serial Bus)通用串行总线是由 Intel、Microsoft、Compaq、IBM、NEC、DEC 等多家公司共同开发的一种新的外设总线标准。目标是发展一种兼容低速与高速的总线技术，从而为广大用户提供一种可共享的、可扩充的、使用方便的串行总线。USB 总线独立于主计算机系统，并在整个计算机系统结构中保持一致。Microsoft 公司从 Windows 98 开始加入对 USB 的支持，使 USB 技术得到了飞速发展和极为广泛的普及。现在 USB 已成为微型计算机普遍的接口标准。

1. USB 总线的主要性能特点

1) 使用方便

可以连接多个不同的设备，支持热插拔和即插即用功能。

2) 传输速度快

在速度方面，USB 支持 3 种信道速度：低速(Low Speed)1.5MB/s，全速(Full Speed)12MB/s 以及高速(High Speed)480MB/s。具备 USB 功能的 PC 都支持低速和全速，高速则需要主机支持 USB2.0。

3) 连接灵活

连接方式既可以使用串行连接，也可以使用 USB 集线器把多个 USB 设备连接在一起。从理论上来说,可以连接 127 个 USB 设备,每个外设电缆长度可达 5m。USB 还可智能识别 USB 链上的外围设备的接入或拆卸。

4) 独立供电

USB 总线使用一个 4 针的标准插头,其中有 2 针是电源线,可为低功耗装置提供+5V 电源。

2. USB 总线的接口信号

USB 总线有 4 条信号线,用来传送信号并提供电源,USB 引脚图如图 2-6 所示,USB 引脚功能如表 2-2 所列。

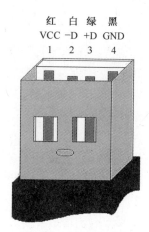

图 2-6　USB 引脚图

表 2-2　USB 引脚功能

引脚号	信号名称
1	+5V
2	D-
3	D+
4	地线

其中,D+和 D-为传送信号线,它们是一对双绞线,另外 2 条是电源线和地线。

3. USB 的总线拓扑结构和连接形式

USB 总线的拓扑结构是一种多层星形结构,如图 2-7 所示。每个星形的中心是一个集线器,一个集线器可以有 2~7 个端口,每个端口都可以连接一个功能设备或一个集线器。所有的连接都是点对点的。

USB 设备可以划分为两大类集线器(Hub)和功能设备(Function)。只有集线器才能提供附加的 USB 接入点,功能设备则为主机提供附加的功能。有些 USB 复合设备既是功能设备,也可以提供集线器功能。

USB 是一个主从式总线协议,即在 USB 总线上只有一个主控模块(主机)和若干个从设备(USB 设备)。主机对 USB 总线拥有绝对的主控权,总线上的一切数据传输都由主机控制。

4. USB 总线的构成

1) USB 主机(USB 主控制器/根集线器)

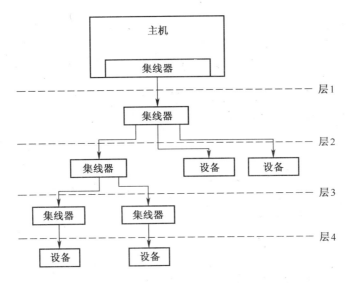

图 2-7 USB 总线逻辑拓扑图

USB 主控制器和根集线器合称为 USB 主机(HOST)。USB 主控制器是硬件、固件和软件的联合体,它负责 USB 总线上的数据传输,进行数据格式的转换。

根集线器集成在主系统中,由一个控制器和中继器组成,提供多个接入端口。根集线器检测外设的连接和断开,执行主控制器发出的请求,并在设备和主控制器之间传输数据。

在整个 USB 系统中只允许有一个主机。主机中的 USB 接口称为 USB 主控制器,而集线器都是集成在主机系统中的。在 USB 规范中,USB 主机被定义为控制 USB 的软件和硬件的集合,即 USB 主机就是 PC 的硬件和响应的驱动程序。

2) USB 设备

USB 设备可分为集线器和功能设备两类。复合的设备由一个集线器和一个或多个功能设备组成。每个集线器和功能设备都有唯一地址。

集线器具有一个上行端口和若干个下行端口。上行端口用于连接主机或上级集线器,下行端口用于连接下级集线器或功能设备。通过集线器可以实现 USB 总线的多级连接。

功能设备是指可以从 USB 总线上接收/发送数据或控制信息的 USB 设备。一个功能设备由一个独立的外围设备实现,它通过一条电缆连接到集线器上的某一端口。

每一个功能设备都包含了用来描述其能力和所需资源的配置信息。在使用任何一个功能设备之前,都必须由主机对其进行配置。这种配置操作包括分配 USB 带宽和为该功能设备选择特定的配置选项。

5. USB 的传输方式

根据功能设备对系统资源需求的不同,在 USB 规范中规定了 4 种不同的数据传输方式。

1) 等时(Isochronous)传输方式

等时传输方式以固定的传输速率,连续不断地在主机与 USB 设备之间传输数据,主要用来连接需要连续传输数据且对数据的正确性要求不高但对时间极为敏感的外部设备，如麦克风、电话等。在数据发生错误时，USB 并不处理这些错误，而是继续传送新的数据。

2）控制（Control）传输方式

控制传输方式主要用于命令/状态操作。它是由主机软件发起的请求/响应通信过程，具有突发性、非周期性等特点。它包括设备控制指令、设备状态查询以及确认命令。当 USB 设备收到这些数据和命令后，将依据先进先出的原则处理到达的数据。

3）中断（Interrupt）传输方式

中断传输方式主要用于向主机通知设备的服务请求。它是由设备发起的通信，具有数据量小、频率低，且非周期性、延时固定等特点。该方式是单向的，适合于数据传输量小、数据需及时处理的实时传输系统，如键盘、鼠标等低速设备。

4）批量（Bulk）传输方式

批量传输方式主要用于要求传输正确无误、可以利用任何可用带宽进行传输，或可以延迟到有可以利用的带宽时再进行数据的传输，具有非周期性和突发性的特点，适合大量传输数据的场合，以及无带宽和间隔时间限制的情况。通常用于打印机、扫描仪、调制解调器、数字音响等不定期传输大量数据的中速设备。

习　题

2.1　什么是总线？总线是如何分类的？
2.2　举例说明有哪些常见的系统总线与外部总线。
2.3　总线有哪些主要性能指标？这些性能指标是如何定义的？
2.4　ISA 总线的主要特点是什么？
2.5　PCI 总线的主要特点是什么？
2.6　IEEE 1394 总线的主要特点是什么？
2.7　简述 USB 总线作为通用串行总线的优点。

第 3 章　Intel 80x86 系列微处理器

3.1　8086/8088 微处理器概述

1978 年，Intel 公司推出了首个 16 位微处理器 8086，如图 3-1 所示，此后 Intel 公司生产的 80x86 系列微处理器均与其兼容。Intel 8086 采用 HMOS 工艺技术制造，单一+5V 供电，芯片外部数据总线 16 位，地址总线 20 位，最大可寻址 1MB 的存储空间。Intel 公司在后续 CPU 的命名上沿用了 x86 序列，直到后来因商标注册问题，才放弃了继续用阿拉伯数字命名。

1979 年，Intel 公司推出了成本较低的 Intel 8088 微处理器。8088 的内部结构与 8086 基本相同，也提供 16 位的处理能力，但对外的数据总线设计成 8 位，以使 8088 能够获得已开发的 8 位外围配套芯片的支持。

1981 年，IBM 公司选择 8088 微处理器作为核心设计 IBM PC 微型计算机系统，推向市场后获得了巨大的成功，为后来的 80x86 系列微处理器成为主流微型计算机的处理核心打下了基础。

图 3-1　Intel 8086/8088 微处理器

3.2　8086/8088 内部寄存器结构

了解 CPU 内部寄存器结构并掌握其使用方法是进行汇编语言程序设计的关键和基础。8086/8088 内部有 14 个 16 位的寄存器，可供程序直接使用。这 14 个寄存器按功能可以分为通用寄存器组（8 个）、段寄存器组（4 个）和控制寄存器组（2 个）3 组，如图 3-2 所示。

3.2.1　通用寄存器组

8086/8088CPU 有 8 个通用寄存器。这 8 个寄存器可以分为数据寄存器、地址指针和变址寄存器两类。

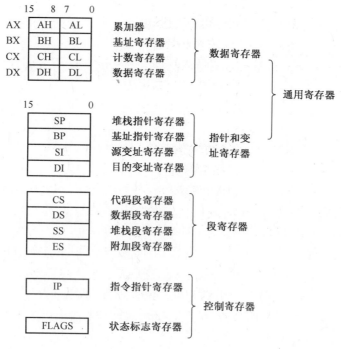

图 3-2　8086/8088 内部寄存器结构

1. 数据寄存器

数据寄存器包括 4 个 16 位寄存器 AX、BX、CX 和 DX，通常用于存放参与运算的操作数和运算结果。

每一个数据寄存器的高、低 8 位可以分别作为两个独立的 8 位寄存器使用。它们的高 8 位分别记作 AH、BH、CH、DH，低 8 位分别记作 AL、BL、CL、DL。这种灵活的使用方法给编程带来极大的方便，既可以处理 16 位数据，也能处理 8 位数据。

数据寄存器除了作为通用寄存器使用外，它们还有各自的习惯用法。

(1) 累加器 AX(Accumulator)，常用于存放算术、逻辑运算中的操作数和运算结果，此外所有的 I/O 指令都使用 AX/AL 与 I/O 接口交换数据。

(2) 基址寄存器 BX(Base)，常用来存放访存时的基地址。

(3) 计数寄存器 CX(Counter)，在循环和串操作指令中用作计数器。

(4) 数据寄存器 DX(Data)，在寄存器间接寻址的输入/输出指令中存放 I/O 地址。另外，在做双字长乘除法运算时，DX 与 AX 联合使用。

注：关于寄存器的具体使用方法，参见本书第 4 章。

2. 地址指针和变址寄存器

地址指针和变址寄存器包括 4 个 16 位寄存器 SP、BP、SI 和 DI，它们主要用来存放或指示操作数的偏移地址，其中，SP、BP 为地址指针寄存器，SI、DI 为变址寄存器。

(1) SP 堆栈指针寄存器：存放堆栈栈顶的偏移地址。堆栈操作指令 PUSH 和 POP 根据该寄存器得到操作数的偏移地址。

注：关于堆栈，参见 3.3.4 节。关于 PUSH 和 POP 指令参见本书第 4 章。

(2) BP 基址寄存器：存放堆栈中数据的偏移地址。

访问堆栈时的 SP、BP 与堆栈段寄存器 SS 联合使用。注意，BX 和 BP 作为基址寄存器使用时，默认情况下，用 BX 作为指针所访问的数据在数据段，而用 BP 作为指针所访问的数据在堆栈段。

注：关于数据段、堆栈段，参见 3.3.5 节。

(3) SI 源变址寄存器：用来存放源数据区的偏移地址。

(4) DI 目的变址寄存器：用来存放目的数据区的偏移地址。

变址寄存器是指它存放的地址在串操作指令中可以按照要求自动增加/减少。

SI、DI 和 BP 也可以作为一般数据寄存器使用，存放操作数或运算结果。

3.2.2 段寄存器组

8086/8088CPU 的存储器采用分段管理，为此，8086/8088 内部设置了 CS 代码段寄存器、DS 数据段寄存器、SS 堆栈段寄存器和 ES 附加段寄存器 4 个 16 位的段寄存器，分别用于存放代码段、数据段、堆栈段和附加段的段地址。关于这 4 个寄存器的使用参见 3.3 节。

3.2.3 控制寄存器组

8086/8088CPU 包含两个 16 位的控制寄存器：指令指针寄存器 IP 和状态标志寄存器 FLAGS。

1. 指令指针寄存器 IP

IP 用于存放下一条要执行的指令的偏移地址。程序运行中，IP 的内容自动修改，始终指向下一条要执行的指令地址。

IP 起着控制指令执行流程的作用，是一个十分重要的控制寄存器。正常情况下，程序不能直接修改 IP 的内容，但当需要改变程序执行顺序时，如遇到中断指令或调用指令时，IP 中的内容将被自动修改。

2. 状态标志寄存器 FLAGS

FLAGS 用于存放指令执行结果的特征和 CPU 工作方式，其内容通常称为处理器状态字(Processor Status Word, PSW)。

FLAGS 是一个 16 位寄存器，实际使用了 9 位。标志寄存器的具体格式如图 3-3 所示。

9 个标志分为状态标志和控制标志两类。

1) 状态标志

6 个状态标志位用来表示运算结果的特征。状态标志位的置位或清零，由 CPU 根据运算过程和运算结果自动设置。

(1) CF(Carry Flag)——进位标志。当执行算术运算指令时，其结果的最高位有进位或借位时，CF=1；否则 CF=0。移位指令和标志位操作指令执行时也会影响此标志。

(2) PF(Parity Flag)——奇偶标志。该标志位反映操作结果低 8 位中"1"的个数情况，若为偶数个"1"，则 PF=1；若为奇数个"1"，则 PF=0。

设置奇偶标志位是早期 Intel 微处理器在数据通信环境中校验数据的一种手段。现在，奇偶校验通常由数据存储和通信设备完成，而不是由微处理器完成。所以，这个标志

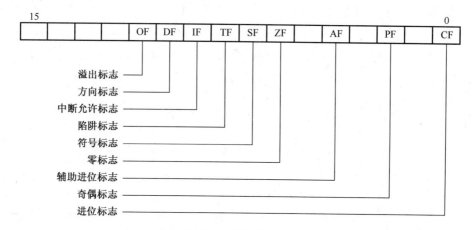

图 3-3 标志寄存器的具体格式

位在现代程序设计中很少使用。

（3）AF（Auxiliary Carry Flag）——辅助进位标志。辅助进位标志也称"半进位"标志。如果本次运算的低 4 位中的最高位有进位或有借位，则 AF=1；否则 AF=0。AF 一般作为 BCD 运算中是否进行十进制调整的依据。

（4）ZF（Zero Flag）——零标志。反映运算结果是否为"0"。若结果为"0"，则 ZF=1；否则 ZF=0。

（5）SF（Sign Flag）——符号标志。反映有符号数（以二进制补码表示）运算结果符号位的情况。若结果为负数，则 SF=1；若结果为正数，则 SF=0。

SF 的取值总是与运算结果的最高位（字节操作为 D_7，字操作为 D_{15}）取值一致。

（6）OF（Overflow Flag）——反映有符号数运算结果是否发生溢出。若发生溢出，则 OF=1；否则 OF=0。

溢出是指运算结果超出了计算装置所能表示的数值范围。例如，对于字节运算，数值表示范围为 -128~+127；对于字运算，数值表示范围为 -32768~+32767。如果运算结果超出了上述范围，则发生了溢出。

溢出是一种差错，系统应做相应的处理。

注："溢出"与"进位"是两种不同的概念。"溢出"标志实际上是针对有符号数运算而言，而"进位"标志是针对无符号数运算而言。一般情况下，对于有符号数运算，不考虑"进位"标志；对于无符号数运算，不考虑"溢出"标志。

2）控制标志

3 个控制标志是用来控制 CPU 的工作方式的标志。

（1）IF（Interrupt Flag）——中断允许标志。用来控制对外部可屏蔽中断的响应。如果 IF=1，则允许 CPU 响应外部可屏蔽中断请求；否则，CPU 不响应外部可屏蔽中断请求。

可以设置 IF 的指令有 STI（置 1）和 CLI（清 0）。IF 对外部非可屏蔽中断和内部中断不起作用。

（2）DF（Direction Flag）——方向标志。用来控制串操作指令的执行。如果 DF=1，则串操作指令的地址自动减量修改，串数据的传送过程是从高地址到低地址进行的；否则，串操作指令的地址自动增量修改，串数据的传送过程是从低地址到高地址进行的。

可以设置 DF 的指令为 STD(置1)和 CLD(清0)。

(3) TF(Trap Flag)——陷阱标志,又称单步标志。当 TF=1 时,微处理器就进入单步工作方式,每执行完一条指令便自动产生一个内部中断(称为单步中断),转去执行一个中断服务程序,可以借助中断服务程序来检查每条指令的执行情况;否则,CPU 正常(连续)执行指令。

单步工作方式常用于程序的调试。

3.3　8086/8088 的存储器组织和 I/O 组织

3.3.1　存储器的分段管理

8086/8088 有 20 位地址线,内存储器中每个字节单元都有唯一的 20 位物理地址,存储空间为 $2^{20}B=1MB$,地址范围从 00000H 到 FFFFFH。CPU 访存时必须给出 20 位的物理地址。但是,8086/8088 内部与地址有关的寄存器都是 16 位的,只能处理 16 位地址,对内存的直接寻址范围最大只能达 64KB。为了实现对 1MB 单元的寻址,8086/8088 系统采用了存储器分段技术。

存储器分段技术具体实现方法是将 1MB 的存储空间分成许多逻辑段,每段最长 64kB 单元,段内可以使用 16 位地址码进行寻址。每个逻辑段在实际存储空间中的位置是可以浮动的,逻辑段的起始地址可由段寄存器的内容来确定。实际上,段寄存器中存放的是段起始地址的高 16 位,称为段地址,逻辑段起始地址的低 4 位为 0。

各个逻辑段在实际的存储空间中可以完全分开,也可以部分重叠,甚至完全重叠,如图 3-4 所示。段的起始地址的计算和分配通常是由操作系统完成的,并不需要普通用户参与。

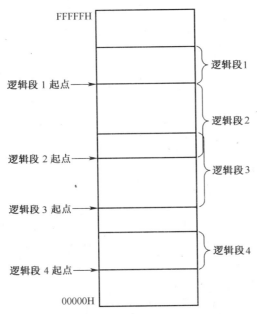

图 3-4　逻辑段在物理存储器中的位置

3.3.2 物理地址与逻辑地址

在 8086/8088 计算机系统中,每个存储单元可以看成具有两种地址:物理地址和逻辑地址。

1. 物理地址

物理地址是信息在存储器中实际存放的地址,它是 CPU 访问存储器时实际输出的地址。CPU 和存储器交换数据时所使用的就是 20 位的物理地址。

2. 逻辑地址

逻辑地址是编程时所使用的地址,由段地址和偏移量两部分构成。程序设计时所涉及的地址是逻辑地址而不是物理地址。编程时不需要知道产生的代码或数据在存储器中的具体物理位置,这样可以简化存储资源的动态管理。

段地址:段的起始地址的高 16 位。

偏移量(偏移地址):所访问的存储单元距段的起始地址之间的字节距离。

给定段地址和偏移量,就可以在存储器中寻址所访问的存储单元。在 8086/8088 系统中,段地址和偏移量都是 16 位的。段地址由 16 位的段寄存器 CS、DS、SS 和 ES 提供;偏移量通常由 BX、BP、SP、SI、DI、IP 或这些寄存器的组合形式来提供。

例如,8086/8088 开机后执行的第一条指令的逻辑地址由 CS 和 IP 两个寄存器给出,其逻辑地址表示为 FFFFH:0000H,对应的物理地址为 FFFF0H。

3.3.3 物理地址的形成

8086/8088 访问存储器时的 20 位物理地址可由逻辑地址转换而来。具体方法是,将段寄存器中的 16 位段地址左移 4 位(低位补 0),再与 16 位的偏移量相加,即可得到所访问存储单元的物理地址。由逻辑地址转换为物理地址的过程也可以表示成:

$$物理地址 = 段地址 \times 16 + 偏移量$$

上式中的"段地址×16"在微处理器中是通过将段寄存器的内容左移 4 位(低位补 0)来实现的,得到的是 20 位的段的起始地址。段的起始地址与偏移量相加的操作由 20 位地址加法器完成,如图 3-5 所示。

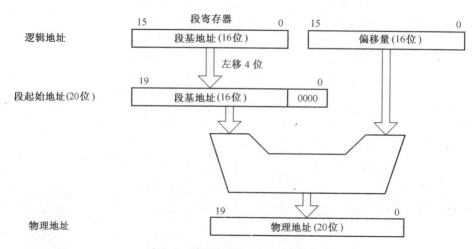

图 3-5 8086/8088 物理地址的产生

【例 3.1】 设代码段寄存器 CS 中的内容为 4232H，指令指针寄存器 IP 中的内容为 0066H，即[CS]=4232H，[IP]=0066H，则访问代码段存储单元的物理地址计算如下：

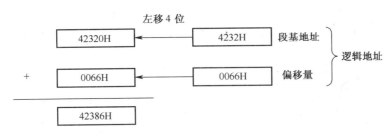

所以，访问代码段存储单元的物理地址为 42386H。

【例 3.2】 设数据段寄存器 DS 的内容为 1234H，基址寄存器 BX 的内容为 0023H，即[DS]=1234H，[BX]=0023H，则访问数据段存储单元的物理地址计算如下：

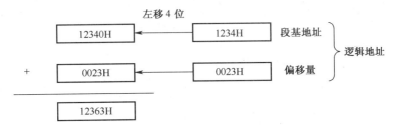

所以，访问数据段存储单元的物理地址为 12363H。

【例 3.3】 若段寄存器内容是 002AH，产生的物理地址是 002C3H，则偏移量是多少？

将段寄存器内容左移 4 位，低位补 0 得到段的起始地址：002A0H。从物理地址中减去段的起始地址可得偏移量为 002C3H−002A0H=0023H。

3.3.4 堆栈

堆栈是存储器中的一个特殊的数据存储区，采用"后进先出"的原则存放数据。通常堆栈的一端(栈底)是固定的，另一端(栈顶)是浮动的，信息的存入和取出都只能在浮动的一端进行。堆栈主要用来暂时保存程序运行时的一些地址或数据信息。例如，当 CPU 执行调用指令时，用堆栈保存程序的返回地址(断点地址)；在中断处理时，通过堆栈"保存现场"和"恢复现场"；有时也利用堆栈为子程序传递参数。

8086/8088 系统的堆栈是在存储器中实现的，并由堆栈段寄存器 SS 和堆栈指针寄存器 SP 共同定位。SS 寄存器中存放的是堆栈段的段地址，它确定了堆栈段的起始位置；SP 寄存器中存放的是栈顶的偏移量，即 SP 指向栈顶。当堆栈为空时，SP 同时也指向栈底(注意：堆栈段的起始地址并不是栈底)。栈底在堆栈的高地址端，有数据入栈时，栈顶向低地址方向移动，这种结构的堆栈是"向下生长"的。

堆栈操作以字为单位进行，而且堆栈中的数据必须按规则字(起始地址为偶数的字)存放。低字节在偶地址单元，高字节在奇地址单元。把数据存入堆栈为"压入"；从堆栈取数据称为"弹出"。"压入"数据时，先修改 SP 的值，即将(SP)−2 送 SP，然后再与 SS 形成存储器的物理地址，将数据存入。"弹出"数据时，先从当前 SS 和 SP 形成的物理地址上取出数据，然后修改 SP，即将(SP)+2 送 SP。堆栈操作是按"后进先出"的原则进行的。

8086/8088CPU 设有专用的指令执行"压入"和"弹出"的操作,在这些指令中,SP 的修改是自动进行的。

堆栈的结构与操作如图 3-6 所示。

图 3-6 中,PUSH 为入栈指令,POP 为出栈指令,参见本书第 4 章。

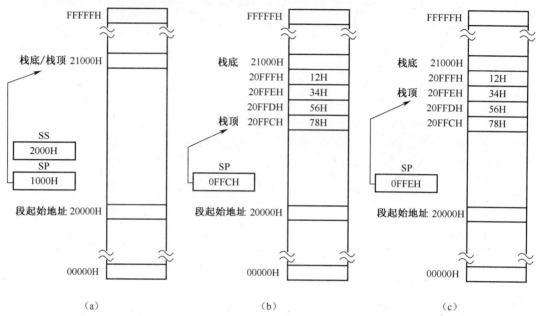

图 3-6 堆栈的结构与操作
(a)空堆栈;(b)压入:PUSH AX;AX=1234H; (c)弹出:POP CX;
PUSH BX;BX=5678H。

3.3.5 存储器组织

8086/8088 的存储器组织如图 3-7 所示。8086CPU 有 4 个逻辑段,分别是代码段、数据段、堆栈段和附加段。

1. 代码段

代码段用于存放指令代码。代码段寄存器 CS 存放代码段的段地址,偏移量由指令指针寄存器 IP 提供。

2. 数据段和附加段

数据段和附加段用于存放操作数。数据段寄存器 DS 存放数据段的段地址,附加段寄存器 ES 存放附加段的段地址。

3. 堆栈段

堆栈段用于暂时保存程序运行中的一些数据和地址信息。堆栈段寄存器 SS 存放堆栈段的段地址。

3.3.6 I/O 组织

8086/8088 I/O 端口为 64KB,因此只需要 16 根地址线 $A_{15} \sim A_0$。对 I/O 端口寻址时不需要使用段寄存器,高位地址 $A_{19} \sim A_{16}$ 输出 0。

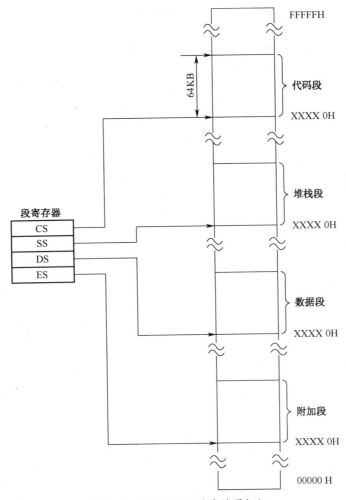

图 3-7　8086/8088 的存储器组织

3.4　8086/8088 的内部结构

8086/8088 微处理器由两个独立的部件构成,一个是总线接口部件(Bus Interface Unit,BIU),另一个是执行部件(Execution Unit,EU)。如图 3-8 所示。

3.4.1　总线接口部件(BIU)

BIU 负责完成微处理器内部与外部(内存储器和 I/O 端口)的信息传送,即负责取指令和存取数据。

BIU 由以下几部分组成:

(1) 4 个 16 位的段寄存器。代码段寄存器 CS、数据段寄存器 DS、堆栈段寄存器 SS 和扩展段寄存器 ES,分别用于存放当前代码段、数据段、附加段和堆栈段的段地址。

(2) 16 位指令指针 IP。用于存放下一条要执行的指令的偏移地址。IP 的内容由 BIU 自动修改,通常是进行加 1 修改。当执行转移指令、调用指令时,BIU 将转移目的地

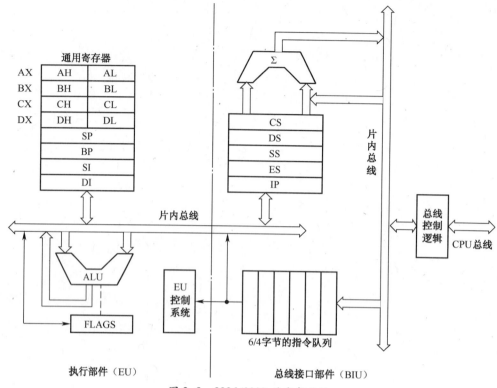

图 3-8 8086/8088 的内部结构

址装入 IP 中。

(3) 20 位物理地址加法器。用于将来自于段寄存器的 16 位段地址左移 4 位后与来自于 IP 寄存器或 EU 提供的 16 位偏移地址相加,形成一个 20 位的物理地址。

(4) 6/4 字节的指令队列。用于存放预取的指令,减少等待时间,避免取指令和取操作数发生冲突,从而提高运行效率。

8086 的指令队列长度为 6 个字节,当队列空闲 2 个字节时,BIU 自动从存储器取出指令字节,存入指令队列中;而 8088 的指令队列长度为 4 个字节,当队列空闲 1 个字节时,BIU 就自动取指令字节,并存到指令队列中去。

(5) 总线控制逻辑。用于产生并发出总线控制信号,以实现对存储器和 I/O 端口的读/写控制。它将 CPU 的内部总线与 16 位的外部总线相连,是 CPU 与外部进行数据交换的通路。

3.4.2 执行部件(EU)

执行部件(EU)的功能就是负责指令的执行。

EU 由以下几部分组成:

(1) 算术逻辑单元 ALU。ALU 完成 16 位或 8 位二进制数的算术/逻辑运算,绝大部分指令的执行都由 ALU 完成。在运算时,数据先传送至 16 位的暂存寄存器中,经 ALU 处理后,运算结果可通过内部总线送入通用寄存器或由 BIU 存入存储器。

(2) 标志寄存器 FLAGS。它用来反映 CPU 最后一次运算结果的状态特征或存放控制标志。FLAGS 为 16 位,其中 7 位未用。

(3) 通用寄存器组。它包括 4 个数据寄存器 AX、BX、CX、DX,其中 AX 又称累加器,4 个地址指针和变址寄存器,即基址寄存器 BP、堆栈指针寄存器 SP、源变址寄存器 SI 和目的变址寄存器 DI。

(4) EU 控制系统。它接收从 BIU 中指令队列取来的指令,经过指令译码形成各种定时控制信号,向 EU 内各功能部件发送相应的控制命令,以完成每条指令所规定的操作。

3.4.3 BIU 与 EU 的动作协调原则

总线接口部件(BIU)和执行部件(EU)按以下流水线技术原则协调工作,共同完成所要求的信息处理任务。

(1) 每当 8086 的指令队列中有 2 个空字节,或 8088 的指令队列中有 1 个空字节时,BIU 就会自动把指令取到指令队列中。其取指的顺序按照指令在程序中出现的前后顺序。

(2) 每当 EU 准备执行一条指令时,它都会从 BIU 部件的指令队列前部取出指令的代码,然后用几个时钟周期去执行该指令。在执行指令的过程中,如果需要访问存储器或者 I/O 端口,那么 EU 就会请求 BIU,进入总线周期,完成访问内存或者 I/O 端口的操作;如果此时 BIU 正好处于空闲状态,会立即响应 EU 的总线请求。如 BIU 正将某个指令字节取到指令队列中,则 BIU 将首先完成这个取指令的总线周期,然后再去响应 EU 发出的访问总线的请求。

(3) 当指令队列已满,且 EU 又没有总线访问请求时,BIU 便进入空闲状态。

(4) 在执行转移指令、调用指令和返回指令时,若待执行指令的顺序发生了变化,则指令队列中已经装入的字节会被自动消除,BIU 会接着往指令队列装入转向后的另一程序段中的指令代码。

由 BIU 与 EU 的动作协调原则可以看出,BIU 与 EU 的工作是不同步的,正是这种既相互独立又相互配合的关系,使得 8086/8088 可以在执行指令的同时,进行取指令代码的操作,即 BIU 与 EU 是一种并行工作方式,改变了以往计算机取指令→译码→执行指令的串行工作方式,大大提高了工作效率,这是 8086/8088 获得成功的原因之一。

3.5　8086/8088 外特性——引脚信号及其功能

8086/8088CPU 采用 40 个引脚的双列直插式封装形式,如图 3-9 所示。

为了减少芯片的引脚,8086/8088CPU 采用了引脚复用技术,因此部分引脚具有双重功能。这些双功能引脚的功能转换分两种情况:一种是采用了分时复用的地址/数据和地址/状态引脚;另一种是根据不同的工作模式定义不同的引脚功能。

图 3-9 中,对于 24~31 号引脚,括号外是最小工作模式下的引脚名,括号内是最大工作模式下的引脚名。

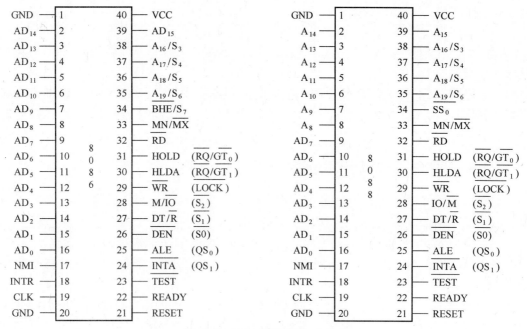

图 3-9　8086/8088CPU 引脚图

3.5.1　8086 外特性——引脚信号及其功能

1. 电源、地和时钟信号

1) V_{CC} 电源端

接入的电压为+5V±10%。

2) GND 接地端

两条 GND 均应接地。

3) CLK 时钟信号

输入,提供 CPU 和总线控制的基本定时脉冲。8086CPU 要求时钟信号是占空比为33%的非对称性的脉冲信号。

2. 系统复位和准备好信号

1) RESET 复位信号

输入,高电平有效,用来停止 CPU 的现行操作,完成 CPU 内部的复位过程。该信号必须由低到高,并且至少要保持 4 个时钟周期的高电平,才能完成复位 CPU。

CPU 复位后的内部寄存器状态如表 3-1 所列。

表 3-1　CPU 复位后的内部寄存器状态

寄存器名称	状　态
FLAGS	清除
IP	0000H
CS	FFFFH
DS	0000H

(续)

寄存器名称	状 态
SS	0000H
ES	0000H
指令缓冲队列	清除

从表 3-1 中可以看出，CPU 复位后，CS 中的内容为 FFFFH，IP 中的内容为 0000H，因此，CPU 执行的第一条指令的逻辑地址为 FFFFH:0000H，物理地址为 FFFF0H。即当 RESET 复位信号变为低电平时，CPU 重新启动执行程序，执行的第一条指令的起始地址为 FFFF0H。

2）READY 准备就绪信号

输入，高电平有效，用来确认 CPU 访问的存储器或 I/O 设备是否完成数据传送。

该信号是为了 CPU 与低速的存储器或 I/O 设备之间实现速度匹配所设置的。当 READY 为高电平时，表示内存或 I/O 设备已准备就绪，可以立即进行一次数据传输。

CPU 访问一次存储器或 I/O 端口称为完成一次总线操作，或执行一次总线周期。一个总线周期通常包括 T_1、T_2、T_3、T_4 这 4 个 T 状态。CPU 在每个总线周期的 T_3 状态对 READY 引脚进行检测，若检测到 READY=1，则总线周期按正常时序进行读、写操作，不需要插入等待状态 T_W；若检测到 READY=0，则表示存储器或 I/O 设备工作速度慢，没有准备好数据，则 CPU 在 T_3 和 T_4 之间自动插入一个或几个等待状态 T_W 来延长总线周期，直到检测到 READY 为高电平后，才使 CPU 退出等待进入 T_4 状态，完成数据传送。

注：关于 CPU 总线周期的内容，参见本书 3.8.1 节。

3. 地址、数据和状态信号

1）$AD_{15} \sim AD_0$ 地址/数据复用线

双向，三态，分时复用。

在总线周期的 T_1 状态，该组引脚输出要访问的存储器或 I/O 端口的地址，即 $A_{15} \sim A_0$。

在总线周期的 $T_2 \sim T_4$ 状态，作为数据线使用，即 $D_{15} \sim D_0$。如果是读周期，则处于浮空（高阻）状态，用于输入数据；如果是写周期，则用于输出数据。

2）$A_{19}/S_6 \sim A_{16}/S_3$ 地址/状态复用线

输出，三态，分时复用。

在总线周期的 T_1 状态，用来输出地址的最高 4 位；在总线周期的其他状态用来输出状态信息。

S_6 总是为 0。

S_5 表明中断允许标志的当前设置情况。如果 IF=1，则 S_5=1，表示当前允许可屏蔽中断；如果 IF=0，则 S_5=0，表示当前禁止一切可屏蔽中断。

S_4 和 S_3 状态的组合指出当前正使用哪个段寄存器，S_4、S_3 代码组合与段寄存器的关系如表 3-2 所列。

表 3-2 S_4、S_3 代码组合与段寄存器的关系

S_4	S_3	当前使用的段寄存器
0	0	附加段寄存器 ES
0	1	堆栈段寄存器 SS
1	0	代码段寄存器 CS 或未使用任何段寄存器
1	1	数据段寄存器 DS

4. 中断信号

1) INTR 可屏蔽中断请求信号

输入、高电平有效。

当该信号变为高电平时,表示外部设备有可屏蔽中断请求。CPU 在每个指令周期的最后一个 T 状态检测此引脚,一旦测得此引脚为高电平,并且中断允许标志位 IF=1,则 CPU 在当前指令周期结束后,转入中断响应周期。

2) NMI 非屏蔽中断请求信号

输入,上升沿有效。

该中断请求不能用软件进行屏蔽,不受中断允许标志 IF 的控制。当该引脚上电平有由低到高的变化时,就会在当前指令结束后引起中断。NMI 中断通常由电源掉电等紧急情况引起。

3) $\overline{\text{INTA}}$ 中断响应信号(最小工作模式下的专用信号)

输出,低电平有效,在最小模式下,CPU 响应可屏蔽中断后发给请求中断设备的应答信号,是对中断请求信号 INTR 的响应。

8086CPU 响应可屏蔽中断请求后进入中断响应周期。中断响应周期共占据两个连续的总线周期,在中断响应的每个总线周期的 T_2、T_3 和 T_W 期间,$\overline{\text{INTA}}$ 引脚变为低电平。第一个 $\overline{\text{INTA}}$ 负脉冲通知申请中断的外设,其中断请求已得到 CPU 响应;第二个负脉冲用来作为读取中断类型码的选通信号。外设接口利用这个信号向数据总线上送中断类型码。

注:参见本书第 8 章。

5. 读、写选通信号

1) $\overline{\text{RD}}$ 读信号

输出,三态,低电平有效,表示 CPU 正在对存储器或 I/O 端口进行读操作。在读总线周期的 T_2,T_3,T_W 状态,$\overline{\text{RD}}$ 均保持低电平。

2) $\overline{\text{WR}}$ 写信号(最小工作模式下的专用信号)

输出,三态,低电平有效,表示 CPU 正在对存储器或 I/O 端口进行写操作。在写总线周期的 T_2,T_3,T_W 状态,$\overline{\text{WR}}$ 均保持低电平。

6. 模式选择信号

8086CPU 有两种工作模式:最小工作模式和最大工作模式。

模式选择信号 MN/MX 为输入信号,用于选择 CPU 工作在最大工作模式还是最小工

作模式。当此引脚接+5V（高电平）时,CPU 工作于最小工作模式;若接地（低电平）,CPU 工作于最大工作模式。

最小工作模式（单处理器系统方式）：系统中只有 8086 一个微处理器,系统中的所有总线控制信号都直接由 8086 产生。

最大工作模式（多处理器系统方式）：系统中含有两个或两个以上微处理器,其中一个是主处理器 8086,其他为协处理器,总线控制信号由芯片 8288 产生。在 8086 系统中的协处理器有数值运算协处理器 8087 和输入输出协处理器 8089。

80286 及以后的处理器均采用最大模式。

由于在不同工作模式下,引脚 24~31 有着不同的名称和定义,因此称为专用引脚信号,除了引脚 24~31 外,其他引脚信号称为公共引脚信号。

7. 最小工作模式下的专用信号

当模式选择信号 MN/$\overline{\text{MX}}$ 为高电平时,CPU 工作于最小工作模式,引脚 24~31 功能如下。

1) HOLD 总线保持请求信号

输入,该信号是最小模式系统中除主 CPU 以外的其他总线控制器（如 DMA 控制器）申请使用系统总线的请求信号。

2) HLDA 总线保持响应信号

输出,该信号是对 HOLD 的响应信号。当 CPU 测得总线请求信号 HOLD 引脚为高电平,且 CPU 又允许让出总线时,则在当前总线周期结束时,T_4 状态期间发出 HLDA 信号,表示 CPU 放弃对总线的控制权,并立即使三总线（地址总线、数据总线、控制总线,即所有的三态线）都置为高阻抗状态,表示让出总线使用权。申请使用总线的控制器在收到 HLDA 信号后,就获得了总线控制权。在此后的一段时间内,HOLD 和 HLDA 均保持高电平。当获得总线使用权的其他控制器使用完总线后,使 HOLD 信号变为低电平,表示放弃对总线的控制权。8086CPU 检测到 HOLD 变为低电平后,会将 HLDA 变为低电平,同时恢复对总线的控制。

3) $\overline{\text{WR}}$ 写信号

参见本书 3.5.1 节"5. 读、写选通信号"。

4) M/$\overline{\text{IO}}$ 存储器/IO 访问控制信号

输出。该信号是区分 CPU 进行存储器访问还是 I/O 访问的控制信号。当 M/$\overline{\text{IO}}$ 为高电平时,表示 CPU 正与存储器之间进行数据传送;当 M/$\overline{\text{IO}}$ 为低电平时,表示 CPU 正与 I/O 设备之间进行数据传送。

5) $\overline{\text{DEN}}$ 数据允许信号

输出,作为双向数据总线收发器 8286 的选通信号。它在每一次存储器访问或 I/O 访问或中断响应周期有效。

6) DT/$\overline{\text{R}}$ 数据发送/接收控制信号

输出,三态,使用 8286 作为数据总线收发器时,8286 的数据传送方向由 DT/$\overline{\text{R}}$ 控制。数据发送时 DT/$\overline{\text{R}}$=1;数据接收时 DT/$\overline{\text{R}}$=0。

7) ALE 地址锁存允许信号

输出、提供给地址锁存器 8282 的控制信号，在任何一个总线周期的 T_1 状态，ALE 输出有效高电平(实际上是一个正脉冲)，以表示当前地址/数据、地址/状态复用总线上输出的是地址信息，并利用它的下降沿将地址锁存到锁存器。ALE 信号不能浮空。

8) $\overline{\text{INTA}}$ 中断响应信号

参见本书 3.5.1 节"4. 中断信号"。

8. 最大工作模式下的专用信号

当模式选择信号 MN/$\overline{\text{MX}}$ 为低电平时，CPU 工作于最大工作模式，引脚 24~31 功能如下。

1) $\overline{S}_2$、$\overline{S}_1$、$\overline{S}_0$ 总线周期状态信号

输出，三态，这 3 个信号组合起来指出当前总线周期所进行的操作类型，$\overline{S}_2$、$\overline{S}_1$、$\overline{S}_0$ 组合产生的总线控制功能如表 3-3 所列。最大模式系统中的总线控制器 8288 利用这些状态信号产生访问存储器和 I/O 端口的控制信号。

表 3-3 $\overline{S}_2$、$\overline{S}_1$、$\overline{S}_0$ 组合产生的总线控制功能

$\overline{S}_2$	$\overline{S}_1$	$\overline{S}_0$	控制信号	操作过程
0	0	0	$\overline{\text{INTA}}$	发中断响应信号
0	0	1	$\overline{\text{IORC}}$	读 I/O 端口
0	1	0	$\overline{\text{IOWC}}$，$\overline{\text{AIOWC}}$	写 I/O 端口
0	1	1		暂停
1	0	0	$\overline{\text{MDRC}}$	取指令
1	0	1	$\overline{\text{MRDC}}$	读存储器
1	1	0	$\overline{\text{MWTC}}$，$\overline{\text{AMEC}}$	写存储器
1	1	1		无源状态

当 $\overline{S}_2$、$\overline{S}_1$、$\overline{S}_0$ 至少有一个信号为低电平时，每一种组合都对应了一种具体的总线操作，因而称为有源状态。这些总线操作都发生在前一个总线周期的 T_4 状态和下一总线周期的 T_1、T_2 状态期间；在总线周期的 T_3(包括 T_W)状态，且准备就绪信号 READY 为高电平时，$\overline{S}_2$、$\overline{S}_1$、$\overline{S}_0$ 这 3 个信号同时为高电平，此时一个总线操作过程将要结束，而另一个新的总线周期还未开始，通常称为无源状态。而在总线周期的最后一个 T_4 状态，$\overline{S}_2$、$\overline{S}_1$、$\overline{S}_0$ 中任何一个或几个信号的改变，都意味着下一个新的总线周期的开始。

2) $\overline{\text{RQ}}/\overline{\text{GT}}_1$，$\overline{\text{RQ}}/\overline{\text{GT}}_0$ 总线请求信号/总线请求允许信号

这两个引脚是双向的，信号为低电平有效。这两个信号是最大模式系统中主处理器 8086 和其他协处理器(如 8087、8089)之间交换总线使用权的联络控制信号。其含义与最小模式下的 HOLD 和 HLDA 两信号类同。但 HOLD 和 HLDA 是占两个引脚，而 $\overline{\text{RQ}}/\overline{\text{GT}}$ (请求/允许)是出于同一个引脚。$\overline{\text{RQ}}/\overline{\text{GT}}_1$ 和 $\overline{\text{RQ}}/\overline{\text{GT}}_0$ 是两个同类型的信号，表示可同时连接两个协处理器，其中 $\overline{\text{RQ}}/\overline{\text{GT}}_0$ 的优先级高于 $\overline{\text{RQ}}/\overline{\text{GT}}_1$。

3) $\overline{\text{LOCK}}$ 总线封锁信号

输出,三态,低电平有效。当 $\overline{\text{LOCK}}$ 为低电平时,表明此时 CPU 不允许其他总线主设备占用总线。

4) QS_1、QS_0 指令队列状态信号

输出,QS_1、QS_0 两信号用来指示 CPU 内指令队列的当前状态,以使外部处理器(主要是协处理器 8087)对 CPU 内指令队列的动作进行跟踪。QS_1、QS_0 的组合与指令队列的状态对应关系如表 3-4 所列。

表 3-4 QS_1、QS_0 的组合与指令队列的状态对应关系

QS_1	QS_0	性　　能
0	0	无操作
0	1	操作码第一个字节出队
1	0	队列空
1	1	后继字节出队

3.5.2　8088 与 8086 引脚的不同之处

8088CPU 为准 16 位机,虽然其内部结构与 8086 基本相同,但是只能按 8 位与外部进行数据交换,因此 8088 的某些引脚信号与 8086 有所不同。

不同的引脚包括:

(1) 8088 的地址/数据复用线为 8 条,即 $AD_7 \sim AD_0$,而 $A_{15} \sim A_8$ 为单一的地址线。

(2) 8088 中无 $\overline{\text{BHE}}$ 信号,引脚 34 为状态信号线 $\overline{SS_0}$。

(3) 8086 与 8088 的 28 号引脚在最小模式下都是用来选择存储器或 I/O 的,但选择电平相反。8088 的存储器/IO 控制线为 $IO/\overline{M}$,即该信号为高电平时是 I/O 端口访问,为低电平时是存储器访问。这与 8086 的 $M/\overline{IO}$ 信号刚好相反。

3.6　8086/8088 最小工作模式及其系统结构

3.6.1　8284A 时钟发生器

8086/8088 系统采用 Intel 8284A 作为时钟发生器。8284A 将晶体振荡器的振荡频率分频后,向 8086/8088 系统提供符合要求的时钟脉冲 CLK、PCLK 和 OSC 信号,同时为复位信号 RESET 和准备就绪信号 READY 进行同步。

1. 8284A 的引脚及其功能

8284A 为 18 引脚双列直插式封装,如图 3-10 所示。下面介绍其主要引脚及其功能。

(1) OSC:晶振输出端。提供频率为 14.31818MHz 的时钟信号。

(2) CLK:系统时钟信号输出端。提供频率为 4.77MHz 的系统时钟信号。

(3) PCLK:外设时钟信号输出端。输出频率为 2.385MHz 的外设时钟信号。

(4) $\overline{\text{RES}}$:复位输入端。

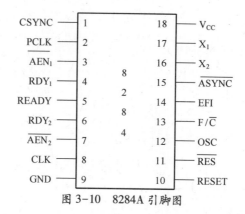

图 3-10　8284A 引脚图

（5）RESET：复位信号输出端。此引脚与 8086/8088 的 RESET 输入引脚相连。

（6）READY：准备就绪信号输出端。此引脚与 8086/8088 的 READY 输入引脚相连。

（7）RDY_1 和 RDY_2：准备就绪信号输入端。当其为高电平时表示外设数据准备好。

（8）$\overline{AEN_1}$、$\overline{AEN_2}$：对应 RDY_1、RDY_2 的允许控制信号输入端，只有其为低电平时相应的 RDY 信号才能进入 8284A。

（9）V_{CC}：电源输入端。为 8284A 提供+5V 电源。

（10）GND：接端地。

2. 8284A 的功能结构

8284A 内部电路分为时钟信号产生电路、RESET 信号产生电路和 READY 信号产生电路 3 部分，如图 3-11 所示。

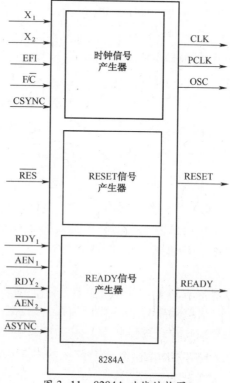

图 3-11　8284A 功能结构图

时钟信号产生电路的输出脉冲频率决定于 X_1 和 X_2 引脚上所接的石英晶体振荡器的振荡频率 f_c。8284A 输出 3 个不同频率的脉冲信号 OSC、CLK 和 PCLK 供系统使用,这 3 个脉冲信号的频率分别是 f_c、$f_c \div 3$ 和 $f_c \div 6$。RESET 信号产生电路根据 $\overline{RES}$ 引脚的输入,产生符合系统要求的 RESET 信号输出。READY 信号产生电路根据 RDY_1 和 RDY_2 引脚的输入,产生符合系统要求的 READY 信号输出。

接下来介绍时钟信号产生电路和 RESET 信号产生电路的实现方式。

3. 时钟信号产生电路

IBM PC/XT 机中,8284A 外接石英晶体振荡器的振荡频率 f_c 为 14.31818MHz,因此 OSC、CLK 和 PCLK 信号的频率分别为 14.31818MHz、4.77MHz 和 2.385MHz,如图 3-12 所示。

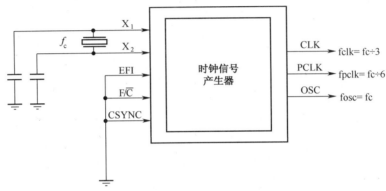

图 3-12　8284A 时钟信号产生电路

4. RESET 信号产生电路

通过加电与按键复位电路产生的 $\overline{RES}$ 信号经过 8284A 同步后输出符合系统要求的 RESET 信号,如图 3-13 所示。

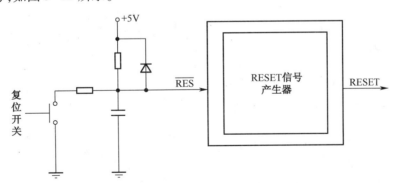

图 3-13　8284A RESET 信号产生电路

3.6.2　总线分离与缓冲

8086/8088CPU 的地址总线和数据总线分时复用,然而 IBM PC/XT 机系统总线的地址总线和数据总线不是分时复用的,因此需要解决这一问题。利用 8 位锁存驱动器 Intel 8282 和 8 位双向数据收发器 Intel 8286 可以实现总线分离,并提高总线的负载能力。

1. 系统地址总线的产生

系统总线上需要独立的地址总线,并在整个总线周期维持地址有效。需外加地址锁存器来存储地址,利用锁存器实现总线分离。

可以采用 Intel 公司生产的 8 位锁存驱动器 Intel 8282(可用 74LS373 替代)实现地址锁存。CPU 引脚的地址/数据和地址/状态复用信号作为锁存器的输入,ALE 控制信号仅在新地址输出期间有效,使新地址进入输入锁存器,从而从复用总线上分离出地址信号,使地址信号延长到整个总线周期,如图 3-14 所示。

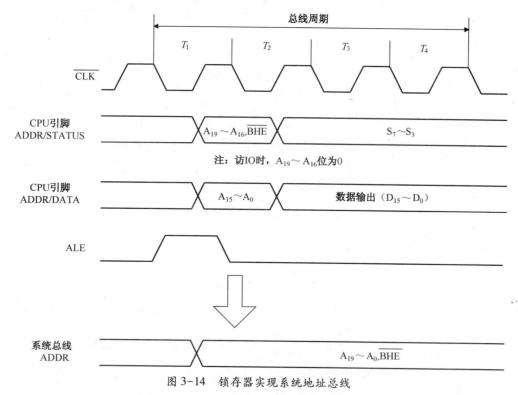

图 3-14 锁存器实现系统地址总线

图 3-15 所示为 8086CPU 最小工作模式下系统地址总线的电路。将 8086 的 20 位地址和 $\overline{BHE}$ 信号分为 3 组,与 3 片 8282 的 $DI_7 \sim DI_0$ 连接,CPU 的地址锁存使能 ALE 与 8282 的 STB 端相连。在 ALE 的下降沿时,对地址信号进行锁存。在不带 DMA 的单处理器系统中,$\overline{OE}$ 可以直接接地,即输出允许信号一直有效,无高阻态。

2. 系统数据总线的产生

系统数据总线采用 Intel 公司生产的 8 位双向数据收发器 Intel 8286(可用 74LS245 替代)实现。8286 一端与 CPU 引脚的地址/数据复用信号相连,另一端与系统数据线相连,通过 CPU 的 DT/$\overline{R}$ 信号控制数据传送方向,通过 CPU 的 $\overline{DEN}$ 信号控制传送时间,如图 3-16 所示。

图 3-17 所示为 8086CPU 最小工作模式下系统数据总线低 8 位的电路。8086 的 16 位数据分为 2 组,与 2 片 8286 的 $A_7 \sim A_0$ 连接,CPU 的 DT/$\overline{R}$ 信号与 8286 的 T 端相连用以控制数据传送方向,CPU 的 $\overline{DEN}$ 信号与 8286 的 $\overline{OE}$ 端连接用以控制传送时间,8286 的 $B_7 \sim B_0$ 与系统数据总线连接。

第 3 章　Intel 80x86 系列微处理器

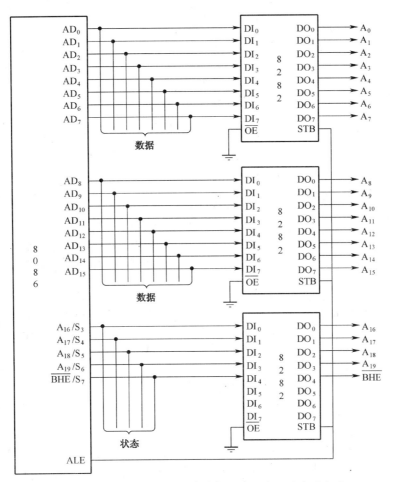

图 3-15　8086CPU 最小工作模式下系统地址总线的电路

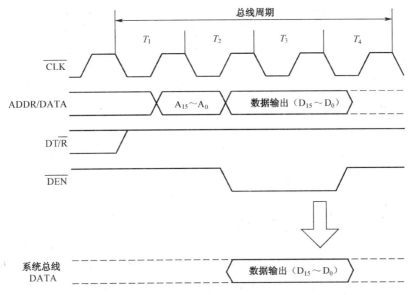

图 3-16　数据收发器形成数据总线

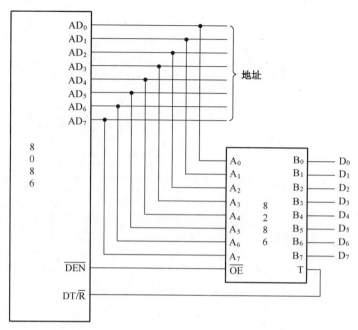

图 3-17　8086CPU 最小工作模式下数据地址总线低 8 位的电路

3.6.3　最小工作模式下控制核心单元的组成

8086 最小工作模式下控制核心单元的组成如图 3-18 所示。

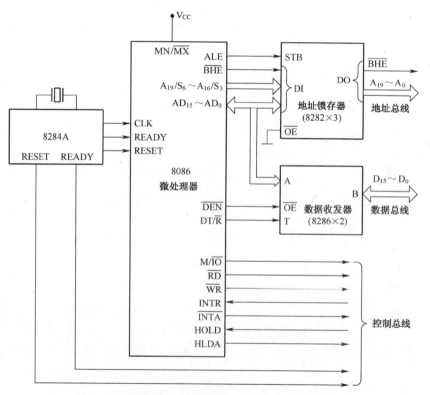

图 3-18　8086 最小工作模式下控制核心单元的组成

3.7 8086/8088 最大工作模式及其系统结构

3.7.1 总线控制器 8288

在最小工作模式下,总线控制信号由 CPU 本身产生,在最大工作模式下总线控制信号由总线控制器 8288 产生。

8288 根据 CPU 在执行指令时提供的状态信号 $\overline{S_2}$、$\overline{S_1}$、$\overline{S_0}$,产生满足定时关系的存储器和 I/O 的读写信号及地址锁存和数据收发控制信号。

3.7.2 最大工作模式下控制核心单元的组成

8086 最大工作模式下控制核心单元的组成如图 3-19 所示。

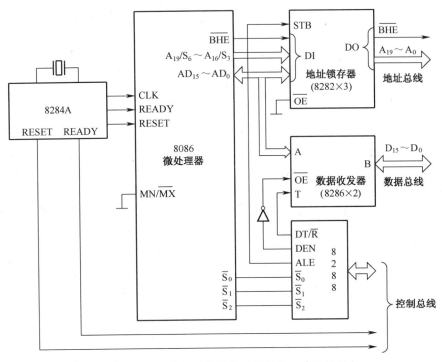

图 3-19 8086 最大工作模式下控制核心单元的组成

3.8 8086/8088 总线时序

总线时序是指 CPU 通过总线(引脚)进行某种操作时,总线上各信号在时间上的配合关系。总线时序通常用时序图直观表示,时序图是指 CPU 在完成某一操作过程中,总线上各信号随时间发生变化的关系图。

本节首先介绍时钟周期、总线周期和指令周期的基本概念,然后介绍最小工作模式下 8086 读/写存储器和 I/O 的基本时序。

3.8.1 时钟周期、总线周期和指令周期

8086/8088CPU 采用同步控制方式,因此必须具有基准时钟信号,该信号的周期称为时钟周期。时钟周期是 CPU 的基本时间计量单位,它由计算机主频决定,如 8086 主频为 5MHz,则时钟周期为 200ns。

CPU 执行一个总线(读/写)操作所需要的时间称为总线周期。或者说,总线周期是 CPU 从存储器或 I/O 端口存取一个字节(或一个字)所需要的时间。按照数据传输方向来分,总线操作可以分为总线读操作和总线写操作。总线读操作是指 CPU 从存储器或 I/O 端口读取数据;总线写操作是指 CPU 将数据写入存储器或 I/O 端口。8086/8088CPU 的一个基本的总线周期由 4 个时钟周期组成。

CPU 执行一条指令所需要的时间称为指令周期。8086/8088CPU 完成一条指令需要一个或若干个总线周期。

接下来分别介绍 8086CPU 工作在最小工作模式下存储器/IO 的读操作时序和写操作时序。

3.8.2 存储器与 I/O 的读操作总线时序

图 3-20 所示为 8086 最小工作模式下存储器/IO 读操作总线时序图,该图表示了 CPU 从存储器/IO 读取数据的过程。

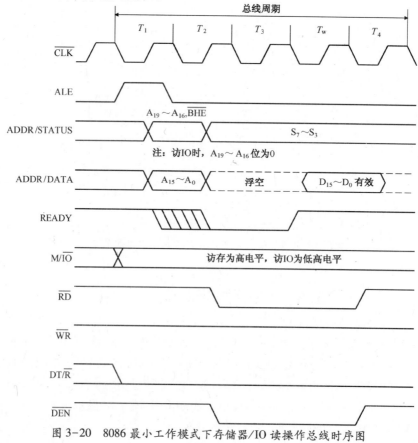

图 3-20 8086 最小工作模式下存储器/IO 读操作总线时序图

一个基本的读操作周期包含 4 个 T 状态，T_1、T_2、T_3 和 T_4，当存储器/IO 读写速度小于 CPU 所要求的速度时，在 T_3 与 T_4 之间插入一个或几个等待状态 T_W。

下面对存储器/IO 读操作周期的各状态进行介绍。

1. T_1 状态

（1）存储器操作时，$M/\overline{IO}$ 引脚输出高电平；I/O 操作时，$M/\overline{IO}$ 引脚输出低电平。该电平在整个总线周期保持不变。

（2）存储器操作时，$AD_{15} \sim AD_0$ 和 $A_{19}/S_6 \sim A_{16}/S_3$ 输出要访问的存储单元的 20 位物理地址 $A_{19} \sim A_0$；I/O 操作时，$AD_{15} \sim AD_0$ 输出要访问的 I/O 端口的 16 位物理地址，$A_{19}/S_6 \sim A_{16}/S_3$ 每位均输出 0。

（3）$\overline{BHE}/S_7$ 根据需要输出高字节选择信号 $\overline{BHE}$。

（4）ALE 引脚输出一个正脉冲作为地址锁存信号，在 ALE 的下降沿到来之前，$A_{19} \sim A_0$ 和 $\overline{BHE}$ 信号均已有效，锁存器 8282 利用 ALE 的下降沿对这 20 个地址信号和 $\overline{BHE}$ 信号进行锁存，以保证在整个总线周期，系统总线上保持有效的地址信息。

（5）$DT/\overline{R}$ 输出低电平，用来通知 CPU 外部的总线收发器 8286 本次总线周期为读操作周期。

2. T_2 状态

（1）$\overline{RD}$ 信号变为有效低电平，用来通知存储器/IO 本次总线周期为读操作周期。

（2）$AD_{15} \sim AD_0$ 引脚变为高阻态用于接收数据 $D_{15} \sim D_0$。

（3）$\overline{BHE}/S_7$ 和 $A_{19}/S_6 \sim A_{16}/S_3$ 输出状态信息 $S_7 \sim S_3$。

（4）$\overline{DEN}$ 信号变为有效低电平，用来通知 CPU 外部的总线收发器 8286 可以进行数据传送，以便 $AD_{15} \sim AD_0$ 引脚接收来自系统总线上的数据 $D_{15} \sim D_0$。

3. T_3 状态

采样 READY 引脚以判断存储器/IO 是否将数据准备好。如果该引脚为高电平，则进入 T_4 状态；如果该引脚为低电平，则插入 T_W 状态。

4. T_W 状态

继续采样 READY 引脚以判断存储器/IO 是否将数据准备好。如果该引脚为高电平，则进入 T_4 状态；如果该引脚为低电平，则继续插入 T_W 状态。

5. T_4 状态

完成数据读入，结束总线读操作周期。

3.8.3　存储器与 I/O 的写操作总线时序

图 3-21 所示为 8086 最小工作模式下存储器/IO 写操作总线时序图，该图表示了 CPU 将数据写入存储器/IO 的过程。

一个基本的存储器/IO 写操作周期同样包含 4 个 T 状态，T_1、T_2、T_3 和 T_4，当存储器/IO 读写速度小于 CPU 所要求的速度时，在 T_3 与 T_4 之间插入一个或几个等待状态 T_W。

下面对存储器/IO 写操作周期的各状态进行介绍。

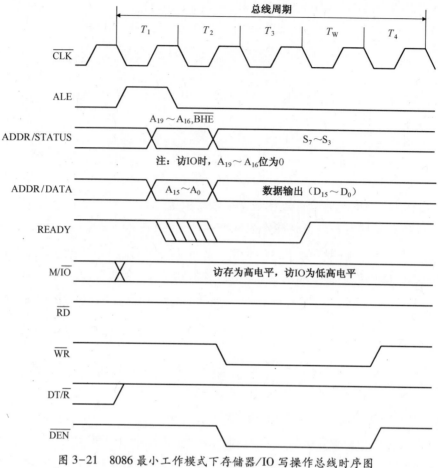

图 3-21 8086 最小工作模式下存储器/IO 写操作总线时序图

1. T_1 状态

（1）存储器操作时，$M/\overline{IO}$ 引脚输出高电平；I/O 操作时，$M/\overline{IO}$ 引脚输出低电平。该电平在整个总线周期保持不变。

（2）存储器操作时，$AD_{15} \sim AD_0$ 和 $A_{19}/S_6 \sim A_{16}/S_3$ 输出要访问的存储单元的 20 位物理地址 $A_{19} \sim A_0$；I/O 操作时，$AD_{15} \sim AD_0$ 输出要访问的 I/O 端口的 16 位物理地址，$A_{19}/S_6 \sim A_{16}/S_3$ 每位均输出 0。

（3）$\overline{BHE}/S_7$ 根据需要输出高字节选择信号 $\overline{BHE}$。

（4）ALE 引脚输出一个正脉冲作为地址锁存信号，在 ALE 的下降沿到来之前，$A_{19} \sim A_0$ 和 $\overline{BHE}$ 信号均已有效，锁存器 8282 利用 ALE 的下降沿对这 20 个地址信号和 $\overline{BHE}$ 信号进行锁存，以保证在整个总线周期，系统总线上保持有效的地址信息。

（5）$DT/\overline{R}$ 输出高电平，用来通知 CPU 外部的总线收发器 8286 本次总线周期为写操作周期。

2. T_2 状态

（1）$\overline{WR}$ 信号变为有效低电平，用来通知存储器/IO 本次总线周期为写操作周期。

(2) $AD_{15} \sim AD_0$ 引脚输出数据 $D_{15} \sim D_0$。

(3) $\overline{BHE}/S_7$ 和 $A_{19}/S_6 \sim A_{16}/S_3$ 输出状态信息 $S_7 \sim S_3$。

(4) $\overline{DEN}$ 信号变为有效低电平,用来通知 CPU 外部的总线收发器 8286 可以进行数据传送,以便 $AD_{15} \sim AD_0$ 引脚输出数据 $D_{15} \sim D_0$ 到系统总线上。

3. T_3 状态

采样 READY 引脚以判断存储器/IO 是否完成数据写入。如果该引脚为高电平,则进入 T_4 状态;如果该引脚为低电平,则插入 T_W 状态。

4. T_W 状态

继续采样 READY 引脚以判断存储器/IO 是否完成数据写入。如果该引脚为高电平,则进入 T_4 状态;如果该引脚为低电平,则继续插入 T_W 状态。

5. T_4 状态

完成数据输出,结束总线写操作周期。

3.9 Intel 80286 到 Pentium CPU

Intel 公司的 80286、80386、80486、Pentium 和 Pentium Pro/Ⅱ/Ⅲ/Ⅳ 等微处理器统称为 80x86 系列微处理器。本节将根据 80x86 芯片发展和演变过程简要介绍 80x86 系列微处理器。

3.9.1 80286

Intel 80286 是 Intel 公司 1982 年推出的产品。80286 内部和外部数据总线都是 16 位,地址总线为 24 位,可寻址 2^{24} 字节即 16MB 内存。PC/AT 机就是 IBM 公司用 80286 作为 CPU 的最早的 286 PC 机。80286 片内具有存储器管理和保护机构,它有实地址和受保护的虚地址两种工作方式。

1. 80286 的结构

80286 由地址单元(AU)、总线单元(BU)、指令单元(IU)和执行单元(EU)等 4 个单元组成,80286 将 8086 中的总线接口单元(BIU)分成了地址单元(AU)、指令单元(IU)和总线单元(BU)等 3 部分。这样,就提高了这些单元操作的并行性,从而提高了吞吐率,加快了 CPU 的处理速度。

2. 80286 的寄存器

80286 的通用寄存器、段寄存器和指令寄存器与 8086 完全一样,不同之处在于新增加了 1 个机器状态字(Machine Status Word,MSW)寄存器,标志寄存器新增加了 3 个标志位。MSW 是一个 16 位寄存器,只定义了它的低 4 位,其中最低位是保护允许(PE)位,当 PE=0 时,CPU 处在实地址方式;当 PE=1 时,CPU 处在虚地址保护方式。在 CPU 复位时,MSW 被置为 FFF0H,CPU 处在实地址方式。标志寄存器中新增加的 3 位位于它的最高 3 位,其他 9 位标志位的定义与位置均和 8086 相同。

3. 80286 的工作方式

80286 有实地址和受保护的虚地址两种工作方式。

在实地址方式中，80286 和 8086 的工作方式完全一样，使用 24 位地址中的低 20 位 A19~A0，寻址能力为 1MB，其两种地址，即物理地址与逻辑地址的含义也与 8086 一样。

在保护方式中，80286 可产生 24 位物理地址，直接寻址能力为 16MB。和实地址方式一样，80286 将寻址空间分成若干段，一个段最大为 64KB，逻辑地址也是由两部分组成的：段地址和偏移地址。但在保护方式下的段地址是 24 位而不是实地址方式下的 16 位，段内的偏移地址与实地址方式相同，是由各种寻址方式所决定的 16 位。80286 的段寄存器是 16 位的，在保护方式下，80286 的段寄存器不再存放段地址，而是存放一个指针，又称为段选择子，段选择子和偏移地址构成逻辑地址。把程序中可能用到的各种段（如代码段、数据段、附加段、堆栈段）的段地址和相应的特性（称为描述符）集合在一起形成一张表，称为描述符表，存放在内存的某一区域。每个描述符由 6 个字节组成，其中有 3 个字节为段地址，段选择子指向每个描述符的起始位置。80286 的地址转换机构根据段选择子的值找出描述符中的 24 位段地址，再与偏移地址相加，就得到了 24 位物理地址。

段选择子可以索引 2^{14} 个描述符；而对应各描述符可定义 2^{16}(64K)字节的段，所以 80286 的逻辑地址寻址能力为 $2^{14} \times 2^{16}$ B = 1GB 的存储空间。但 80286 的实际内存最多只有 16MB，容纳不下这么大的存储空间，所以只能将其置于辅助存储器（硬盘）上。实际工作时，将当前需要的段调入内存，用过的段返回辅助存储器，这一切都是系统自动管理的。因此，虽然系统只有 16MB 内存，但对用户来说，好像在使用 1GB 内存，于是这个 1GB 内存称为虚拟内存。

3.9.2　80386

Intel 80386 是 Intel 公司 1985 年推出的一种高性能 32 位微处理器。80386 内部和外部数据总线都是 32 位的，地址总线为 32 位，可寻址 4GB。

1. 80386 的结构

80386 由总线接口单元（BIU）、指令译码单元（IDU）、指令预取单元（IPU）、执行单元（EU）、段管理单元（SU）和页管理单元（PU）等 6 个单元组成。80386 的结构和 80286 基本相同，主要的区别是段管理单元和页管理单元。它们负责地址产生、地址转换和总线接口单元的段检查。段管理单元用来把逻辑地址变换成线性地址，页管理单元的功能是把线性地址换算成物理地址。

2. 80386 的寄存器

80386 共有 7 类寄存器，它们是通用寄存器、段寄存器、指令指示器、标志寄存器、控制寄存器、系统地址寄存器、调试寄存器和测试寄存器。

80386 有 8 个 32 位的通用寄存器，它们是 8086 和 80286 的 16 位通用寄存器的扩展，因此命名为累加器 EAX、基址寄存器 EBX、计数寄存器 ECX，数据寄存器 EDX，堆栈指示器 ESP，基址指示器 EBP，源变址寄存器 ESI 和目的变址寄存器 EDI。它们的低 16 位可以作 16 位寄存器使用，其命名为 AX、BX、CX、DX、SP、BP、SI、DI，而 AX、BX、CX 和 DX 的低位字节（0~7 位）和高字节（8~15 位），又可以作为 8 位的寄存器单独使用，其命名仍为 AH、AL、BH、BL、CH、CL、DH 和 DL。

80386 的指令指示器 EIP 和标志寄存器 EFLAGS 都是 32 位的寄存器，它们的低 16 位即是 80286 的 IP 和 FLAGS，并可单独使用。80386 除了保留 80286 的所有标志外在高位字的最低两位又增加了两个标志位:虚拟 8086 方式标志 VM 和恢复标志 RF。在 80386 处于虚地址保护方式时,使 VM=1,80386 就进入了虚拟 8086 方式。RF 标志用于断点和单步操作。

80386 有 6 个 16 位段寄存器,它们是 CS、SS、DS、ES、FS 和 GS。其中,CS 和 SS 的作用与 8086 相同,而 DS、ES、FS 和 GS 都可以用来表示当前的数据段。在 80386 中存储单元的地址仍由段地址和偏移地址两部分组成,只是此时段地址和偏移地址都是 32 位的,段地址不是由段寄存器直接确定的,而是与 80286 一样保存在一个表中,段寄存器的值只是该表的索引。

80386 有 4 个系统地址寄存器,它们是全局描述符表寄存器 GDTR、中断描述符表寄存器 IDTR、局部描述符表寄存器 LDTR 和任务寄存器 TR。它们主要用来在保护模式下管理用于生成线性地址和物理地址的 4 个系统表。

80386 有 4 个控制寄存器 $CR_0 \sim CR_3$,CR_1 为备用。CR_0 的低位字节是机器状态字寄存器(MSW),与 80286 中的 MSW 寄存器相同。控制寄存器用来进行分页处理。

80386 的 8 个调试寄存器 $DR_0 \sim DR_7$ 主要用来设置程序的断点。

80386 的 2 个测试寄存器 TR_6 和 TR_7 也是用来进行页处理的寄存器。

3. 80386 的工作方式

80386 有实地址、虚地址保护和虚拟 8086 等 3 种工作方式。

80386 工作在实地址方式中时和 8086 工作方式相同,但速度更快,对存储器的寻址也仅使用 32 位地址的 $A_{19} \sim A_0$,逻辑地址与物理地址的含义也与 8086 一样。

80386 工作在保护方式时,80386 可产生 32 位物理地址,直接寻址能力为 4GB(2^{32}B)。和 80286 一样,80386 的物理地址也是由段选择子和偏移地址两部分组成的,偏移地址不是 16 位而是 32 位。段选择子可以索引 2^{14} 个描述符,因此 80386 有 2^{14} 个逻辑段,每个段的长度可达 2^{32}B=4GB,80386 的虚拟内存为 $2^{14} \times 2^{32}$B=2^{46}B=64TB,在 80286 中虚拟内存的单位是段,80286 的段最大为 64KB,在磁盘与内存之间进行调度是可行的,但当段的长度达到 4GB 就不合适了。为此,在 80386 中将 4GB 空间以 4KB 为一页分成 1G 个等长的页,并以页为单位在磁盘与内存之间进行调度。

由于 80386 将段进行了分页处理,所以 80386 要经过两次转换才能得到物理地址。第 1 次为段转换,由段管理单元将逻辑地址转换为线性地址;第 2 次为页转换,由页管理单元将线性地址转换为物理地址。如果禁止分页功能,线性地址就等于物理地址,如果进行分页处理,线性地址就不同于物理地址。

虚拟 8086 方式是在虚地址保护方式下,能够在多任务系统中执行 8086 任务的工作方式。当 80386 工作在虚拟 8086 方式时,所寻址的物理内存是 1MB,段寄存器的功能不再是描述符表的选择子,将它的内容乘以 16(左移 4 位)就是 20 位的段起始地址,与偏移地址相加形成 20 位的线性地址,线性地址再经过页管理单元的分页处理,就可得到 20 位的物理地址。

3.9.3 80486

80486 是 Intel 公司于 1989 年推出的新型 32 位微处理器。80486 的内部数据总线为 64 位,外部数据总线为 32 位,地址总线为 32 位。

80486 内部由总线接口单元、指令译码单元、指令预取单元、执行单元、段管理单元、页管理单元以及浮点处理单元(FPU)和高速缓存(Cache Memory)等 8 个单元组成,比 80386 新增加了相当于 80387 功能的 FPU 和 Cache 两个单元。8086/8088、80286 和 80386 的字长为 16 位或 32 位,能表达的数据范围不大,对于数值计算不太适宜。为此,在 8086/8088、80286 和 80386 微处理器的基础上设计了与之配合的、专门用于数值计算的协处理器 8087、80287 和 80387。这些协处理器与 8086、80286 和 80386 密切配合,可以使数值运算,特别是浮点运算的速度提高约 100 倍。而 80486 将 FPU 集成在其内部,其处理速度显著提高,比 80387 约快 3~5 倍。为了进一步提高处理速度,在 80486 内部又集成了 8KB Cache。内存中经常被 CPU 使用到的一部分内容要拷贝到 Cache 中,并不断地更新 Cache 中的内容,使得 Cache 中总是保存有最近经常被 CPU 使用的一部分内容。Cache 中存放的内容除了内存中的指令和数据外,还要存放这些指令和数据在内存中的对应地址。当 CPU 存取指令和数据时,Cache 截取 CPU 送出的地址,并判别这个地址与 Cache 中保存的地址是否相同。若相同,则从 Cache 中存取该地址中的指令或数据;否则从内存中存取。所以 80486 可以高速存取指令和数据。

80486 的寄存器除了 FPU 部件外,和 80386 的寄存器完全相同,不同之处是 80486 对标志寄存器的标志位和寄存器的控制位进行了扩充。

80486 的 3 种工作方式及逻辑地址、线性地址、物理地址等也都与 80386 完全相同。

从应用角度看,80486 相当于以 80386 的 CPU 为核心,内含 FPU 和 Cache 的微处理器。再加上 80486 采用了 RISC(精减指令系统计算机)技术、时钟倍频技术和新的内部总线结构,所以 80486 的处理速度有极大的提高。

3.9.4 Pentium(奔腾)

Intel 公司对 80x86 系列微处理器的性能不断地创新与改造,继 80486 之后,1993 年推出新一代名为 Pentium 的微处理器。1995 年又推出名为 Pentium Pro 的微处理器。1997 年、1999 年和 2000 年又相继推出 Pentium Ⅱ、Pentium Ⅲ 和 Pentium Ⅳ 微处理器。Pentium 是希腊字 Pente(意思为 5)演变来的。Pentium 有 64 位数据线和 32 位地址线。Pentium Pro/Ⅱ/Ⅲ/Ⅳ 具有 64 位数据线和 36 位地址线。

除了将控制寄存器和测试寄存器均增加到 5 个外,Pentium 与 80486 的最大区别是,Pentium 内部具有 8KB 指令 Cache 和 8KB 数据 Cache,而 Pentium Pro 内部具有 8KB 指令 Cache 和 8KB 数据 Cache 外,还有 256KB 二级 Cache。Pentium Ⅱ/Ⅲ/Ⅳ 的指令 Cache 和数据 Cache 均增加到 16KB,二级 Cache 也增加到 512KB。Pentium 和 Pentium Pro/Ⅱ/Ⅲ/Ⅳ 还采用了一些其他的最新技术,在体系结构上还有一些新的特点。因而它们的性能明显高于 80486。

Pentium 微处理器除了实地址方式、虚地址保护方式和虚拟 8086 方式 3 种方式外,还增加了一种系统管理方式(SMM)。系统管理方式主要为系统对电源管理、对操作系统和正在运行的程序实行管理而设置。一旦 Pentium 微处理器收到系统管理中断(系统管理中断引线$\overline{SMI}$有效)请求,无论 Pentium 微处理器工作在实地址方式、虚地址保护方式还是虚拟 8086 方式,都会立即转换到系统管理方式。在系统管理方式中,执行从系统管理方式返回指令 RSM,Pentium 微处理器便恢复保存的内容,返回到进入系统管理方式之前的工作方式。

80x86 处理器的工作方式可以在实地址方式、虚地址保护方式、虚拟 8086 方式和系统管理方式 4 种方式之间转换。在系统上电或复位之后，微处理器首先进入实地址方式。控制寄存器 CR0（80286 为机器状态字寄存器 MSW）的保护允许标志位 PE 控制微处理器是工作在实地址方式还是工作在虚地址保护方式；标志寄存器 EFLAGS 的虚拟 8086 方式标志位 VM 决定微处理器是工作在虚地址保护方式还是工作在虚拟 8086 方式。

习　题

3.1　8086/8088 内部寄存器有哪些？哪些属于通用寄存器？哪些用于存放段地址？标志寄存器的含义是什么？

3.2　对于 8086/8088CPU，确定以下运算的结果与标志位。

（1）5439H+456AH（2）2345H+5219H（3）54E3H−27A0H

（4）3881H+3597H（5）5432H−6543H（6）9876H+1234H

3.3　8086/8088 为什么要对存储器采用分段管理？一个段最多包含多少存储单元？

3.4　8086/8088CPU 内部共有多少个段？分别称为什么段？段地址存放在哪些寄存器中？

3.5　简述物理地址、逻辑地址、段地址和偏移量的含义及其相互关系。

3.6　8086/8088CPU 中存储单元的物理地址的计算公式是什么？如果[CS]=0200H，[IP]=0051H，则物理地址是多少？

3.7　8086/8088CPU 内部用来存放下一条要执行指令的偏移地址的寄存器是什么？它与哪个段寄存器配合产生下一条要执行指令的物理地址？

3.8　某存储单元在数据段中，已知[DS]=1000H，偏移地址为 1200H，则它的物理地址是多少？

3.9　已知[SS]=2360H，[SP]=0800H，若将 20H 个字节的数据入栈，则[SP]=？

3.10　对于 8086/8088CPU，已知[DS]=0150H，[CS]=0640H，[SS]=0250H，[SP]=1200H，问：

（1）数据段最多可存放多少字节？首地址和末地址分别为多少？

（2）代码段最多可存放多少字节？首地址和末地址分别为多少？

（3）如果先后将 FLAGS、AX、BX、CX、SI 和 DI 压入堆栈，则[SP]=？

3.11　从功能上，8086CPU 可分为哪两部分？各部分的主要功能是什么？二者如何协调工作？

3.12　8086/8088 的指令队列分别有多少个字节？

3.13　8086CPU 有多少根数据线？多少根地址线？可寻址的地址空间为多少字节？加电复位后，执行第一条指令的物理地址是多少？

3.14　$\overline{\text{MN/MX}}$ 是工作模式选择信号，由外部输入，为高电平时 CPU 工作在什么模式？为低电平时，CPU 工作在什么模式？

3.15　8086/8088CPU 的非屏蔽中断输入信号和可屏蔽中断信号分别由什么引脚输入？标志寄存器中 IF 可屏蔽的中断是什么？

3.16　8086 工作于最小模式，CPU 完成存储器读操作时 $M/\overline{IO}$、$\overline{RD}$、$\overline{WR}$ 和 $DT/\overline{R}$ 引脚分别为什么电平？如果进行字节操作，单元地址为 2001H，则 $\overline{BHE}$ 和 A_0 分别为什么电平？如果为字操作且该字为"对准存放"，则 $\overline{BHE}$ 和 A_0 为分别为什么电平？

3.17　时钟发生器 8284A 的主要功能是什么？

3.18　8086/8088 采用什么器件实现总线分离？涉及的控制信号有哪些？

3.19　8086CPU 的基本总线周期由几个时钟周期组成？在读写周期 T_1 状态，CPU 向总线发出什么信息？如果时钟频率为 5MHz，则一个时钟周期为多少？

3.20　说明 8086/8088 总线周期中 4 个基本状态中的具体任务，如果 AL 中的内容为 98H，试画出将 AL 中内容存至内存 12345H 单元时对应的时序图（假设插入 1 个等待周期）。

第 4 章 8086/8088 指令系统

指令是计算机的 CPU 所能识别和执行的操作命令。指令系统是计算机的 CPU 所能执行的全部指令的集合,也称为指令集。不同的 CPU 具有不同的指令系统,相互不一定兼容,但 Intel 80x86/Pentium 系列 CPU 的指令系统是向上兼容的,即 Intel 80x86/Pentium 系列 CPU 的指令系统是在 8086/8088CPU 的指令系统上扩充发展得到的。本章主要介绍 8086/8088 指令系统。

4.1 指 令 格 式

计算机指令一般由操作码和操作数两部分组成。操作码是指令中必不可少的部分,它规定了指令的操作类型和功能,如加法、减法、数据传送等。操作数指定指令执行过程中所需要的数据,可以是操作数本身,也可以是操作数的地址或与操作数地址相关的信息。指令的一般格式如下:

| 操作码 | 操作数 |

指令的操作数根据不同的指令有所区别。8086/8088 指令系统中有些指令没有操作数(使用默认操作数),但大多数指令都指定了一个或两个操作数。对于有两个操作数的双操作数指令,两个操作数之间以逗号分隔,其中操作码后的第一个操作数称为目的操作数(DST),第二个操作数称为源操作数(SRC),指令执行后的结果存放在目的操作数。表 4-1 所列为指令操作数符号说明。

表 4-1 指令操作数符号说明

符号	含 义
imm	8 位、16 位立即数
i8	8 位立即数
i16	16 位立即数
reg	AX、BX、CX、DX、AH、AL、BL、BH、CH、CL、DH、DL、DI、SI、BP、SP
r8	AH、AL、BL、BH、CH、CL、DH、DL
r16	AX、BX、CX、DX、DI、SI、BP、SP
sreg	DS、SS、ES、CS
mem	8 位、16 位内存操作数
m8	8 位内存操作数
m16	16 位内存操作数
p8	8 位 I/O 端口号

4.2 寻址方式

寻址方式是指寻找指令中操作数的方式。根据操作数存放位置不同,寻址方式主要分为立即寻址、寄存器寻址和存储器寻址3大类。

4.2.1 立即寻址

立即寻址是指操作数本身就是指令的一部分,紧跟在操作码之后,存放在内存中的代码段区域。立即寻址方式的操作数称为立即数,可以是8位,也可以是16位,它总是和操作码一起被取入CPU的指令队列。

立即寻址方式仅用于源操作数,不能用于目的操作数,主要用于给寄存器或存储单元赋值。

【例4.1】 立即寻址方式。

```
MOV  CL , 100          ;将十进制数100(64H)传送到CL
MOV  AX , 1200H        ;将12H和00H分别传送到AH和AL
MOV  AL , 'A'          ;将字母A的ASCII码41H传送到AL
```

【例4.2】 源操作数是已定义的常量名,该操作数的寻址方式是立即寻址。

```
CONST EQU 5            ;将5定义为常量CONST
      MOV  BX , CONST  ;将0005H传送到BX
```

4.2.2 寄存器寻址

寄存器寻址是指操作数存放在CPU内部的寄存器中,指令中给出操作数所在的寄存器名。寄存器操作数可以是8位寄存器AH、AL、BH、BL、CH、CL、DH、DL,也可以是16位寄存器AX、BX、CX、DX、SP、BP、SI、DI等。因为寄存器寻址不需要通过总线操作访问存储器,所以指令执行速度比较快。

【例4.3】 寄存器寻址方式。

```
MOV  BL , 12H          ;BL=12H,字节传送,目的操作数为寄存器寻址
MOV  AX , 1020H        ;AX=1020H,字传送,目的操作数为寄存器寻址
```

4.2.3 存储器寻址

存储器寻址是指操作数存放在CPU外部的内部存储器中。存储单元的地址由段地址和段内偏移地址组成,段地址存放在默认的段寄存器中,偏移地址需要根据指令中的操作数部分计算得到。在汇编程序设计中,偏移地址通常称为有效地址(Effective Address),简称EA。根据操作数有效地址(EA)的不同表示方法,存储器寻址方式又可分为直接寻址、寄存器间接寻址、寄存器相对寻址、基址加变址寻址和相对基址加变址寻址。表4-2所列为存储器寻址方式下,操作数有效地址(EA)的不同表示方法。

1. 直接寻址

在这种寻址方式下,指令中的操作数部分给出一个16位位移量,有效地址(EA)就是此16位位移量。采用直接寻址方式时,操作数一般在数据段中,即默认段地址存放在段

寄存器 DS 中。

表 4-2 存储器寻址方式下,操作数有效地址的不同表示方法

直接寻址	寄存器间接寻址	寄存器相对寻址	基址加变址寻址	相对基址加变址寻址
[i16]	[BX]	[BX+i8/i16]	[BX+SI]	[BX+SI+i8/i16]
	[BP]	[BP+i8/i16]	[BX+DI]	[BX+DI+i8/i16]
	[SI]	[SI+i8/i16]	[BP+SI]	[BP+SI+i8/i16]
	[DI]	[DI+i8/i16]	[BP+DI]	[BP+DI+i8/i16]

注:i8/i16 为 8 位/16 位的位移量;[ ] 为寻址内存操作数

EA = 16 位位移量

物理地址 = DS×16+EA

如果要对存放在代码段(CS)、堆栈段(SS)或附加段(ES)中的数据寻址,应在指令中增加前缀指出段寄存器名,称之为段超越。

【例 4.4】 已知 DS = 1000H,内存中[11200H]和[11201H]单元的内容分别为 34H 和 12H。执行指令 MOV AX, [1200H],问源操作数的寻址方式及指令执行后 AX 寄存器的值。

答:源操作数的寻址方式是直接寻址。

EA = 1200H, DS = 1000H

物理地址 = DS×16+EA = 11200H。

因此将[11200H]和[11201H]单元的数据分别送 AL 和 AH,AX = 1234H。

【例 4.5】 操作数为变量名时,寻址方式是存储器寻址中的直接寻址。

```
VALUE   DW    1234H           ;设 VALUE 的偏移地址为 1200H
        MOV   AX, VALUE
        MOV   AX, [VALUE]
        MOV   AX, [1200H]
```

以上 3 条 MOV 指令是等价的,功能都是将 DS:[1200H]中的字数据传送到 AX,指令执行后 AX = 1234H。

2. 寄存器间接寻址

在这种寻址方式下,指令中的操作数部分给出一个寄存器名,有效地址(EA)存放在指定的寄存器 SI、DI、BX 或 BP 中。

当指令中指定寄存器是基址寄存器 BX 或变址寄存器 SI、DI 时,默认操作数存放在数据段中,段寄存器使用 DS。

EA = BX/SI/DI

物理地址 = DS×16+EA

当指令中指定寄存器是基址寄存器 BP 时,默认操作数存放在堆栈段中,段寄存器使用 SS。

EA = BP

物理地址 = SS×16+EA

【例 4.6】 已知 SS = 1000H,BP = 1200H,内存中[11200H]和[11201H]单元的内容

分别为 34H 和 12H。执行指令 MOV AX,[BP],问源操作数的寻址方式及指令执行后 AX 寄存器的值。

答:源操作数的寻址方式是寄存器间接寻址。

EA=BP=1200H,SS=1000H

物理地址=SS×16+EA=11200H。

因此将[11200H]和[11201H]单元的数据分别送 AL 和 AH,AX=1234H。

3. 寄存器相对寻址

在这种寻址方式下,指令中的操作数部分给出一个寄存器名和一个位移量(8 位或 16 位),有效地址(EA)是指定寄存器 SI、DI、BX 或 BP 中的内容与位移量(记为 DISP)之和。

当指令中指定寄存器是 BX、SI 或 DI 时,段寄存器使用 DS。

EA=BX/SI/DI+DISP

物理地址=DS×16+EA

当指令中指定寄存器是 BP 时,段寄存器使用 SS。

EA=BP+DISP

物理地址=SS×16+EA

【例 4.7】 寄存器相对寻址。位移量 DISP 可以 8 位,也可以 16 位;可以为正,也可以为负;可以写在[ ]内,也可以写在[ ]前面;还可以用变量名表示,其值是变量的偏移地址。

```
MOV    AX,[SI+2]          ;源操作数默认在数据段
MOV    AX,[DI-2]          ;源操作数默认在数据段
MOV    AX,[BP+FFFFH]      ;源操作数默认在堆栈段
MOV    AX,[SI+VALUE]      ;源操作数默认在数据段,VALUE 为变量名
MOV    AX,VALUE[SI]       ;源操作数默认在数据段
```

4. 基址加变址寻址

在这种寻址方式下,指令中的操作数部分给出一个基址寄存器名(BX 或 BP)和一个变址寄存器名(SI 或 DI),有效地址(EA)是指定基址寄存器中的内容与指定变址寄存器中的内容之和,由基址寄存器决定默认使用的段寄存器。

当指定基址寄存器是 BX 时,段寄存器使用 DS。

EA=BX+SI/DI

物理地址=DS×16+EA

当指定基址寄存器是 BP 时,段寄存器使用 SS。

EA=BP+SI/DI

物理地址=SS×16+EA

可以在指令中规定段超越,选择使用其他段寄存器。

【例 4.8】 基址加变址寻址。

```
MOV    AX,[BX+SI]         ;源操作数默认在数据段
MOV    AX,[BP+SI]         ;源操作数默认在堆栈段
MOV    AX,ES:[BP+SI]      ;源操作数段超越,物理地址=ES×16+BP+SI
```

5. 相对基址加变址寻址

在这种寻址方式下,指令中的操作数部分给出一个基址寄存器名(BX 或 BP)、一个

变址寄存器名(SI 或 DI)和一个位移量(8 位或 16 位),有效地址(EA)是指定基址寄存器中的内容、指定变址寄存器中的内容和位移量三者之和,由基址寄存器决定默认使用的段寄存器。

当指定基址寄存器是 BX 时,段寄存器使用 DS。

EA = BX+SI/DI+DISP

物理地址 = DS×16+EA

当指定基址寄存器是 BP 时,段寄存器使用 SS。

EA = BP+SI/DI+DISP

物理地址 = SS×16+EA

当指令中使用段超越时,可以选择相应的段寄存器。

【例 4.9】 相对基址加变址寻址。

```
MOV AX,[BX+SI+10H]
MOV AX,10H[BX][SI]
```

【例 4.10】 假设 DS = 2000H, SS = 5000H, SI = 0010H, DI = 0020H, BP = 1000H,请写出下列源操作数的寻址方式。若源操作数存放于存储器中,其物理地址是多少?

(1) MOV　　AX,9BH　　　　(2) MOV　　AX,[1000H]
(3) MOV　　BX,[SI]　　　　(4) MOV　　BX,CX
(5) MOV　　AL,[DI+5]　　　(6) MOV　　CL,[BP+SI+9]

解:

(1) 源操作数为立即寻址。

(2) 源操作数为直接寻址,物理地址 = DS×16+1000H = 21000H。

(3) 源操作数为寄存器间接寻址,物理地址 = DS×16+SI = 20010H。

(4) 源操作数为寄存器寻址。

(5) 源操作数为寄存器相对寻址,物理地址 = DS×16+DI+5 = 20025H。

(6) 源操作数为相对基址加变址寻址,物理地址 = SS×16+BP+SI+9 = 51019H。

4.3　8086/8088 指令系统

8086/8088 指令系统包括数据传送类指令、算术运算类指令、位操作类指令、串操作类指令、控制转移类指令和处理机控制类指令,该指令系统是 80x86/Pentium 系列的基本指令集。

在指令的学习过程中,注意结合助记符来记忆指令的功能;注意指令的操作数数量与寻址方式;注意指令执行的结果及对标志位的影响。

4.3.1　数据传送类指令

数据传送是计算机系统中最基本、最重要、最常用的操作。数据传送指令用于寄存器、存储单元或输入输出端口之间数据或地址的传送,共有 14 条,可分为 5 组:通用数据传送指令、堆栈操作指令、输入输出数据传送指令、地址传送指令和标志位传送指令。在数据传送类指令中,除少数对标志位操作的指令(SAHF、POPF)外,其余指令执行后均不影响标志位。

1. 通用数据传送指令

1) 传送指令 MOV

格式:MOV DST,SRC

功能:DST←SRC。将源操作数(字节或字)传送到目的操作数,源操作数不变。

说明:MOV 是操作码,DST 表示目的操作数,SRC 表示源操作数。MOV 指令传送的数据可以是字节或字,但 SRC 和 DST 的数据类型必须一致,即同为字节或同为字。SRC 可以是通用寄存器、段寄存器、存储器或立即数;DST 可以是通用寄存器、段寄存器(CS 除外)或存储器,如图 4-1 所示。

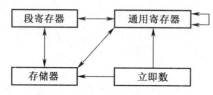

图 4-1 MOV 指令操作数要求

使用 MOV 指令传送数据应注意以下问题:

(1) 源操作数和目的操作数类型属性必须一致。

(2) 立即数和段寄存器 CS 不能作为目的操作数。

(3) 立即数不能直接传送到段寄存器。

(4) 存储单元和存储单元之间不能直接传送数据。

(5) 段寄存器和段寄存器之间不能直接传送数据。

(6) 不能对指令指针寄存器 IP 进行操作。

【例 4.11】 传送指令及其操作。

```
MOV  AL,BH                ;字节操作,通用寄存器之间数据传送
MOV  AX,1234H             ;字操作,立即数→通用寄存器,AH=12H,AL=34H
MOV  BX,[0320H]           ;字操作,存储单元→通用寄存器 BX
MOV  DS,AX                ;字操作,通用寄存器 AX→段寄存器 DS
MOV  BYTE PTR[2000H],25H  ;字节操作,立即数给存储单元赋值
MOV  WORD PTR[2000H],25H  ;字操作,立即数给存储单元赋值
```

【例 4.12】 将立即数 1020H 传送到段寄存器 ES 中。

解:立即数不能直接传送到段寄存器。

```
MOV  AX,1020H
MOV  ES,AX
```

【例 4.13】将地址为 ADD1 的存储单元中的字节数据传送到同段内地址为 ADD2 的单元中。

解:存储单元和存储单元之间不能直接传送数据,以寄存器为中转实现存储单元到存储单元的数据传送。

```
MOV  AL,ADD1
MOV  ADD2,AL
```

【例 4.14】 将段寄存器 ES 中的数据传送到段寄存器 DS 中。

解：段寄存器和段寄存器不能直接传送数据，以寄存器为中转实现段寄存器到段寄存器的数据传送（CS 不能作为目的操作数）。

```
MOV  AX , ES
MOV  DS , AX
```

2）交换指令 XCHG

格式：XCHG　OPRD1，OPRD2

功能：OPRD1 ↔ OPRD2。两个操作数进行交换。

说明：XCHG 是操作码，OPRD1 和 OPRD2 表示操作数。XCHG 指令可以用于字节数据交换，也可以用于字数据交换，但交换的数据类型必须一致。XCHG 指令不适用于立即数和段寄存器，不允许两个存储单元之间直接交换数据。

【例 4.15】 交换指令及其操作。

```
MOV  AX , 1234H      ;AX=1234H
MOV  BX , 5678H      ;BX=5678H
XCHG AX , BX         ;AX=5678H,BX=1234H
```

【例 4.16】 将存储单元 ADD1 和存储单元 ADD2 中的字节数据交换。

解：
```
MOV  AL , ADD1
XCHG AL , ADD2
XCHG AL , ADD1
```

3）换码指令 XLAT

格式：XLAT

功能：AL ←[BX+AL]。完成一个字节的查表转换。

说明：换码指令常用于将一种代码转换为另一种代码，如将键盘位置码转换为 ASCII 码，将数字 0~9 转换为 7 段显示码等。换码指令又称查表指令，将 AL 寄存器的内容转换成以 BX 为表基址，AL 为表中位移量的表中值。使用 XLAT 指令时，首先在数据段中建立一个长度不大于 256B 的表格，表的首地址存放于 BX 中，再将代码（相对于表格首地址的位移量）存入 AL 寄存器中。XLAT 指令执行后，所查找对象存放于 AL 中，BX 中的内容保持不变。必须注意，由于 AL 寄存器只有 8 位，因此表格的长度不能超过 256B。

XLAT 指令中没有显式指明操作数，而是默认使用 BX 和 AL 寄存器，这种采用默认操作数的方法称为隐含寻址方式，指令系统中有许多指令采用隐含寻址方式。

【例 4.17】 将数字 2 转换为 ASCII 码。

解：
```
TABLE DB  30H , 31H , 32H , 33H , 34H
      DB  35H , 36H , 37H , 38H , 39H    ;建立数字 0~9 的 ASCII 码表
      MOV AL , 2                         ;把代码 2 送到 AL
      LEA BX , TABLE                     ;ASCII 码表的偏移地址送到 BX
      XLAT                               ;换码结果,AL=32H
```

2. 堆栈操作指令

1）入栈指令 PUSH

格式：PUSH　SRC

功能：SP ←SP-2，[SP+1] 和[SP]←SRC。将源操作数压入堆栈。

说明：PUSH 指令是将 1 个字数据压入堆栈，源操作数可以是通用寄存器、段寄存器

或存储器。指令执行时,首先修改堆栈指针 SP-2→SP,接着将数据的高字节压入高地址 SS:[SP+1],数据的低字节压入低地址 SS:[SP]。当 SP=0 时,表示堆栈已满。

【例 4.18】 设 AX=1234H,SP=1200H,SS=1000H,写出执行指令 PUSH AX 后的结果。

分析:高字节压入高地址,低字节压入低地址,因此 AH 压入 SS:[SP-1],AL 压入 SS:[SP-2]。

解:SP=SP-2=11FEH,[111FFH]=12H,[111FEH]=34H。

2)出栈指令 POP

格式:POP DST

功能:DST←[SP+1]和[SP],SP←SP+2。将一个字从堆栈中弹出到目的操作数。

说明:POP 指令是将栈顶的 1 个字数据弹出堆栈,目的操作数可以是通用寄存器、段寄存器(CS 除外)或存储器。使用 POP 指令时,不能从堆栈向代码段寄存器 CS 弹出数据。

PUSH 与 POP 是一对常用的堆栈操作指令。堆栈操作的对象是字数据,传送时遵循高字节放在高地址单元、低字节放在低地址单元的原则,可以使用除立即数以外的其他寻址方式,允许段超越。堆栈操作可以用于数据的暂存与恢复、子程序中现场的保护和恢复以及中断断点地址的保护和返回。

【例 4.19】 设堆栈中[021FEH]=34H,[021FFH]=56H,[02200H]=78H,[02201H]=9AH,SS=0000H,假定执行指令 POP DX 时,[02200H]单元正在被访问,指令执行后 SP 和 DX 的值是多少?

分析:SP 为栈顶指针,总是指向堆栈中正在被访问的单元。出栈时从 SS:[SP]弹出的第 1 个字节装入 DL,从 SS:[SP+1]弹出的第 2 个字节装入 DH,SP←SP+2。

解:指令执行后 DX=9A78H,SP=2202H。

【例 4.20】 堆栈应用于子程序。

```
SUBPRO  PROC            ;定义子程序
        PUSH  AX        ;将主程序中的 AX 入栈保护
        PUSH  CX        ;将主程序中的 CX 入栈保护
        ……
        POP   CX        ;先出栈到 CX,后进先出
        POP   AX        ;再出栈到 AX
        RET
SUBPRO  ENDP
```

3. 输入输出数据传送指令

1)输入指令 IN

格式:IN AL,p8

　　　IN AX,p8

　　　IN AL,DX

　　　IN AX,DX

功能:从 I/O 端口输入数据到 AL 或 AX。

说明:IN 指令可以把一个字节由一个输入端口传送到 AL 中,或者把一个字由两个连

续的输入端口传送到 AX 中。如果端口地址超过 255(0FFH)，必须用 DX 存放端口地址间接寻址。以 DX 存放端口地址可寻址 64K(0000H~0FFFFH)个端口。

2) 输出指令 OUT

格式：OUT　p8，AL
　　　OUT　p8，AX
　　　OUT　DX，AL
　　　OUT　DX，AX

功能：将 AL 或 AX 的内容输出到 I/O 端口。

说明：OUT 指令可以将 AL 的内容传送到一个输出端口，或将 AX 中的内容传送到两个连续的输出端口。端口寻址方式与 IN 指令相同。

【例 4.21】　完成下列输入输出操作。

(1) 从 60H 端口输入一个字节数据。

(2) 从 61H 端口输出一个字节数据 32H。

(3) 从 2160H 端口输入一个字节数据。

(4) 从 2161H 端口输出一个字节数据 64H。

解：(1) IN　　AL，60H
　　或 MOV　DX，60H
　　　 IN　　AL，DX
　　(2) MOV　AL，32H
　　　 OUT　61H，AL
　　或 MOV　AL，32H
　　　 MOV　DX，61H
　　　 OUT　DX，AL
　　(3) MOV　DX，2160H
　　　 IN　　AL，DX
　　(4) MOV　AL，64H
　　　 MOV　DX，2161H
　　　 OUT　DX，AL

4. 地址传送指令

1) 有效地址送寄存器指令 LEA

格式：LEA　REG，SRC

功能：将源操作数(存储器操作数)的有效地址送到指定的 16 位通用寄存器 REG 中。

说明：LEA 指令传送的是存储单元的有效地址，而不是存储单元中的数据。源操作数可以使用任何一种存储器寻址方式。

【例 4.22】　设数据段内 ABC 存储单元的偏移地址是 1234H，该单元存放的数据为 5678H。

```
LEA    BX，ABC            ;BX=1234H
MOV    BX，ABC            ;BX=5678H
MOV    BX，OFFSET ABC     ;BX=1234H,OFFSET 为返回偏移地址操作符
```

77

2）指针送寄存器和 DS 指令 LDS

格式：LDS　REG，SRC

功能：REG ←[SRC]，DS ←[SRC+2]，完成一个地址指针的传送。

说明：将源操作数（存储器操作数）中连续 4 个存储单元中的数据传送到指定寄存器 REG 和段寄存器 DS 中，其中前两个字节（低 16 位）送入指定的 16 位通用寄存器或者变址寄存器作为偏移地址，后两个字节（高 16 位）送入 DS 作为段地址。

【例 4.23】　已知 DS = 8000H，[81480H] = 33CCH，[81482H] = 2468H，指令 LDS SI，[1480H]的执行结果？

答：SI = 33CCH，DS = 2468H。

3）指针送寄存器和 ES 指令 LES

格式：LES　REG，SRC

功能：REG ←[SRC]，ES ←[SRC+2]，完成一个地址指针的传送。

说明：此指令将高字（高 16 位）送入段寄存器 ES 作为段地址，其他与 LDS 指令相同。

【例 4.24】　LES 指令及其操作。

```
LES DI , [BX+6]         ;DI=DS:[BX+6],ES=DS:[BX+8]
```

5. 标志位传送指令

1）标志寄存器送 AH 寄存器指令 LAHF

格式：LAHF

功能：AH ←标志寄存器的低字节

说明：将标志寄存器中的 SF、ZF、AF、PF 和 CF（低 8 位）传送到 AH 寄存器的对应位，空位没有定义。不影响标志位。

2）AH 寄存器送标志寄存器指令 SAHF

格式：SAHF

功能：标志寄存器的低字节←AH

说明：将寄存器 AH 中的指定位传送到标志寄存器的 SF、ZF、AF、PF 和 CF（低 8 位）。根据 AH 的内容影响上述标志位。

3）标志寄存器入栈指令 PUSHF

格式：PUSHF

功能：SP ←SP-2，[SP+1]和[SP]←标志寄存器

说明：将标志寄存器压入堆栈顶部，同时修改堆栈指针。不影响标志寄存器。

4）标志寄存器出栈指令 POPF

格式：POPF

功能：标志寄存器←[SP+1]和[SP]，SP ←SP+2

说明：将堆栈顶部的一个字传送到标志寄存器，同时修改堆栈指针。影响标志寄存器。

PC 指令系统中设有专门指令对标志寄存器中的 CF、DF、IF 位进行置"1"或清"0"等操作，但其他标志位则不能直接用指令进行修改。利用标志位传送指令，可实现对其他标志位的修改。

4.3.2 算术运算类指令

算术运算类指令共 20 条,包括 3 条加法类指令、5 条减法类指令、2 条乘法类指令、2 条除法类指令、2 条符号扩展指令和 6 条 BCD 调整指令。这些指令可用于字节或字的运算,适用于无符号数和有符号数的运算。除符号扩展指令外,其他指令执行结果均影响状态标志位。

1. 加法类指令

1) 加法指令 ADD

格式:ADD　DST,SRC

功能:DST←DST+SRC

说明:目的操作数 DST 与源操作数 SRC 相加,结果送到目的操作数,源操作数不变。源操作数可以是任何寻址方式,目的操作数是除立即寻址之外的其他任何寻址方式,但两个操作数不能同时为存储器寻址方式。该指令根据计算结果影响 OF、SF、ZF、AF、PF 和 CF。

使用 ADD 指令时需要注意:

(1) 不能实现段寄存器相关的加法运算。

(2) 不能实现存储器和存储器的加法运算。

(3) 源操作数和目的操作数必须位数相同。

【例 4.25】 设 AL=80H,BL=0A5H,写出指令 ADD　AL,BL 执行后,AL 的值和标志位状态。

解:AL=25H;标志位 OF=1、SF=0、ZF=0、AF=0、PF=0、CF=1。

【例 4.26】 写出指令执行后 AX 的值和标志位状态。

```
MOV  AX,5439H
ADD  AX,456AH
```

解:AX=99A3H;标志位 OF=1、SF=1、ZF=0、AF=1、PF=1、CF=0。

2) 带进位加法指令 ADC

格式:ADC　DST,SRC

功能:DST←DST+SRC+CF

说明:目的操作数 DST 与源操作数 SRC 相加,再加上进位 CF 当前值,结果送到目的操作数,源操作数不变。ADC 指令主要用于多字节运算,对标志位影响与 ADD 指令相同。

【例 4.27】 试编写程序,计算无符号双字 02344652H+0F0F0F0F0H 之和。

分析:按照双字操作,由寄存器 DX 和 AX 组成 32 位累加器,先用 ADD 指令进行低字(低 16 位)相加,再用 ADC 指令进行高字(高 16 位)相加。

```
解:MOV  AX,4652H
   MOV  DX,0234H
   ADD  AX,0F0F0H
   ADC  DX,0F0F0H
```

ADD 指令执行后:AX=3742H;OF=0、SF=0、ZF=0、AF=0、PF=1、CF=1。

ADC 指令执行后:DX=0F325H;OF=0、SF=1、ZF=0、AF=0、PF=0、CF=0。

3) 增量指令 INC

格式:INC   DST

功能:DST←DST+1

说明:将寄存器(除段寄存器以外)或存储单元中的数据加1,结果送回目的操作数。INC 指令可以是字节或字运算,不区分无符号数还是有符号数,主要用于在循环程序中修改地址指针和循环次数等。根据计算结果影响 OF、SF、ZF、AF 和 PF,对进位标志 CF 没有影响。

使用 INC 指令时,如果操作数采用存储器寻址,要使用 WORD PTR 或 BYTE PTR 说明操作数属性。

【例 4.28】 写出指令执行后 AL 的值和标志位状态。

```
MOV  AL,0FFH
INC  AL
```

解:AL=00H;标志位 OF=0、SF=0、ZF=1、AF=1、PF=1。

2. 减法类指令

1) 减法指令 SUB

格式:SUB   DST,SRC

功能:DST←DST-SRC

说明:目的操作数 DST 与源操作数 SRC 相减,结果送到目的操作数,源操作数不变。操作数要求与 ADD 指令一样。根据计算结果影响 OF、SF、ZF、AF、PF 和 CF。

使用 SUB 指令时要注意:

(1) 不能实现段寄存器相关的减法运算。

(2) 不能实现存储器和存储器的减法运算。

(3) 源操作数和目的操作数必须位数相同。

【例 4.29】 写出指令执行后 BH 的值和标志位状态。

```
MOV  BH,10H
SUB  BH,1H
```

解:BH=0FH;标志位 OF=0、SF=0、ZF=0、AF=1、PF=1、CF=0。

2) 带借位减法指令 SBB

格式:SBB   DST,SRC

功能:DST←DST-SRC-CF

说明:目的操作数 DST 与源操作数 SRC 相减,再减去借位 CF 的当前值,结果送到目的操作数,源操作数不变。其他要求与减法指令 SUB 相同。SBB 指令主要用于多字节操作数相减。

【例 4.30】 试编写程序,计算双字 00127546H-00109428H 之差。

分析:按照双字操作,被减数 00127546H 存放于 DX 和 AX 寄存器,DX 中存放高位字。先用 SUB 指令进行低字(低16位)相减,再用 SBB 指令进行高字(高16位)相减。

解:MOV AX,7546H
    MOV DX,0012H

```
    SUB   AX , 9428H
    SBB   DX , 0010H
```
SUB 指令执行后：AX=E11EH；OF=1、SF=1、ZF=0、AF=1、PF=1、CF=1。

SBB 指令执行后：DX=0001H；OF=0、SF=0、ZF=0、AF=0、PF=0、CF=0。

3) 减量指令 DEC

格式：DEC DST

功能：DST←DST-1

说明：将寄存器（除段寄存器以外）或存储单元中的数据减 1，结果送回目的操作数。相减时把操作数作为一个无符号二进制数对待。与 INC 指令一样，根据计算结果影响 OF、SF、ZF、AF 和 PF，对进位标志 CF 没有影响。如果操作数采用存储器寻址，要使用 WORD PTR 或 BYTE PTR 说明操作数属性。

4) 求补指令 NEG

格式：NEG DST

功能：DST←0-DST

说明：对操作数取补（负），即用 0 减去目的操作数 DST，结果送回目的操作数。操作数要求与 INC 指令相同。NEG 指令影响 OF、SF、ZF、AF、PF 和 CF，操作数为零时 CF=0，其他情况 CF=1，对其他标志位的影响与 SUB 指令相同。

【例 4.31】 设 AL=0FFH（0FFH 为-1 的补码）。

```
    NEG   AL       ;AL=01H,OF=0,SF=0,ZF=0,AF=1,PF=0,CF=1
    NEG   AL       ;AL=0FFH,OF=0,SF=1,ZF=0,AF=1,PF=1,CF=1
```

5) 比较指令 CMP

格式：CMP DST , SRC

功能：DST-SRC，置状态标志位。

说明：将目的操作数 DST 减去源操作数 SRC，结果不保存，仅根据计算结果设置标志位 OF、SF、ZF、AF、PF 和 CF。CMP 指令用于比较目的操作数和源操作数的大小，比较结果常用作程序转移条件。CMP 指令不能直接用于存储单元之间的比较，也不能用于段寄存器相关的比较，对标志位的影响与 SUB 指令相同。

3. 乘法类指令

1) 无符号数乘法指令 MUL

格式：MUL SRC

功能：AX←AL×SRC   ;字节操作

　　　DX , AX←AX×SRC   ;字操作

说明：MUL 指令完成两个无符号数的乘法运算，可以是字节与字节相乘，也可以是字与字相乘。源操作数 SRC 即乘数由指令给出，可以是寄存器或存储器，但不能是立即数。目的操作数（被乘数）默认是累加器 AL（字节相乘）或 AX（字相乘）。字节乘法乘积 16 位，存放在 AX 中；字乘法乘积 32 位，高位字存放 DX 中，低位字存放 AX 中。

MUL 指令对标志位 CF、OF 有影响：当乘积的高半部分为 0，即字节乘法结果中 AH 寄存器为 0，或字乘法结果中 DX 寄存器为 0 时，CF=OF=0，表示高半部分无有效数字；否则，CF=OF=1。对其他标志位的影响无定义（标志位状态不确定）。

【例4.32】 写出指令执行后 AX 的值和标志位状态。
MOV AL,96H
MOV BL,2H
MUL BL

解:AX=96H(150)×2H=012CH(300);乘积的高位部分 AH≠0,CF=OF=1。

2) 有符号数乘法指令 IMUL

格式:IMUL　SRC

功能:AX ← AL ×SRC　　　　　　　;字节操作
　　　DX,AX ← AX ×SRC　　　　　;字操作

说明:IMUL 指令是有符号数的乘法指令。与 MUL 指令相同,可以实现字节与字节相乘或字与字相乘。

IMUL 指令对标志位 CF、OF 有影响:当乘积的高半部分是低半部分的符号扩展时,CF=OF=0;否则,CF=OF=1。CF、OF 标志可辅助判断乘积的高位是否是有效数字。IMUL 指令对其他标志位的影响无定义(标志位状态不确定)。

【例4.33】 写出指令执行后 AX 的值和标志位状态。
MOV AL,-1
MOV BL,4
IMUL BL

解:AX=0FFFCH(-4);乘积为-4,高半部分无有效数字,CF=OF=0。

4. 除法类指令

1) 无符号数除法指令 DIV

格式:DIV　SRC

功能:AL ← AX ÷SRC 的商,AH ← AX ÷SRC 的余数　　　;字节操作
　　　AX ← DX,AX ÷SRC 的商,DX ← DX,AX ÷SRC 的余数　;字操作

说明:DIV 指令完成两个无符号数的除法运算。源操作数 SRC 即除数由指令给出,可以是寄存器或存储器,但不能是立即数。源操作数可以是字节或字。字节操作时,目的操作数(被除数)默认是累加器 AX(字操作数),运算结果的商存放 AL 中,余数存放 AH 中;字操作时,目的操作数(被除数)默认是 DX,AX(双字操作数),运算结果的商存放 AX 中,余数存放 DX 中。DIV 指令对所有标志位的影响无定义(标志位状态不确定)。

2) 有符号数除法指令 IDIV

格式:IDIV　SRC

功能:与 DIV 相同,但操作数必须是有符号数(即补码)。

说明:IDIV 指令执行后商和余数也是有符号数,且余数的符号与被除数的符号相同,其他与 DIV 指令相同。

注意:

(1) 除法运算时,如果商超出了所能表示的范围,则商和余数均为不确定,并产生除法出错中断(0 号中断)。

(2) 由于除法指令中的字节运算要求被除数为 16 位数,字运算要求被除数是 32 位数,所以往往需要将被除数扩展为所要求的格式。

【例 4.34】 设 AX=0400H,BL=0B4H,执行指令 DIV　BL 和 IDIV　BL。

分析:无符号数 AX=400H=1024,BL=0B4H=180

　　　有符号数 AX=400H=1024,BL=0B4H=-76

解:执行指令 DIV　BL 后商 AL=05H=5,余数 AH=7CH=124

执行指令 IDIV　BL 后商 AL=0F3H=-13,余数 AH=24H=36

5. 符号扩展指令

符号扩展指令在保证数据大小不变的前提下,扩展数据的位数,不影响标志位。

1) 字节扩展指令 CBW

格式:CBW

功能:AH ← AL 的符号位

说明:CBW 指令隐含源操作数和目的操作数,将 AL 寄存器的最高位扩展到 AH,即若 AL 最高位为 0,则 AH=0,否则 AH=0FFH。

2) 字扩展指令 CWD

格式:CWD

功能:DX ← AX 的符号位

说明:CWD 指令隐含源操作数和目的操作数,将 AX 寄存器的最高位扩展到 DX,即若 AX 最高位为 0,则 DX=0,否则 DX=0FFFFH。

6. 十进制调整指令

BCD 码是一种用二进制编码的十进制数,在计算机中有压缩(或称组合)BCD 码和非压缩(或称非组合)BCD 码两种表示方法。压缩 BCD 码用 4 位二进制数表示一个十进制位;非压缩 BCD 码用 8 位二进制数表示一个十进制位(高 4 位用 0 填充)。由于 CPU 中的 ALU 只能完成二进制数的算术运算,所以当进行 BCD 码的算术运算时,必须对二进制运算结果加以校正调整。

十进制调整指令不能单独使用,必须与加、减、乘、除指令配合使用才能进行十进制调整。所有十进制调整指令都是无操作数指令,操作数隐含在累加器中。

1) 压缩 BCD 码加法调整指令 DAA

格式:DAA

功能:AL ← 把 AL 中的和调整为压缩 BCD 码格式

说明:DAA 指令紧跟在 ADD 或 ADC 指令之后,对 OF 标志位无定义,影响其他标志位状态。

调整规则:

如果 AL 的低 4 位的值大于 9 或 AF=1,则 AL ← AL+6,且 AF ← 1。

如果 AL 的高 4 位的值大于 9 或 CF=1,则 AL ← AL+60H(AL 中的高 4 位加 6),且 CF ← 1。

【例 4.35】 压缩 BCD 码加法运算。

```
MOV  AL , 65H        ;AL=65H,表示压缩 BCD 码 65
MOV  BL , 17H        ;BL=17H,表示压缩 BCD 码 17
ADD  AL , BL         ;二进制加法运算,AL=7CH
DAA                  ;十进制调整,AL=82H
```

2）压缩 BCD 码减法调整指令 DAS

格式：DAS

功能：AL←把 AL 中的差调整为压缩 BCD 码格式

说明：DAS 指令紧跟在 SUB 或 SBB 指令之后，对 OF 标志位无定义，影响其他标志位状态。

调整规则：

如果 AL 的低 4 位的值大于 9 或 AF=1，则 AL←AL−6，且 AF←1。

如果 AL 的高 4 位的值大于 9 或 CF=1，则 AL←AL−60H，且 CF←1。

3）非压缩 BCD 码加法调整指令 AAA

格式：AAA

功能：AL←把 AL 中的和调整为非压缩 BCD 码格式

AH←AH+调整产生的进位值

说明：AAA 指令紧跟在 ADD 或 ADC 指令之后，影响 CF 和 AF 标志位，其他标志位无定义。如果 AL 低 4 位的值大于 9 或 AF=1，则 AL←AL+6，AH←AH+1，且 CF=AF=1；否则 CF=AF=0。最后要将 AL 的高 4 位清 0。

4）非压缩 BCD 码减法调整指令 AAS

格式：AAS

功能：AL←把 AL 中的差调整为非压缩 BCD 码格式

AH←AH−调整产生的借位值

说明：AAS 指令紧跟在 SUB 或 SBB 指令之后，影响 CF 和 AF 标志位，其他标志位无定义。如果 AL 低 4 位的值大于 9 或 AF=1，则 AL←AL−6，AH←AH−1，且 CF=AF=1；否则 CF=AF=0。最后要将 AL 的高 4 位清 0。

【例 4.36】 非压缩 BCD 码减法运算。

```
MOV  AX,0605H      ;AX=0605H,表示非压缩 BCD 码 65
MOV  BL,07H        ;BL=07H,表示非压缩 BCD 码 7
SUB  AL,BL         ;二进制减法运算,AL=FEH
AAS                ;十进制调整,AL=08H,AH-1=05H,AX=0508H
```

5）非压缩 BCD 码乘法调整指令 AAM

格式：AAM

功能：AH←AL÷10 的商，AL←AL÷10 的余数

说明：AAM 指令紧跟在 MUL 指令之后。指令执行后影响 SF、ZF 和 PF 标志位，其他标志位无定义。

【例 4.37】 非压缩 BCD 码乘法运算。

```
MOV  AL,07H        ;AL=07H,表示非压缩 BCD 码 7
MOV  BL,09H        ;BL=09H,表示非压缩 BCD 码 9
MUL  BL            ;二进制乘法运算,AX=003FH
AAM                ;十进制调整,AH=06H,AL=03H,AX=0603H
```

6）非压缩 BCD 码除法调整指令 AAD

格式：AAD

功能：AL←10×AH+AL，AH←0

说明:AAD 指令在 DIV 指令之前使用,将 AX 中的两个非压缩 BCD 数进行调整,使其成为无符号二进制数,调整结果在 AL 中,AH 清 0。DIV 指令执行后,非压缩 BCD 数表示的商存放在 AL 中,余数存放在 AH 中。AAD 指令影响 SF、ZF 和 PF 标志位,其他标志位无定义。

【例 4.38】 非压缩 BCD 码除法运算。

```
MOV  AX , 0300H        ;AX=0300H,表示非压缩 BCD 码 30
MOV  BL , 05H          ;BL=05H,表示非压缩 BCD 码 5
AAD                    ;十进制调整,AX=001EH
DIV  BL                ;二进制除法运算,AL=06H,AH=00H,AX=0006H
```

4.3.3 位操作类指令

位操作类指令包括逻辑运算指令、移位指令和循环移位指令,可直接对寄存器或存储器中的字节或字数据按位进行操作。

1. 逻辑运算指令

1) 逻辑与指令 AND

格式:AND DST , SRC

功能:DST ← DST ∧ SRC

说明:将目的操作数和源操作数按位进行与运算,结果返回目的操作数。逻辑与运算的规则是同为"1"则为"1",否则为"0"。

AND 指令根据结果影响标志位 SF、ZF 和 PF,CF 和 OF 始终为"0",AF 无定义。逻辑与运算中,源操作数中某些位为"0",可使目的操作数的相应位清"0"。

2) 逻辑或指令 OR

格式:OR DST , SRC

功能:DST ← DST ∨ SRC

说明:将目的操作数和源操作数按位进行或运算,结果返回目的操作数。逻辑或运算的规则是同为"0"则为"0",否则为"1"。

OR 指令对标志位的影响与 AND 指令相同。逻辑或运算中,源操作数中某些位为"1",可使目的操作数的相应位置"1"。

3) 逻辑异或指令 XOR

格式:XOR DST , SRC

功能:DST ← DST ⊕ SRC

说明:将目的操作数和源操作数按位进行异或运算,结果返回目的操作数。逻辑异或运算的规则是相异为"1",相同为"0"。即若两位同时为"0"或同时为"1",则异或结果均为"0",否则为"1"。XOR 指令对标志位的影响与 AND 指令相同。

逻辑异或运算中,目的操作数与自身进行异或操作,结果是操作数清"0"。操作数某位与"1"异或,该位取反;与"0"异或则保持不变。

4) 逻辑非指令 NOT

格式:NOT DST

功能:DST ← $\overline{\text{DST}}$

说明:将操作数按位取非(求反)。逻辑非运算的规则是原为"1"则为"0",原为"0"则为"1"。NOT 指令不影响标志位。

5) 测试指令 TEST

格式:TEST DST,SRC

功能:DST∧SRC,置状态标志位

说明:与 AND 指令类似,对两个操作数按位进行逻辑与运算,但结果不返回目的操作数,只是根据结果对标志位进行置位。TEST 指令对标志位的影响与 AND 指令相同。

学习 TEST 指令时,可注意与 CMP 指令的比较。TEST 和 CMP 指令都不返回运算结果,仅仅改变标志位,并根据标志位的状态,在其后设置相应的条件转移指令。它们的区别在于,TEST 指令常用于测试单个位的状态,而 CMP 指令常用于整个字节或字的比较。

【例 4.39】 分析下列各种逻辑运算指令。

```
AND   AL , 7FH      ;最高位清 0
OR    AL , 80H      ;最高位置 1
OR    AL , 0FFH     ;AL 寄存器全部置 1
XOR   AL , 80H      ;最高位取反
XOR   AL , AL       ;AL 寄存器全部清 0
TEST  AL , 01H      ;若 AL 寄存器的最低位是 0,则 ZF = 1
MOV   AX , 878AH    ;AX = 878AH
NOT   AX            ;AX = 7875H
```

2. 移位指令

移位指令的操作是将寄存器或存储器中的数据向左或向右按位移动。移位指令有 4 条,包括逻辑左移 SHL、逻辑右移 SHR、算术左移 SAL 和算术右移 SAR,如图 4-2 所示。

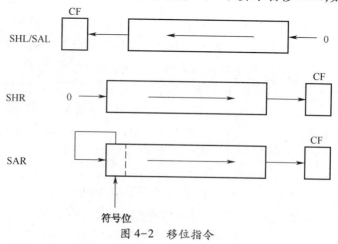

图 4-2 移位指令

1) 逻辑/算术左移指令 SHL/SAL

格式:SHL/SAL DST,CNT

功能:左移,如图 4-2 所示,相当于原数乘以 2。

说明:DST 可以是字节或字,可以是除立即寻址之外的任何一种寻址方式。移位次数由 CNT 决定,可以是 1 或寄存器 CL。如果移位次数大于 1,应先将移位次数送到寄存器 CL 中。逻辑左移 SHL 和算术左移 SAL 移动规则相同,通常用 SHL 表示。SHL 的移位规

则是最高位移入 CF,其他位顺次向左移动,最低位补"0"。

2) 逻辑右移指令 SHR

格式:SHR　DST,CNT

功能:右移,如图 4-2 所示,相当于无符号数除以 2。

说明:操作数要求同 SHL 指令。SHR 的移位规则是最低位移入 CF,其他位顺次向右移动,最高位补"0"。

3) 算术右移指令 SAR

格式:SAR　DST,CNT

功能:右移,如图 4-2 所示,相当于有符号数除以 2。

说明:操作数要求同 SHL 指令。SAR 的移位规则是最低位移入 CF,其他位顺次向右移动,最高位不变。

移位指令执行后,根据运算结果影响 CF、SF、ZF 和 PF,其中 CF 为移入的数据位。AF 无定义。在移位 1 次时,如果移位前后目的操作数 DST 的最高位发生变化,则 OF=1,否则 OF=0;在移位次数大于 1 次时,OF 无定义。

【例 4.40】 编写程序,完成 AL 中的数乘以 5 的操作。

解:
```
MOV   BL , AL
MOV   CL , 2
SHL   AL , CL      ;AL←4×AL
ADD   AL , BL      ;AL←5×AL
```

3. 循环移位指令

循环移位是将寄存器或存储器中的数据从一端向左或向右循环移动到另一端。循环指令有 4 条,包括循环左移 ROL、循环右移 ROR、带进位循环左移 RCL 和带进位循环右移 RCR,如图 4-3 所示。

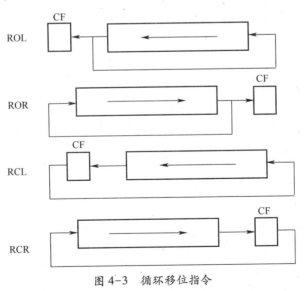

图 4-3　循环移位指令

1) 循环左移指令 ROL

格式:ROL　DST,CNT

功能：循环左移，如图4-3所示。

说明：操作数与移位指令相同。ROL的移位规则是最高位移入CF且补到最低位，其他位顺次向左移动。ROL指令影响CF，不影响SF、ZF、AF和PF，对OF的影响与移位指令相同。

2）循环右移指令ROR

格式：ROR　DST，CNT

功能：循环右移，如图4-3所示。

说明：操作数与移位指令相同。ROR的移位规则是最低位移入CF且补到最高位，其他位顺次向右移动。对标志位的影响与ROL相同。

3）带进位循环左移指令RCL

格式：RCL　DST，CNT

功能：带进位循环左移，如图4-3所示。

说明：操作数与移位指令相同。RCL的移位规则是最高位移入CF，其他位顺次向左移动，原CF补入最低位。对标志位的影响与ROL相同。

4）带进位循环右移指令RCR

格式：RCR　DST，CNT

功能：带进位循环右移，如图4-3所示。

说明：操作数与移位指令相同。RCR的移位规则是最低位移入CF，其他位顺次向右移动，原CF补入最高位。对标志位的影响与ROL相同。

【例4.41】　试编写程序，实现DX.AX寄存器中的32位无符号二进制数乘以4的操作。

解：SHL　AX，1
　　RCL　DX，1
　　SHL　AX，1
　　RCL　DX，1

4.3.4　串操作类指令

串操作指令对存放在存储器中某一个连续内存区域的一串字或字节做同样的操作。与重复前缀结合，可以实现数据串的传送、查找和比较等操作。

使用串操作类指令要注意以下几点：

（1）串操作指令均采用隐含操作数，源操作数以DS:SI寻址，可以段超越；目的操作数以ES:DI寻址，不可以段超越。

（2）每执行一次串操作指令，如果是字节串操作，SI和DI将自动进行加（或减）1修改；如果是字串操作，SI和DI将自动进行加（或减）2修改。若DF=0（用指令CLD设置），则SI和DI从低地址向高地址进行增量修改；若DF=1（用指令STD设置），则SI和DI从高地址向低地址进行减量修改。

（3）通常在串操作指令前加重复前缀对一个以上的串数据进行操作，数据串的长度（字节个数或字个数）默认在CX中。

（4）串操作指令中，存取或搜索的关键字默认在累加器AL（或AX）中。

(5) 除了串比较指令(CMPS)和串搜索指令(SCAS)外,其余串操作指令均不影响标志位。

1. 重复前缀

串操作指令通常与重复前缀配合使用,从而使串操作得以重复执行。重复前缀不能单独使用,只能加在串操作指令前,用于控制其后的串操作指令在满足一定条件下重复执行串操作。

1) 无条件重复前缀 REP

REP 加在不影响标志位的串操作指令 MOVS、STOS 或 LODS 之前。REP 指令执行的操作:

(1) 若 CX=0,则退出;否则 CX←CX-1。

(2) 执行 REP 后面的串操作指令。

(3) 无条件转到步骤(1)。

2) 相等/为零重复前缀 REPE/REPZ

REPE/REPZ 加在会影响标志位的串操作指令 CMPS 或 SCAS 之前。REPE/REPZ 指令执行的操作:

(1) 若 CX=0 或 ZF=0,则退出;否则 CX←CX-1。

(2) 执行 REPE/REPZ 后面的串操作指令。

(3) 无条件转到步骤(1)。

3) 不相等/不为零重复前缀 REPNE/REPNZ

REPNE/REPNZ 加在会影响标志位的串操作指令 CMPS 或 SCAS 之前。REPNE/REPNZ 指令执行的操作:

(1) 若 CX=0 或 ZF=1,则退出;否则 CX←CX-1。

(2) 执行 REPNE/REPNZ 后面的串操作指令。

(3) 无条件转到步骤(1)。

2. 串操作指令

1) 串传送指令 MOVS

格式:MOVSB   ;字节串操作
　　　MOVSW   ;字串操作

功能:ES:DI←DS:SI,SI←SI±1,DI←DI±1   ;字节串操作
　　　ES:DI←DS:SI,SI←SI±2,DI←DI±2   ;字串操作

说明:将由 DS:SI 指定的源串中的一个字节(或字)传送到由 ES:DI 指定的目的串,同时根据方向标志 DF 及数据类型(字节或字)对 SI 和 DI 进行修改。在 MOVS 指令前加重复前缀 REP,可以将数据段中的整串数据传送到附加段中。

【例 4.42】 将数据段中字变量 S1 中的数据传送到附加段字变量 S2。

解:
```
S1  DW 1,2,3,4,5
S2  DW 5DUP(0)
    ……
    CLD                 ;DF=0,数据串由低地址向高地址方向传送
    LEA  SI,S1          ;源串偏移地址赋值给 SI
```

```
        LEA  DI , S2          ;目的串偏移地址赋值给 DI
        MOV  CX , 5
        REP  MOVSW            ;重复字串传送,直到 CX=0
```

2) 串存储指令 STOS

格式:STOSB   ;字节串操作
　　　STOSW   ;字串操作

功能:ES:DI←AL,　DI←DI±1　　;字节串操作
　　　ES:DI←AX,　DI←DI±2　　;字串操作

说明:将累加器 AL 或 AX 中的内容传送到由 ES:DI 指定的目标串,同时根据方向标志 DF 及数据类型(字节或字)自动修改 DI。在 STOS 指令前加重复前缀 REP,可以为附加段中的一段内存区域赋同一个值。

3) 串读取指令 LODS

格式:LODSB   ;字节串操作
　　　LODSW   ;字串操作

功能:AL←DS:SI,SI←SI±1   ;字节串操作
　　　AX←DS:SI,SI←SI±2   ;字串操作

说明:将由 DS:SI 指定的源串中的字节或字数据传送到累加器 AL 或 AX 中,并根据方向标志 DF 及数据类型(字节或字)自动修改 SI。LODS 指令一般不使用重复前缀。

【例 4.43】 将 DS:S1 的字节串中值不为 0 的数据保存到首地址为 ES:S2 的内存区中。

```
解:S1     DB  0,1,1,0,0
   S2     DB5 DUP(?)
   ……
          CLD
          LEA  SI , S1        ;源串偏移地址赋值给 SI
          LEA  DI , S2        ;目的串偏移地址赋值给 DI
          MOV  CX , 5         ;源串数据个数
   AGAIN:LODSB                ;取一个源串数据存入 AL
          CMP AL , 0          ;与 0 比较,影响标志位
          JE NEXT             ;源串数据为 0,则跳到 NEXT 执行
          STOSB               ;源串数据不为 0,存入目的串中
   NEXT: DEC CX
          JNZ  AGAIN          ;源串数据没有比较完,接着比较
```

4) 串比较指令 CMPS

格式:CMPSB   ;字节串操作
　　　CMPSW   ;字串操作

功能:DS:SI-ES:DI,SI←SI±1,DI←DI±1   ;字节串操作,仅设置标志位
　　　DS:SI-ES:DI,SI←SI±2,DI←DI±2   ;字串操作,仅设置标志位

说明:将由 DS:SI 指定的源串的一个字节(或字)和由 ES:DI 指定的目的串的一个字节(或字)相减,但不保存结果,仅根据结果设置标志位 OF、SF、ZF、AF、PF 和 CF。在

CMPS 指令前加重复前缀 REPE/REPZ 或者 REPNE/REPNZ,可以在两个数据串中寻找第一个不相等的字节(或字),或者第一个相等的字节(或字)。

【例 4.44】 比较 S1、S2 两个数据串是否相同,不同则跳到 NOMATCH 执行。

解:
```
S1      DB      0,1,1,0,0
S2      DB      0,1,1,1,0
        ……
        CLD
        LEA     SI,S1           ;源串偏移地址赋值给 SI
        LEA     DI,S2           ;目的串偏移地址赋值给 DI
        MOV     CX,5            ;源串和目的串的数据个数
        REPE    CMPSB           ;源串与目的串数据相同且 CX≠0 则继续重复比较
        JNZ     NOMATCH         ;源串与目的串不相同跳到 NOMATCH。
        RET
NOMATCH:
```

5) 串搜索指令 SCAS

格式:SCASB   ;字节串操作
     SCASW   ;字串操作

功能:AL-ES:DI,DI←DI±1   ;字节串操作,仅设置标志位
     AX-ES:DI,DI←DI±2   ;字串操作,仅设置标志位

说明:将 AL 或 AX 寄存器中的数据和由 ES:DI 指定的目的串的一个字节(或字)相减,但不保存结果,仅根据结果设置标志位 OF、SF、ZF、AF、PF 和 CF。在 SCAS 指令前加重复前缀 REPE/REPZ 或者 REPNE/REPNZ,可以在指定的数据串中搜索第一个与关键字节(或字)匹配的字节(或字),或者搜索第一个与关键字节(或字)不匹配的字节(或字)。

【例 4.45】 统计 ES:S2 中 0 的个数,结果保存在 ANS 中。

解:
```
S2      DB      0,1,2,3,0
ANS     DB      ?
        CLD
        LEA     DI,S2           ;目的串偏移地址赋值给 DI
        MOV     CX,5            ;数据个数
        MOV     DL,0            ;保存统计个数的寄存器清 0
AGAIN:  MOV     AL,0
        SCASB
        JNE     NEXT            ;数据不为 0,则跳到 NEXT 执行
        INC     DL              ;数据为 0,统计结果加 1
NEXT:   DEC     CX
        JNZ     AGAIN
        MOV     ANS,DL
```

4.3.5 控制转移类指令

控制转移类指令可以改变代码段寄存器 CS 与指令指针 IP 的值或仅改变 IP 的值,

从而可以改变指令的执行顺序,实现程序的跳转、调用或中断等操作。控制转移类指令包括无条件转移指令、子程序调用与返回指令、条件转移指令、循环控制指令和中断指令。

1. 无条件转移指令 JMP

格式:JMP　OPRD

功能:无条件转移到操作数 OPRD(目的地址)所指定的地址。

说明:根据操作数 OPRD(目的地址)的表达形式以及跳转的距离,JMP 指令有 5 种形式。JMP 指令不影响状态标志位。

1) 段内直接短转移指令

格式:JMP　SHORT PTR OPRD

功能:IP ←IP+8 位位移量

说明:无条件转移到目的地址,目的地址(OPRD)以标号的形式直接给出。目的地址与 JMP 指令的下一条指令地址之间的差值在−128～+127 之间,即跳转地址的偏移范围在 8 位带符号二进制数所能表示的范围内。因为是段内转移,所以 CS 不变,原 IP 值加上位移量作为新 IP 的值,属于相对转移。

2) 段内直接近转移指令

格式:JMP　NEAR PTR OPRD 或 JMP　OPRD

功能:IP ←IP+16 位位移量

说明:无条件转移到目的地址,目的地址(OPRD)以标号的形式直接给出,这是最常用的 JMP 指令形式。目的地址与 JMP 指令的下一条指令地址之间的差值在−32768～+32767 之间,即跳转地址的偏移范围在 16 位带符号二进制数所能表示的范围内,属于相对转移。

【例 4.46】
```
        MOV   AX , 1000H
START:  INC   AX
        JMP   NEXT            ;无条件跳转到 NEXT 处执行,位移量为正
        ……
NEXT:   MOV   BX , AX
        JMP   START           ;无条件跳转到 START 处执行,位移量为负
```

3) 段内间接转移指令

格式:JMP　WORD PTR OPRD

功能:IP ←REG 或 IP ←[EA]

说明:OPRD 可以是除立即寻址以外的任何一种寻址方式,段内偏移地址 IP 的值由 OPRD 的寻址方式确定。将寄存器或存储单元的内容送入 IP,CS 保持不变,属于绝对转移。

【例 4.47】　设 DS:[1200H]=00H,DS:[1201H]=20H。
```
MOV    AX , 1200H
JMP    AX                     ;IP=1200H
```

```
JMP    WORD PTR [1200H];IP=2000H
```

4) 段间直接转移指令

格式:JMP   FAR PTR OPRD

功能:IP←OPRD 的段内偏移地址,CS←OPRD 所在段的段基址

说明:无条件转移到目的地址,目的地址(OPRD)以标号的形式直接给出。由于目的地址与 JMP 指令所在地址不是同一段,因此指令执行时会修改 CS 和 IP 的内容,属于绝对转移。

目的地址也可以直接用数值表达式,省略 FAR 属性说明。例如:

```
JMP   2200H:1000H            ;CS=2200H,IP=1000H
```

5) 段间间接转移指令

格式:JMP   DWORD PTR OPRD

功能:IP←[EA],CS←[EA+2]

说明:OPRD 可以是任何一种存储器寻址方式,OPRD 的寻址方式确定段内偏移地址(EA)。由 EA 指定的存储单元的低位字内容送 IP,高位字内容送 CS。

2. 子程序调用与返回指令

程序中某些具有独立功能的程序模块称为子程序(或过程)。子程序(或过程)由调用指令 CALL 调用,并通过执行返回指令 RET 回到主程序的调用处。CALL 指令和 RET 指令均不影响标志位。

1) 调用指令 CALL

CALL 指令用于调用子程序(或过程),既可实现段内的直接或间接调用,也可实现段间的直接或间接调用。

(1) 段内直接调用。

格式:CALL   NEAR PTR OPRD 或 CALL   OPRD

功能:PUSH   IP   ;IP 入栈
　　　IP←IP+16 位位移量   ;转向子程序入口

说明:先将子程序的返回地址(CALL 指令的下一条指令地址,也称断点)压入堆栈,然后转向子程序的入口地址 OPRD。子程序入口地址与 CALL 指令的下一条指令地址之间的差值在-32768~+32767 之间,是一种相对调用。

(2) 段内间接调用。

格式:CALL   NEAR PTR OPRD 或 CALL   OPRD

功能:PUSH   IP   ;IP 入栈
　　　IP←[EA]   ;转向子程序入口

说明:先将当前 IP 指针入栈保护,再由 OPRD 的寻址方式(寄存器寻址或存储器寻址)确定 IP 的值,是一种绝对调用。

(3) 段间直接调用。

格式:CALL   FAR PTR OPRD

功能:PUSH   CS   ;CS 入栈
　　　PUSH   IP   ;IP 入栈
　　　IP←OPRD 指定的偏移地址

CS←OPRD 指定的段地址

说明：先将当前 CS、IP 先后压入堆栈保护，然后将 OPRD 指定的段地址和偏移地址送入 CS:IP，是一种绝对调用。

(4) 段间间接调用。

格式：CALL　FAR PTR OPRD

功能：PUSH　CS　　　　　　　;CS 入栈

　　　PUSH　IP　　　　　　　;IP 入栈

　　　IP←[EA]

　　　CS←[EA+2]

说明：先将当前 CS、IP 先后压入堆栈保护，根据 OPRD 的寻址方式求出 EA，将指定存储单元的字内容送入 IP，并把下一个字内容送入 CS，是一种绝对调用。

2) 返回指令 RET

RET 指令通常作为子程序的最后一条指令，用以返回到主程序中的调用处。返回也分为段内返回（只返回 IP 值）和段间返回（返回 IP 值和 CS 值），取决于调用时的属性是 NEAR 还是 FAR。RET 指令可以不带参数返回，也可以带参数返回。

格式：RET 或 RET　表达式

功能：

(1) 段内返回（定义为 NEAR）。

　　　POP IP　　　　　　　　;IP 出栈

　　　SP←SP+16 位表达式的值　;带参数返回时

(2) 段间返回（定义为 FAR）。

　　　POP　IP　　　　　　　　;IP 出栈

　　　POP　CS　　　　　　　　;CS 出栈

　　　SP←SP+16 位表达式的值　;带参数返回时

说明：段内和段间返回指令是相同的，它们的差别在于指令的机器代码是不同的。带参数返回的 RET 指令可以通过修改堆栈指针废除一些在 CALL 指令之前入栈的参数，指令中的表达式是一个 16 位的偶数。

3. 条件转移指令

条件转移指令判断其前一条指令执行后的标志位，当标志位满足所要求的条件时，转移到指令指定的目的地址，否则顺序执行下一条指令。条件转移指令均属于段内短转移，即转移范围在-128~+127 之间。所有条件转移指令都不影响标志位。

格式：JCC　OPRD

功能：若条件 CC 为"真"，则转移到 OPRD 执行，否则顺序执行下一条指令。

说明：CC 是转移条件，通常由标志位的值或其组合构成。OPRD 是目的地址，为短程标号，在机器码中为补码形式的 8 位位移量。根据条件 CC 的不同，条件转移指令可分为 3 组。

1) 单标志位转移指令

单标志位转移指令根据标志位 ZF、SF、PF、OF 或 CF 的值决定程序是否进行转移，如表 4-3 所列。这组指令一般用于测试某一次运算的结果并根据不同的结果做不同的处理。

表 4-3　单标志位转移指令

指令格式	转移条件	执行操作	指令功能
JE/JZ OPRD	ZF=1	相等/结果为零转移	是否为"0"判断
JNE/JNZ OPRD	ZF=0	不相等/结果不为零转移	是否为"0"判断
JS OPRD	SF=1	结果为负数转移	正负数判断
JNS OPRD	SF=0	结果无正数(不为负)转移	正负数判断
JP/JPE OPRD	PF=1	结果奇偶校验为偶转移	1的个数为奇偶判断
JNP/JPO OPRD	PF=0	结果奇偶校验为奇转移	1的个数为奇偶判断
JO OPRD	OF=1	结果溢出转移	是否溢出判断
JNO OPRD	OF=0	结果不溢出转移	是否溢出判断
JC OPRD	CF=1	结果有进位(借位)转移	是否有进位(借位)判断
JNC OPRD	CF=0	结果无进位(借位)转移	是否有进位(借位)判断

【例 4.48】 判断进位标志位。

```
Y       DB   166
        ……
        MOV  AL, Y         ;将字节变量赋值给 AL
NEXT:   ADD  AL, 1
        JNC  NEXT          ;没有进位则继续+1,直到>255 退出
        RET
```

2) 无符号数比较转移指令

无符号数比较转移指令比较两个无符号数的大小,并根据结果决定程序是否进行转移,如表 4-4 所列。

表 4-4　无符号数比较转移指令

指令格式	转移条件	执行操作	指令功能
JA/JNBE OPRD	CF=0 且 ZF=0	高于/不低于且不等于转移	比较无符号数大小 A>B
JAE/JNB OPRD	CF=0 或 ZF=1	高于或等于/不低于转移	比较无符号数大小 A≥B
JB/JNAE OPRD	CF=1 且 ZF=0	低于/不高于且不等于转移	比较无符号数大小 A<B
JBE/JNA OPRD	CF=1 或 ZF=1	低于或等于/不高于转移	比较无符号数大小 A≤B

【例 4.49】 比较无符号数 AX、BX 和 CX 的大小,将最小数存于 AX 中。

解:

```
        CMP   BX, CX
        JB    NEXT1        ;若 BX<CX,则跳到 NEXT1,继续比较 AX 和 BX
        XCHG  BX, CX
NEXT1:  CMP   AX, BX
        JAE   NEXT2        ;若 AX≥BX 则跳到 NEXT2,放小数到 AX
        RET
NEXT2:  XCHG  AX, BX
        RET
```

3）有符号数比较转移指令

有符号数比较转移指令比较两个有符号数的大小,并根据结果决定程序是否进行转移,如表4-5所列。

表4-5 有符号数比较转移指令

指令格式	转移条件	执行操作	指令功能
JG/JNLE OPRD	SF⊕OF=0 且 ZF=0	大于/不小于且不等于转移	比较有符号数大小 A>B
JGE/JNL OPRD	SF⊕OF=0 或 ZF=1	大于或等于/不小于转移	比较有符号数大小 A≥B
JL/JNGE OPRD	SF⊕OF=1 且 ZF=0	小于/不大于且不等于转移	比较有符号数大小 A<B
JLE/JNG OPRD	SF⊕OF=1 或 ZF=1	小于或等于/不大于转移	比较有符号数大小 A≤B

4. 循环控制指令

循环控制指令主要对 CF 和 ZF 标志进行测试,确定是否循环,如表4-6所列。循环控制指令也是段内短转移,转移范围为-128~+127。这些指令不影响标志位。

表4-6 循环控制指令

指令格式	执行操作
LOOP OPRD	CX←CX-1,若 CX≠0,转移到目的标号处继续循环
LOOPZ/LOOPE OPRD	CX←CX-1,若 CX≠0 且 ZF=1,则转移到目的标号处继续循环
LOOPNZ/LOOPNE OPRD	CX←CX-1,若 CX≠0 且 ZF=0,则转移到目的标号处继续循环
JCXZ OPRD	若 CX=0,则转移到目的标号处执行

【例4.50】 将 DS:S1 和 ES:S2 中每个数据依次相加,结果保存在 S2 中。

解:S1   DB 0,1,2,3,4
　　S2   DB 1,1,1,1,1
　　……
　　　　　CLD
　　　　　LEA   SI,S1   ;源串偏移地址赋值给 SI
　　　　　LEA   DI,S2   ;目的串偏移地址赋值给 DI
　　　　　MOV   CX,5   ;设置循环次数,位于循环体外部
　　NEXT:LODSB   ;将 S1 的数据存入 AL
　　　　　　ADD AL,ES:[DI]   ;将 S1 与 S2 对应元素相加,结果在 AL 中
　　　　　STOSB   ;将 AL 数据存入 ES:[DI]
　　　　　　　LOOP NEXT   ;循环执行,到 CX-1=0,即相加5次退出循环
　　　　　RET

5. 中断指令

中断分为外部中断和内部中断两种。外部中断又称为硬件中断,是外部硬件设备需要与 CPU 交换数据时,通过外部设备接口向 CPU 的中断请求信号引脚发出有效的中断请求信号引起的。内部中断由 CPU 执行中断指令产生。与中断有关的指令有中断指令 INT、溢出中断指令 INTO 和中断返回指令 IRET。

1）中断指令 INT

格式:INT OPRD

功能：
① 标志寄存器压入堆栈
② 清中断允许标志 IF 和单步标志 TF
③ PUSH　CS　　　;CS 入栈
④ PUSH　IP　　　;IP 入栈
⑤ IP ←[OPRD ×4]
⑥ CS ←[OPRD ×4+2]

说明：OPRD 为中断类型号，其值在 0~255 范围内。中断指令 INT 只影响 IF 和 TF，不影响其他标志位。

2）溢出中断指令 INTO
格式：INTO
功能：
① 标志寄存器压入堆栈
② 清中断允许标志 IF 和单步标志 TF
③ PUSH　CS　　　;CS 入栈
④ PUSH　IP　　　;IP 入栈
⑤ IP ←[10H]
⑥ CS ←[12H]

说明：溢出中断指令 INTO 的中断类型号为 4。当运算结果使 OF = 1 时产生溢出中断。该指令只影响 IF 和 TF，不影响其他标志位。

3）中断返回指令 IRET
格式：IRET
功能：IP、CS 和标志寄存器依次出栈，使 CPU 返回主程序断点处继续顺序执行。
说明：中断返回指令 IRET 是中断服务子程序执行的最后一条指令，指令执行后将退出中断处理过程，返回到中断发生时的主程序断点处。该指令影响所有标志位。

有关中断技术的详细内容参见本书第 8 章。

4.3.6　处理器控制类指令

处理器控制类指令分为标志操作指令和处理器协调指令。

1. 标志操作指令

标志操作指令用于控制各标志位，主要是对 CF、DF 和 IF 标志位进行置/复位操作，如表 4-7 所列。这组指令只影响指令指定的标志位，不影响其他标志位。

表 4-7　标志操作指令

指令格式	执行操作
CLC	清进位标志，CF = 0
STC	置进位标志，CF = 1
CMC	进位标志取反
CLD	清方向标志，DF = 0

(续)

指 令 格 式	执 行 操 作
STD	置方向标志,DF=1
CLI	关中断允许标志,IF=0,禁止外部的可屏蔽中断请求
STI	开中断允许标志,IF=1,允许外部的可屏蔽中断请求

2. 处理器协调指令

处理器协调指令用于控制处理器的工作状态,如表4-8所列。这组指令不影响标志位。

表4-8 处理器协调指令

指 令 格 式	执 行 操 作
HLT	处理器处于暂停状态,不执行指令
WAIT	处理器处于等待状态,TEST引脚为低电平时退出等待
LOCK	封锁总线指令,可加在任一条指令前作为前缀
NOP	空操作指令,常用于程序的延时或调试

习 题

4.1 假设已知(DS)=2900H,(ES)=2100H,(SS)=1500H,(SI)=00A0H,(BX)=0100H,(BP)=0010H,数据段中变量名VAR的偏移地址为0050H,试指出下列指令中源操作数的寻址方式。若操作数存放在存储器中,请给出其物理地址。

(1) MOV　AX,0ABH
(2) MOV　AX,BX
(3) MOV　AX,[100H]
(4) MOV　AX,VAR
(5) MOV　AX,[BX]
(6) MOV　AX,ES:[BX]
(7) MOV　AX,[BP]
(8) MOV　AX,[BX+10]
(9) MOV　AX,VAR[BX]
(10) MOV　AX,[BX][SI]
(11) MOV　AX,[BP][SI]
(12) MOV　AX,[BX+SI+100H]

4.2 现有(DS)=2000H,(BX)=0100H,(SI)=0002H,(20100H)=12H,(20101H)=34H,(20102H)=56H,(20103H)=78H,(21200H)=2AH,(21201H)=4CH,(21202H)=B7H,(21203H)=65H,试说明下列各条指令执行后AX寄存器的内容。

(1) MOV　AX,1200H
(2) MOV　AX,BX

(3) MOV   AX,[1200H]
(4) MOV   AX,[BX]
(5) MOV   AX,1100H[BX]
(6) MOV   AX,[BX+SI]
(7) MOV   AX,[BX+SI+1100H]

4.3　判断下列指令书写是否正确,如不正确请改正。

(1) MOV   AL,BX
(2) MOV   AL,SL
(3) INC   [BX]
(4) MOV   5,AL
(5) MOV   [BX],[SI]
(6) XCHG BL,40H
(7) MOV   DX,2000H
(8) POP   CS
(9) MOV   ES,3278H
(10) PUSH AL
(11) POP   [BX]
(12) MOV   [AX],23DH
(13) SHL   AX,5
(14) MUL   AX,BX
(15) MOV   DS,SS
(16) IN   AL,160H

4.4　设堆栈指针 SP 的初值为 1000H,(AX)=2000H,(BX)=3000H,试问:

(1) 执行指令 PUSH AX 后,(SP)= _____。

(2) 再执行指令 PUSH BX 和 POP AX 后,(SP)= _____,(AX)= _____,(BX)= _____。

4.5　如果要从 200 中减去 AL 中的内容,用指令 SUB 200,AL 是否正确? 如果不正确,应如何实现?

4.6　分析程序,回答问题。

```
BEGIN:IN     AL,20H
      TEST   AL,80H
      JZ     L
      MOV    AH,0FFH
      JMP    STOP
L:    MOV    AH,0
STOP: HLT
```

请问在什么条件下,本段程序执行后 AH 中内容为 0。

4.7　设寄存器初值(AX)=20BCH,(DX)=45A2H,按要求写出连续执行下列指令后相应寄存器中的内容。

```
MOV   CL,04H
SHL   DX,CL    ;(DX)=    ①
MOV   BL,AH
SHL   AX,CL    ;(AX)=    ②
SHR   BL,CL    ;(BL)=    ③
XOR   DL,BL    ;(DX)=    ④
```

4.8 阅读下列程序段,回答问题。
```
IN    AL,82H
XOR   AH,AH
ADD   AX,AX
MOV   BX,AX
MOV   CX,2
SHL   BX,CL
ADD   AX,BX
```
(1) 说明程序的功能。
(2) 若从 82H 端口读入的数据为 05H,执行程序段后(AX)=_____。

4.9 设置 CX=0,则 LOOP 指令将循环多少次?
```
      MOV  CX,0
DELAY: LOOP DELAY
```

4.10 分别写出实现如下功能的程序段。
(1) 双字减法(被减数 7B1D2A79H,减数 53E2345FH)。
(2) 将 AX 中间 8 位,BX 低 4 位,DX 高 4 位拼成一个新字。

第 5 章 汇编语言程序设计

汇编语言是一种以微处理器指令系统为基础的程序设计语言。利用汇编语言编写程序的主要优点是可以直接、有效地控制计算机硬件,因而容易创建目标代码较短、运行快速的可执行程序。

本章首先介绍汇编语言程序格式和汇编语言的语句格式,然后介绍常用的汇编语言伪指令和汇编语言程序设计的基本方法。

5.1 汇编语言程序概述

5.1.1 汇编语言程序的开发过程

计算机最终能够理解并执行的是以二进制代码表示的机器语言指令。由于机器语言指令不易记忆、阅读和理解,因此人们使用符号语言编写程序,这种符号语言称为汇编语言。汇编语言用助记符表示操作码,用符号或符号地址表示操作数或操作数地址,且与机器指令一一对应。按严格的语法规则用汇编语言编写的程序,称为汇编语言源程序,简称为汇编源程序或源程序。将汇编源程序翻译成一一对应的机器码目标程序的过程称为汇编过程或简称汇编。汇编(过程)由汇编程序完成。

常用的汇编程序有 MASM 和 TASM,分别为 Microsoft 公司和 Borland 公司所开发的汇编程序。需要注意的是,不同的汇编程序版本支持的伪指令会有所不同,汇编程序的版本越高,支持的伪指令越多,功能也越强。汇编语言程序的开发过程大致包括源程序的编辑、汇编和目标程序的连接、可执行程序的调试,如图 5-1 所示。

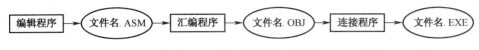

图 5-1 汇编语言程序开发过程

1. 源程序的编辑

打开文本编辑器(如 EDIT),输入并编辑一个汇编语言源程序,如:
C:\>EDIT 文件名
要求编辑完成的文件扩展名为 .ASM。

2. 源程序的汇编

汇编是将源程序翻译成由机器码组成的目标文件的过程。源程序经过 MASM 汇编后,可产生 3 个文件:扩展名为 .OBJ 的目标程序,扩展名为 .LST 的列表文件和扩展名为 .CRF 的交叉引用文件。在汇编过程中,如果发现源程序有语法错误,MASM 将给出相应的错误信息。这时应返回文本编辑器修改源程序,再进行汇编,直到程序正确无误。

汇编时,可以在 DOS 操作系统下直接调用宏汇编程序 MASM.EXE,如:
C:\>MASM 文件名.ASM

3. 目标程序的连接

源程序经过汇编后产生的目标程序,必须经过连接后才能运行。连接程序能把一个或多个独立的目标文件和库文件合成一个可执行文件(扩展名为.EXE 或.COM),如:
C:\>LINK 文件名.OBJ

4. 可执行程序的调试

经汇编、连接生成的可执行程序在操作系统下只要输入文件名就可以运行,如:
C:\>文件名.EXE

如果出现运行错误,可以从源程序开始排错,也可以利用调试程序(如 DEBUG.EXE)帮助发现错误,如:
C:\>DEBUG 文件名.EXE

5.1.2 汇编语言程序格式

汇编语言程序有规定的书写格式:完整段定义格式和简化段定义格式。完整段定义格式可以提供较多的段属性,是 8086/8088 的常用格式;简化段定义格式简洁清晰,使用方便,但只有 MASM 5.0 以后的版本才支持简化段定义。

完整段定义格式如下:

```
段名1    SEGMENT    STACK              ;定义堆栈段
         ……(段体)
段名1    ENDS                          ;堆栈段结束
段名2    SEGMENT                       ;定义数据段
         ……(段体)
段名2    ENDS                          ;数据段结束
段名3    SEGMENT                       ;定义代码段
         ASSUME    CS:段名3,DS:段名2,SS:段名1
START:   MOV       AX,DATA
         MOV       DS,AX              ;数据段段地址送 DS
         ……
         MOV       AH,4CH             ;程序结束返回 DOS
         INT       21H
         ……
段名3    ENDS                          ;代码段结束
         ENDSTART
```

汇编语言源程序采用分段结构形式,一个汇编语言源程序由若干个逻辑段组成,通常包括数据段、堆栈段和代码段。每个逻辑段由 SEGMENT 语句开始,由一系列语句组成,由 ENDS 语句结束。整个源程序以 END 语句结束。任何一个汇编语言源程序至少有一个代码段和一条 END 语句,数据段、堆栈段和附加段可以根据实际需要设置,有的源程序可能有多个数据段。

【例 5.1】 计算 X+Y-Z,把结果保存在 ANS 中。

```
STACK_SEG  SEGMENT    STACK                          ;定义堆栈段 STACK_SEG
                      DW    100H DUP(?)              ;分配堆栈段大小为 512 字节
STACK_SEG             ENDS                           ;堆栈段结束
DATA_SEGS             EGMENT                         ;定义数据段 DATA_SEG
X                     DB    10                       ;定义数据
Y                     DB    5
Z                     DB    1
ANS                   DB    ?
DATA_SEG              ENDS                           ;数据段结束
CODE_SEG              SEGMENT                        ;定义代码段 CODE_SEG
                      ASSUME CS:CODE_SEG , DS:DATA_SEG , SS: STACK_SEG
                                                     ;确定 CS／DS／SS 指向的逻辑段
START:                MOV   AX , DATA_SEG            ;装入数据段的段地址 DS
                      MOV   DS , AX
                      MOV   AL , X                   ;程序代码
                      ADD   AL , Y
                      SUB   AL , Z
                      MOV   ANS , AL
                      MOV   AX , 4C00H               ;返回 DOS
                      INT   21H
CODE_SEG              ENDS                           ;代码段结束
                      END   START                    ;汇编结束,程序起始点为 START
```

5.1.3 汇编语言程序语句格式

汇编语言程序中的语句有 3 类:指令语句、伪指令语句和宏指令语句,宏指令语句是指令语句和伪指令语句的复合体。宏指令是将程序中多次使用的程序段定义为一条指令,即以一条宏指令代替所定义的程序段,使程序简练清晰。无论是指令语句还是伪指令语句,通常一条语句占一行,超过一行时必须用续行符号"&"指示,两条语句不能写在同一行。

1. 指令语句

指令语句又称执行性语句,是由指令系统中的指令构成的语句,经汇编程序汇编后能产生对应的机器指令代码,在形成执行文件时执行。

指令语句的完整格式为:

[标号:]指令助记符 [操作数][,操作数][;注释]

1) 标号

标号是用户定义的标识符,由字母开头的字符串组成,以冒号":"结束,表示一条指令的符号地址。标号最长 31 个字符,由字母 A ~Z(不区分大小写字母)、数字 0 ~9 和一些特殊符号(如"_"、"?"、"@")组成,数字不能作为标号的第一个字符。标号不能使用系统专用的保留字,如寄存器名、指令助记符等。

标号为可选项,它表明该指令在存储器中的位置。通常,一个程序段或子程序的入口处设置一个标号,在转移指令、循环指令或调用子程序指令中可直接引用这个标号。

2）指令助记符

指令助记符是指令语句中不可省略的部分，它表示语句要求 CPU 完成的具体操作（详见第 4 章）。

3）操作数

操作数是指令操作的对象。根据指令要求，操作数可以有一个、两个或者没有。当有两个操作数时，用逗号","分隔。操作数可以是常量、寄存器名、标号、变量或表达式等。

4）注释

注释为可选项，以分号";"开始，位于操作数之后或一行的开头，是对语句或程序的说明，用以提高程序的可读性和可维护性。汇编过程中不对注释做任何处理。

2. 伪指令语句

伪指令语句又称指示性语句或说明性语句，是由伪指令构成的语句，用于给汇编程序提供一些控制信息，帮助汇编程序正确汇编指令语句。伪指令语句在汇编时执行，不产生对应的机器指令代码。

伪指令语句的完整格式为：

[名字] 伪指令助记符 [参数] [,参数] …… [;注释]

1）名字

名字是用户定义的标识符，为可选项，其命名规则与标号相同。名字可以是常量名、变量名、过程名或段名等。名字和伪指令助记符之间用空格或制表符分隔。

2）伪指令助记符

伪指令助记符是伪指令语句中不可省略的部分，表示语句要求汇编程序完成的具体操作。伪指令不产生 CPU 动作，是在程序执行前由汇编程序处理的说明性指令（详见本书 5.3 节）。

3）参数

参数是对汇编过程的进一步说明，可以是常量、变量、标号、表达式或一些专用符号等。参数的个数由伪指令确定，有多个参数时用逗号","分隔。

4）注释

注释为可选项，是以分号";"开始的字符串，其作用与指令语句中的注释相同。

5.2　汇编语言的数据项与表达式

汇编语言中的数据有常量、变量和标号 3 种基本形式。用运算符或操作符把常量、变量、标号等组合起来可以形成具有一定意义的表达式。表达式的值由汇编程序在汇编过程中确定，而不是在程序执行过程中求得。

1. 常量

常量是汇编时已经确定的常数值，可以是数值和字符。数值常量有多种，常用的有二进制、十进制和十六进制等常量。字符常量是用单引号括起来的单个字符或字符串，在存储器中以其对应的 ASCII 码值存储，如 'A' 存储为 41H。常量主要用于伪指令中给变量赋值，或用作指令语句中的立即数，或存储器寻址方式中的位移量。

2. 变量

变量用于定义存储在存储器中的一个或多个数据，常以变量名的形式出现在程序中。变量名可以认为是存放数据的存储单元的符号地址，变量的值对应存储单元的内容，可以在程序运行过程中随时修改。变量具有段属性、偏移地址属性和类型属性3种属性。

（1）段属性（SEG）：变量所在段的段地址。

（2）偏移地址属性（OFFSET）：变量所表示存储区域中首个存储单元的偏移地址。

（3）类型属性（TYPE）：变量占用存储单元的字节数。属性由变量定义伪指令 DB、DW、DD 等规定。

3. 标号

标号是一条指令的目标代码的符号地址，用于表明该指令在存储器中的位置，常用作转移类指令的操作数。标号具有段属性、偏移地址属性和类型（距离）属性3种属性。

（1）段属性（SEG）：标号所在段的段地址。

（2）偏移地址属性（OFFSET）：标号的段内偏移地址。

（3）类型（距离）属性（TYPE）：标号在段内使用时属性为 NEAR，是标号的默认类型；标号在段间使用时属性为 FAR。

4. 表达式与运算符

表达式由运算对象和运算符组成，运算对象可以是常量、变量或标号，运算符包括算术运算符、逻辑运算符、关系运算符和数值返回操作符、属性操作符。表达式分为数值表达式和地址表达式。数值表达式产生一个数值结果，地址表达式产生一个存储单元地址。

1）算术运算符

算术运算符有+（加）、-（减）、*（乘）、/（除）、MOD（取余）、SHL（左移）和 SHR（右移）。参加运算的数和运算结果都为整数。除法运算的结果取商的整数部分，MOD 运算结果取其余数。二进制数左移或右移相当于二进制数乘法或除法运算。

只有加、减运算可以使用变量或标号参与运算，表示同一段中偏移地址的增、减，其他算术运算符只适用于常量的运算。

【例 5.2】
```
MOV   AX , 15 * 4 / 7        ;AX = 0008H
ADD   AX , 60 MOD 7          ;AX = 8 + 4 = 12
```
【例 5.3】
```
S1   DB    1,3,5,7,9
     MOV   AL , S1+3          ;AL = 7
```
2）逻辑运算符

逻辑运算符有 AND（与）、OR（或）、XOR（异或）和 NOT（非），只适用于对常量进行逻辑运算，且运算按位进行。

【例 5.4】
```
MOV   AL , NOT 10101010B              ;AL = 01010101B
OR    AL , 10100000B OR 00000101B     ;等效于 OR AL,10100101B
```
3）关系运算符

关系运算符有 EQ（等于）、NE（不等于）、LT（小于）、LE（小于等于）、GT（大于）、GE

(大于等于),用于比较两个常量或同段内的变量。若是常量,按无符号数比较;若是变量,则比较存储地址的偏移量。比较结果以真(全"1")或假(全"0")形式给出。

【例 5.5】

```
MOV   AL , 64H EQ 100              ;AL=0FFH
MOV   BH , 0FH NE 1111B            ;BH=00H
```

4) 数值返回操作符

数值返回操作符有 SEG(返回段地址)、OFFSET(返回偏移地址)、TYPE(返回类型属性)、LENGTH(返回个数)、SIZE(返回字节数)。数值返回操作符的操作对象必须是存储器操作数,即变量或标号,返回结果以数值形式表示。

(1) SEG 和 OFFSET

SEG 和 OFFSET 分别返回变量或标号所在段的段地址和段内偏移地址。

【例 5.6】

```
MOV   BX , SEG BUF                 ;BX←变量 BUF 的段地址
MOV   AX , OFFSET START            ;AX←标号 START 的偏移地址
```

(2) TYPE

变量类型属性可以为字节、字、双字等,用数值表示其所占存储单元字节数;标号类型属性可以为近、远,数值没有物理意义。变量和标号类型属性与返回数值的对应关系如表 5-1 所列。

表 5-1 变量和标号类型属性与返回数值的对应关系

变量/标号属性	TYPE 返回数值
字节变量	1
字变量	2
双字变量	4
三字变量	6
四字变量	8
十字变量	10
标号 NEAR	-1
标号 FAR	-2

【例 5.7】

```
MOV   BL , TYPE VAR                ;VAR 类型属性为字,BL=2
```

(3) LENGTH 和 SIZE

LENGTH 和 SIZE 一般用于以 DUP 定义的存储器操作数。LENGTH 返回分配给指定存储器操作数的元素个数;SIZE 返回的是分配给指定存储器操作数的总字节数,返回值等于 TYPE×LENGTH。

【例 5.8】

```
S1   DB   5 DUP(0)
S2   DW   100 DUP(?)
S3   DB   1,2,3,4,5
     MOV  AL , SIZE S1             ;AL=1×5=5
```

```
        MOV    BL , SIZE S2            ;BL = 2×100 = 200
        MOV    CL , SIZE S3            ;CL = 1×1 = 1
```

5) 属性操作符

属性操作符用来给指令中的操作数指定一个临时属性。

(1) PTR 操作符

PTR 操作符对变量或标号的类型属性进行有关设置。指定的属性可以是 BYTE(字节)、WORD(字)、DWORD(双字)、FWORD(三字)、QWORD(四字)、TBYTE(十字节),或者是 NEAR(近)、FAR(远)。PTR 操作符格式如下:

<指定类型> PTR <表达式>

【例 5.9】

```
VAR1    DB     1 , 2                   ;VAR1 为字节类型变量
VAR2    EQU    WORD PTR VAR1
        MOV    AL , VAR1               ;AL = 01H
        MOV    AX , WORD PTR VAR1      ;AX = 0201H,VAR1 属性暂时为字
        MOV    AX , VAR2               ;AX = 0201H
```

(2) THIS

EQU THIS 连用,将其后的类型属性赋给当前的变量或标号。

【例 5.10】 VAR1 和 VAR2 具有相同的地址,属性不同。

```
VAR1    EQU THIS   BYTE                ;VAR1 为字节属性
VAR2    DW    5678H                    ;VAR2 为字属性
        MOV    AL , VAR1               ;AL = 78H
        MOV    AX , VAR2               ;AX = 5678H
```

(3) LABEL

LABEL 等价于 EQU THIS。

【例 5.11】

```
VAR1    LABEL   BYTE                   ;VAR1 为字节属性
VAR2    DW    5678H                    ;VAR2 为字属性
```

6) 其他运算符

(1) HIGH/LOW 运算符

HIGH/LOW 运算符用于分离运算对象的高字节和低字节部分。

【例 5.12】

```
MOV  AH , HIGH 1234H    ;AH = 12H
MOV  AL , LOW 1234H     ;AL = 34H
```

(2) $ 运算符

$ 运算符表示当前存储单元的偏移地址。

5.3 汇编语言的伪指令

1. 变量定义伪指令

常用的变量定义伪指令有 DB、DW、DD、DF、DQ、DT 等,分别用于定义字节、单字、双

字、三字、四字及十字节等类型变量。

格式:[变量名] DB/DW/DD/DF/DQ/DT 表达式1,表达式2,……

功能:用来分配存储单元及定义所存数据的长度,同时也可对所分配的存储单元赋初值。

说明:变量名可选,为用户自定义的标识符。DB/DW/DD/DF/DQ/DT 必须选用其中之一。表达式可以有以下几种形式。

1) 数值表达式

变量具有表达式给定的数值初值,即为数值分配存储单元,并用变量名作为该存储单元的名称。

【例 5.13】

```
VAR1    DB    01H,-1
VAR2    DW    1234H,78H
```

程序执行后,数据段中的6个内存单元依次被赋值,如图5-2所示。

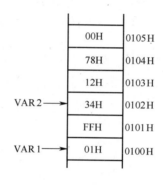

图 5-2 变量定义

【例 5.14】

```
VAR    DW    4*10H            ;VAR 为字类型,初值为 64
```

2) 字符串

字符串可作为表达式,在存储单元中保存为字符的 ASCII 码。当使用伪指令 DB 定义字符串时,将按照从左到右的顺序为串中的每个字符分配一个字节存储单元。字符串要用引号括起,单双引号均可,且不能超过 255 个字符。

当使用伪指令 DW 定义字符串时,字符的个数不能超过 2 个,内存单元中高地址存放引号中前一个字符的 ASCII 码,低地址存放后一个字符的 ASCII 码。若引号中只有一个字符,则内存单元高地址存放 00H。

【例 5.15】

```
DATA1    DB    'ABCDEF'        ;等价于 DATA1    DB    41H,42H,43H,44H,45H,46H
DATA2    DB    '123456'        ;等价于 DATA2    DB    31H,32H,33H,34H,35H,36H
DATA3    DW    'AB','CD'       ;等价于 DATA3    DB    42H,41H,44H,43H
```

3) ? 表达式

? 表达式用于分配(或定义)存储单元,但不赋初值。通常用来预留存储单元,存放程序的中间结果或最终结果。

【例 5.16】

```
ANS1    DB    ?              ;分配 1 个字节单元
ANS2    DW    ?,?,?          ;分配 3 个字单元
```

4) 带 DUP 的表达式

DUP 是重复数据定义操作符,用于定义重复变量,可以嵌套使用。带 DUP 的表达式格式如下:

[变量名]　*n*　DUP(表达式)

其中,括号内的表达式是重复的内容,*n* 是重复次数。

【例 5.17】

```
VAR1    DB    5 DUP(0)           ;等价于 VAR1 DB 0,0,0,0,0
VAR2    DB    2 DUP(3 DUP(3))    ;等价于 VAR2 DB 3,3,3,3,3,3
```

5) 地址表达式

地址表达式的运算结果是一个地址,只能使用 DW 或 DD 定义。DW 将原变量或标号的偏移地址定义为新变量,DD 将原变量或标号的偏移地址和段地址分别定义为新变量的低位和高位字。

【例 5.18】

```
ANS     DB    ?
X1      DW    ANS         ;变量 ANS 的偏移地址值
X2      DD    LABL        ;标号 LABL 的段地址和偏移地址
......
LABL:   MOV   AX,3
```

2. 符号定义伪指令

符号定义伪指令(又称常量定义伪指令)用于给程序中多次出现的同一个常量或表达式赋予一个符号名,以提高程序的可读性和通用性。

格式:符号名 EQU(或 =)表达式

功能:将符号名定义为一个常量、表达式或一条可执行指令,或为变量、标号定义新的类型属性并赋予新的名字。

说明:EQU 与"="具有相同的功能,区别在于"="伪指令定义的符号允许重新定义。符号定义与变量定义的区别在于,符号定义不分配存储单元。

【例 5.19】

```
TEN    EQU   10
       MOV   AX,TEN       ;等价于 MOV AX,10
```

【例 5.20】

```
COUNT = 8                 ;定义 COUNT 值为 8
COUNT = COUNT+2           ;重新定义 COUNT 值为 10
```

3. 段定义伪指令

8086/8088 系统利用存储器分段技术管理存储器信息,各段的定义由段定义伪指令实现。

格式:

段名　SEGMENT　[定位类型]　[组合类型]　['类别']

……（段体）
　　段名　ENDS
　　功能：定义汇编程序中的某一段。
　　说明：SEGMENT 伪指令定义一个逻辑段的开始，ENDS 伪指令表示一个段的结束。段名为该段的名字，开始和结束的段名必须一致。定位类型、组合类型和类别可选，也可以默认。选两个以上时，必须按格式中的顺序书写。当某段作为堆栈使用时，至少应有组合类型 STACK。

（1）定位类型
　　表示对段起始边界的要求，有 PAGE（页）、PARA（节）、WORD（字）和 BYTE（字节）4 种类型。

（2）组合类型
　　表示段与段之间的关系，指出如何链接不同模块中的同名段，有 NONE、PUBLIC、COMMON、AT（数值表达式）、STACK 和 MEMORY 共 6 种类型。将不同模块中的同名段按照指定的方式组合，既便于程序运行，又可有效使用存储空间。

（3）类别
　　用单引号括出来，在汇编程序连接时将所有类别相同的逻辑段组成一个段组。

【例 5.21】 堆栈段定义。
```
STACK_SEG   SEGMENT   STACK        ;定义堆栈段 STACK_SEG
            DW  100H  DUP(?)       ;分配堆栈段的大小 512 字节
STACK_SEG   ENDS                   ;堆栈段结束
```

4. 指定段寄存器伪指令
　　格式：ASSUME 段寄存器：段名[，段寄存器名：段名，……]
　　功能：建立段寄存器与逻辑段的默认关系，明确程序中各段与段寄存器之间的关系。
　　说明：ASSUME 伪指令并不为段寄存器设定初值，所以在源程序中，首先必须为 DS 赋值。如果程序中使用了附加段，还要为 ES 赋值。而连接程序 LINK 将自动设置 CS：IP 和 SS：SP。

【例 5.22】
```
DATA    SEGMENT
BUF     DB  20H DUP(?)
DATA    ENDS
CODE    SEGMENT
        ASSUME CS:CODE,DS:DATA
        MOV  AX , DATA
        MOV  DS , AX
        ……
```

5. 过程定义伪指令
　　在程序设计中，可将具有一定功能的程序段看成一个过程（子程序），它可以被其他程序调用。过程的定义由一对过程伪指令 PROC 和 ENDP 完成。
　　格式：
　　过程名　PROC　[NEAR/FAR]

……（过程体）
　　　　RET
过程名　ENDP

功能:定义一个过程,并说明其类型是 NEAR(默认)或 FAR。

说明:过程的调用与返回是由指令 CALL 和 RET 来完成的,所以过程体中至少应有一条 RET 指令,以便返回调用处。ENDP 表示过程结束。过程定义的位置应在返回 DOS 后,汇编结束前。

6. 定位伪指令

格式:ORG　表达式

功能:规定了在某一段内,程序或数据代码存放的起始偏移地址。

说明:ORG 伪指令后生成的目标代码,从表达式提供的偏移地址开始存放。

【例 5.23】
```
     ORG  0100H
     DW   1,2,$+4,$+4
VAR1 DB   12,23,34
LEN  EQU  $-VAR1
```

在此例中,[104H]=0108H、[106H]=10AH、LEN=3。

7. 汇编结束伪指令

格式:END [表达式]

功能:表示源程序的结束,即汇编结束。

说明:任何一个完整的源程序均应有 END 指令,其中表达式指明程序开始执行的起始地址。

5.4　汇编语言程序设计基本方法

在 80x86 汇编语言程序中,一个完整的程序一般由若干段构成,如数据段、代码段、堆栈段,有时还有附加段。这些段分别由段定义伪指令定义,其中的核心是代码段,程序的设计主要指代码段的设计。根据代码段的结构特点,程序设计有顺序、分支、循环和子程序设计 4 种基本方法。程序设计的一般步骤如下:

(1) 分析问题,确定算法。通过对问题的仔细分析,建立相应的数学模型,选择合理恰当的算法。此步骤决定程序的质量。

(2) 绘制流程图。根据算法,采用流程图直观地描述求解问题的先后次序。此步骤对初学者特别重要。

(3) 编写程序。根据流程图,选择适合的指令实现要求的功能,编写相应的程序。

(4) 上机调试。通过上机调试、运行,确定程序的正确性。

5.4.1　顺序程序设计

顺序程序是最简单、最基本的程序。顺序程序运行时,按照指令序列顺序执行,无分支,无循环,无转移,每一条指令在执行过程中只执行一次,如图 5-3 所示。

【例 5.24】 编写程序,完成 X+Y-Z 的计算。

解:
```
DATA    SEGMENT              ;定义数据段
    X    DB      10
    Y    DB      5
    Z    DB      1
    ANS  DB      ?
DATA    ENDS
CODE    SEGMENT              ;定义代码段
        ASSUME CS:CODE,DS:DATA
START:  MOV    AX , DATA
        MOV    DS , AX
        MOV    AL , X         ;计算 X+Y-Z
        ADD    AL , Y
        SUB    AL , Z
        MOV    ANS , AL
        MOV    AH , 4CH       ;返回 DOS
        INT    21H
CODE    ENDS
        END    START          ;汇编结束
```

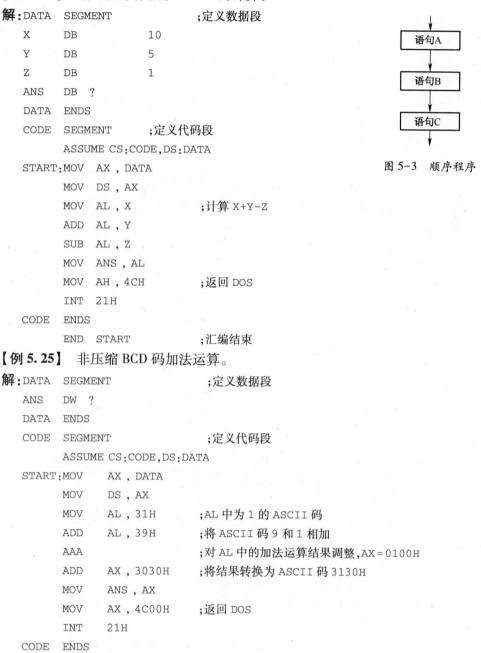

图 5-3 顺序程序

【例 5.25】 非压缩 BCD 码加法运算。

解:
```
DATA    SEGMENT              ;定义数据段
    ANS  DW      ?
DATA    ENDS
CODE    SEGMENT              ;定义代码段
        ASSUME CS:CODE,DS:DATA
START:  MOV    AX , DATA
        MOV    DS , AX
        MOV    AL , 31H       ;AL 中为 1 的 ASCII 码
        ADD    AL , 39H       ;将 ASCII 码 9 和 1 相加
        AAA                   ;对 AL 中的加法运算结果调整,AX=0100H
        ADD    AX , 3030H     ;将结果转换为 ASCII 码 3130H
        MOV    ANS , AX
        MOV    AX , 4C00H     ;返回 DOS
        INT    21H
CODE    ENDS
        END    START          ;汇编结束
```

5.4.2 分支程序设计

分支程序有二分支结构和多分支结构两种形式,如图 5-4 所示。这两种形式都要求先对条件进行判定,然后根据判定结果确定执行哪个分支,判定一次只能有一个分支被执行。程序的分支一般用条件转移指令实现。

【例 5.26】 比较字符串是否相同,相同输出"Y",不同输出"N"。

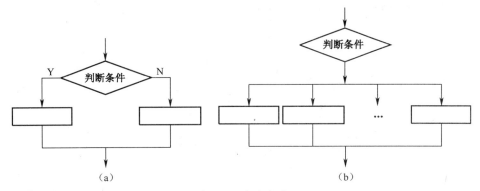

图 5-4 分支程序
(a)二分支结构;(b)多分支结构。

解:
```
DATA_SEG    SEGMENT                        ;定义数据段 DATA_SEG
  STR1      DB    'test string'
  STR2      DB    'test string'
  LEN       = ( $-STR1)/2
DATA_SEG    ENDS                           ;数据段结束
CODE_SEG    SEGMENT                        ;定义代码段 CODE_SEG
            ASSUME CS:CODE_SEG , DS:DATA_SEG , ES:DATA_SEG
                                           ;确定 CS/DS/SS 指向的逻辑段
START:      MOV   AX , DATA_SEG            ;设置数据段的段地址 DS
            MOV   DS , AX
            MOV   ES , AX
            CLD                            ;程序代码
            MOV   SI , OFFSET STR1
            MOV   DI , OFFSET STR2
            MOV   CX , LEN
            REPE  CMPSB                    ;ZF=1 且 CX≠0,重复比较
            JNZ   NO_MATCH                 ;判断停止重复的原因
            MOV   DL , 'Y'                 ;DOS 功能调用输出字符
            MOV   AH , 02H
            INT   21H
            JMP   EXIT_HERE
NO_MATCH:   MOV   DL , 'N'
            MOV   AH , 02H
            INT   21H
EXIT_HERE:  MOV   AX , 4C00H               ;返回 DOS
            INT   21H
CODE_SEG    ENDS                           ;代码段结束
            END   START                    ;汇编结束
```

5.4.3 循环程序设计

循环程序的结构分为两种形式:一种是先判断循环条件,再执行循环体;另一种是先

执行循环体,再判断循环条件,如图 5-5 所示。

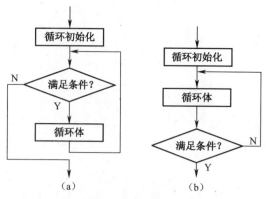

图 5-5 循环程序
(a)先判断循环条件,再执行循环体结构;(b)先执行循环体,再判断循环条件结构。

循环程序一般由初始化部分、循环体、控制部分和结束部分组成。循环控制部分本应属于循环体的一部分,但由于它是循环程序设计的关键,所以单独提出来。每一个循环体必须选择一个循环控制条件来控制循环的运行和结束,因此合理地选择控制条件是循环程序设计的关键。

循环控制的方法有计数控制法、条件控制法和混合控制法。计数控制法适用于循环次数已知的程序,分为加 1 计数和减 1 计数。条件控制法适用于循环次数未知的程序,或循环次数可变的程序,通过测试设定的条件是否满足控制循环是否结束。混合控制法是上面两种方法的结合,即到达预定的循环次数或满足了退出循环的条件时循环结束。

【例 5.27】 将数组 VEC1 和 VEC2 中的元素逐个相加,结果保存在数组 VEC3。

解:
```
DATA    SEGMENT                 ;定义数据段
VEC1    DB  1,2,5,6
VEC2    DB  3,5,6,1
VEC3    DB  ?,?,?,?
DATA    ENDS
CODE    SEGMENT                 ;定义代码段
        ASSUME CS:CODE,DS:DATA
START:  MOV AX,DATA
        MOV DS,AX
        LEA SI,VEC1             ;地址指针
        LEA BX,VEC2
        LEA DI,VEC3
        MOV CX,4
SUM:    MOV AL,[SI]
        ADD AL,[BX]             ;VEC1+VEC2
        MOV [DI],AL             ;结果保存在 VEC3
        INC SI                  ;指针加 1,指向下一个元素
        INC BX
        INC DI
```

```
            LOOP  SUM
            MOV   AX , 4C00H         ;返回 DOS
            INT   21H
    CODE    ENDS
            END   START              ;汇编结束
```

5.4.4 子程序设计

子程序又称过程,是程序设计中经常使用的程序结构,通常把一些功能相对独立的或在程序中多次反复出现的程序段设计成子程序,以提高程序设计的效率和可靠性。

主程序与子程序之间通常需要传递数据。主程序提供给子程序的初始数据称为入口参数,而子程序返回给主程序的结果称为出口参数。主程序与子程序之间的参数传递方式主要有 3 种:寄存器传递、存储器传递和堆栈传递。此外,子程序所使用的寄存器和存储单元往往需要保护,以免影响返回后主程序的运行。

【例 5.28】 调用 DISP 过程,在显示器屏幕上显示"OK"。

```
解:DATA      SEGMENT               ;定义数据段
    STRINGDB  'OK' , 0DH , 0AH , '$'
    DATA      ENDS
    CODE      SEGMENT               ;定义代码段
              ASSUME CS:CODE , DS:DATA
    START:    MOV   AX , DATA
              MOV   DS , AX
              MOV   DX , OFFSET STRING
              CALL  DISP
              MOV   AX,4C00H        ;返回 DOS
              INT   21H
    DISP      PROC  NEAR            ;定义过程 DISP
              PUSH  AX              ;入栈保护寄存器
              MOV   AH , 09H        ;选择功能号 09H
              INT   21H             ;执行 DOS 功能调用
              POP   AX              ;出栈恢复寄存器
              RET                   ;从过程返回
    DISP      ENDP
    CODE      ENDS
              END   START           ;汇编结束
```

在这个例子中,过程 DISP 中利用 21H 中断,实现功能号为 09H 的 DOS 功能调用,在屏幕显示字符串。

5.4.5 系统功能调用

当程序需要与外设进行数据输入或输出时,可以采用中断程序形式调用系统提供的功能,即直接调用系统提供的具有各种功能的子程序,简化程序设计。系统提供两种功能调用:DOS(Disk Operating System)功能调用和 BIOS(Base Input/Output System)功能调用。

系统功能调用的基本步骤如下:
(1) 在 AH 寄存器中设置功能调用号。
(2) 在指定的寄存器中设置调用(入口)参数。
(3) 使用相应的中断指令。
(4) 根据返回(出口)参数分析功能调用的执行情况。

1. DOS 系统功能调用

DOS 系统功能调用使用中断指令 INT 21H 实现,提供 80 多个常用子程序,主要负责设备管理、文件管理和目录管理等,子程序的顺序编号称为功能调用号。

1) 输出单个字符

功能号:AH=02H。

入口参数:DL=输出字符的 ASCII 码。

功能:在显示器当前光标处显示指定的字符,且光标右移一个字符位置。

【例 5.29】 利用 DOS 系统功能调用在显示器输出一个字符。

解:
```
MOV  AH,02H      ;设置功能号,AH=02H
MOV  DL,'K'      ;设置入口参数,DL='K'(DL 为字符的 ASCII 码)
INT  21H         ;DOS 功能调用,显示该字符
```

在进行字符输出时,当输出响铃字符(ASCII 码为 07H)、退格字符(08H)、回车字符(0DH)、换行字符(0AH)时,能自动识别并进行相应处理。

2) 输出字符串

功能号:AH=09H。

入口参数:DS:DX=待显示字符串在内存中的首地址。字符串应以$(24H)结束。

功能:在显示器上显示指定的字符串。

【例 5.30】 利用 DOS 系统功能调用在显示器输出一个字符串。

解:
```
STRING DB 'Hello,World!',0DH,0AH,'$'  ;定义要显示的字符串
      ......
      MOV  AH,09H              ;设置功能号,AH=09H
      MOV  DX,OFFSET STRING    ;设置入口参数,DX=字符串偏移地址
      INT  21H                 ;DOS 功能调用,显示字符串
```

3) 输入单个字符

功能号:AH=01H。

出口参数:AL=输入字符的 ASCII 码。

功能:等待用户从键盘输入一个字符,输入字符后返回,同时在屏幕上显示所输入的字符。若无键按下,则会一直等待,直到有键按下时读取该键值。按 Ctrl+Break 组合键退出。

【例 5.31】 判断按键是 Y 还是 N。

解:
```
MOV  AH,01H      ;设置功能号,AH=01H
INT  21H         ;有按键时,AL=按键的 ASCII 码
CMP  AL,'Y'
JZ   KEYYES      ;是 Y 转移到 KEYYES 执行
CMP  AL,'N'
```

```
        JZ    KEYNO              ;是 N 转移到 KEYNO 执行
```

4) 输入字符串

功能号:AH=0AH。

入口参数:DS:DX=缓冲区首地址。缓冲区第一字节为缓冲区大小,填写计划输入字符数(包括回车字符),最大为 255。

出口参数:输入字符串存储在 DS:DX 指示的缓冲区。第二字节存放实际输入字符数(不包括回车字符),在输入字符串后系统自动填写。从第三字节开始存放输入的字符串。实际输入字符数少于预设数时,剩余内存缓冲区填写"0";实际输入字符数多于预设数时,多出的字符会自动丢弃且响铃。

功能:等待用户从键盘输入字符,字符串输入以回车键结束。

【例 5.32】 利用 DOS 系统功能调用从键盘输入一个字符串。

解:
```
    SBUF  DB    21                ;定义缓冲区,第一字节为输入的最大字符数
          DB    0                 ;用于存放实际输入的字符数
          DB    21 DUP(0)         ;用于存放输入的字符串
          ……
          MOV   AX , SEG SBUF     ;取得 SBUF 的段地址
          MOV   DS , AX           ;设置数据段 DS,如在程序开始处已设置,此处可省略
          MOV   DX , OFFSET SBUF  ;设置缓冲区偏移地址
          MOV   AH , 0AH          ;设置功能号
          INT   21H               ;系统功能调用
```

2. BIOS 功能调用

由于 BIOS 功能调用比 DOS 系统功能调用更接近硬件,因此 DOS 系统功能调用能完成的功能 BIOS 功能调用都能完成,反之则不然。与 DOS 系统功能调用相比,BIOS 功能调用运行速度更快,功能更强大,不受任何操作系统的约束,但调用较复杂。

1) 输出单个字符

中断类型:10H。

功能号:AH=0EH。

入口参数:AL=字符的 ASCII 码,BL=字符的颜色值(图形方式),BH=页号(字符方式)。

功能:在光标处显示该字符,光标自动移到下一个字符位置。

2) 输入单个字符

中断类型:16H。

功能号:AH=0。

出口参数:AL=输入字符 ASCII 码,AH=扫描码。

功能:从键盘输入字符。

【例 5.33】 用 BIOS 功能调用显示按下的标准 ASCII 码字符。

解:
```
    MOV   AH , 0          ;设置功能号
    INT   16H             ;键盘功能调用
    MOV   BX , 0
    MOV   AH , 0EH
```

```
        INT   10H                    ;显示输入的字符
```
3) 判断是否有按键

中断类型:16H。

功能号:AH=1。

出口参数:若 ZF=1,表示无键按下;若 ZF=0,则表示有键按下,且 AX=按键代码。

功能:取键盘状态。

习　题

5.1　画图说明下列语句分配的存储空间及初始化的数据值。

(1) VAR1　DB　12,34H,'ABCD',2 DUP(?,2)

(2) VAR2　DW　1234H,'AB','CD',?,2 DUP(?,2)

5.2　下面两条指令有什么区别?

```
        X1  EQU 100H
        X2  =100H
```

5.3　假设程序中数据定义如下,问 DLENGTH 的值是多少?

```
        DATA1    DW ?
        DATA2    DB 32 DUP(?)
        DATA3    DD ?
        DLENGTH  EQU $-DATA1
```

5.4　执行下列指令后,AX 寄存器中的内容是什么?

```
        START DW  10H,20H,30H,40H,50H
        EE1   DW3
              ……
              MOV  BX,OFFSET START
              ADD  BX,EE1
              MOV  AX,[BX]
```

5.5　设 BX=1103H,则执行下列指令后 AX 和 CX 各位多少?若 BX=03H,则结果又如何?

```
        MOV  AX,BX AND 0FFH
        MOV  CX,BX EQ 1103H
```

5.6　下列程序段执行后,寄存器 AX、BX 和 CX 中的内容分别是什么?

```
                  ORG    0202H
        DATAW     DW     20H
                  MOV    AX,DATAW
                  MOV    BX,OFFSET  DATAW
                  MOV    CL,BYTE  PTR  DATAW
                  MOV    CH,TYPE  DATAW
```

5.7　编写程序段计算下面表达式的值(各变量均为字节变量):$Z=((X-Y)/10+W)\times 4$。

5.8 比较两个无符号数 X_1 和 X_2 的大小,把其中的大数存入 MAX 单元。试编写程序。

5.9 设某数据块存放在 BUFFER 开始的 100 个字节单元中,试编程统计数据块中负数的个数,并将统计结果存放到 NUMBER 单元中。

5.10 三个数据区 M1、M2、M3 中分别存放 30 名学生三门课程的成绩(百分制),编写子程序计算每名学生三门课程的平均分,并存放在数据区 M4 中。

第6章 微型计算机存储器

6.1 概　　述

存储器是现代计算机中关键的、必不可少的、用来存储信息的部件。它由一些具有记忆功能、表示二进制"0"和"1"状态的物理器件组成,这些物理器件构成了一个个记忆单元,8个记忆单元构成了1个存储单元,许多存储单元和相关的控制电路组织在一起构成了存储器。

按存取速度和用途的不同可把存储器分为两大类:一类是内部存储器(也称主存储器)简称内存或主存;另一类是外部存储器(也称辅助存储器),简称外存或辅存。

内存是计算机的重要组成部分,与 CPU 一起构成计算机的主机,用来存储当前正在使用的、或者经常使用的程序和数据。内存具有存取速度快、CPU 可直接进行访问的优点,但有一定的容量限制,因为其空间受到地址线条数的限制,如8位微型计算机的地址线条数为16,最大可寻址的内存容量为 $2^{16}=65536$,即64K。在8086/8088微型计算机中,地址总线为20条,内存空间为1MB。

外存主要用来存放当前不参与运行或希望永久性保存的程序和数据,具有存储容量大、价格低的优点,但由于 CPU 不能直接对外存进行访问,外存的信息必须通过专门设备调入内存后,才能被 CPU 所使用,因此访问外存所用时间相对要长。常用的外存有光盘、移动硬盘及 U 盘等。

微型计算机中,CMOS、Cache(高速缓冲存储器)都是存储信息的部件。CMOS 专门存放系统有关参数和硬件设置参数,Cache 则是为加快 CPU 读写速度而在 CPU 与内存之间开辟的快速存取的存储部件。此外,新型的铁电存储器(FRAM)、磁随机存储器(MRAM)既有 RAM 读写速度快的优点,又有 ROM 非易失性的优点,是全新的非易失性 RAM。

本章重点讨论微机中使用的半导体存储器的工作原理、特点和存储器的扩展技术。

6.1.1　半导体存储器的分类

早期的内存使用磁芯。随着大规模集成电路的发展,半导体存储器集成度大大提高,成本迅速下降,存取速度大大加快,所以在微型计算机中,目前内存都使用半导体存储器。

根据存取方式的不同,半导体存储器可分为随机存取存储器(RAM)和只读存储器(ROM)两类。CPU 可以对 RAM 的内容随机地进行读写访问,RAM 中的信息断电后会丢失;ROM 的内容通常只能随机读出而不能写入,断电后信息不会丢失,常用来存放不需要改变的信息,如基本输入输出系统等。

根据制造工艺的不同,随机存取存储器(RAM)主要有双极型和 MOS 型两类。双极型 RAM 具有存取速度快、集成度较低、功耗较大、成本较高等特点,适用于对速度要求较高的高速缓冲存储器;MOS 型 RAM 具有集成度高、功耗低、价格便宜等特点,适用于内存储器。

MOS 型 RAM 按信息存放方式的不同可分为静态 RAM(Static RAM,SRAM)和动态 RAM(Dynamic RAM,DRAM)。SRAM 的存储电路以双稳态触发器为基础,控制电路简单,状态稳定,只要不掉电,信息就不会丢失,但集成度较低,适用于不需要大存储容量的计算机系统;DRAM 的存储单元以电容为基础,电路简单,集成度高,但电容中的电荷由于漏电会逐渐丢失,因此 DRAM 需要定时刷新,适用于大存储容量的计算机系统。

目前,常见的只读存储器(ROM)有掩模式 ROM,用户不可对其编程,其内容已由厂家设定好,不能更改;可编程 ROM(Programmable ROM,PROM),用户只能对其进行一次编程,写入后不能更改;可擦除的 PROM(Erasable PROM,EPROM),其内容可用紫外线擦除,用户可对其进行多次编程;电擦除的 PROM(Electrically Erasable PROM,EEPROM 或 E²PROM),能以字节为单位进行擦除和更改。

半导体存储器的分类如图 6-1 所示。

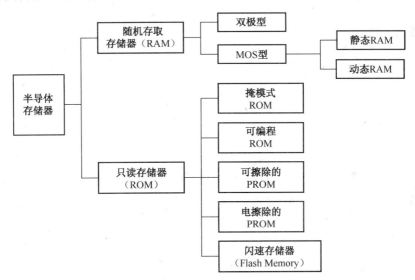

图 6-1 半导体存储器的分类

6.1.2 半导体存储器的结构

如图 6-2 所示,半导体存储器由地址译码器、存储矩阵、三态数据缓冲器和控制逻辑组成。

1. 存储矩阵

存储矩阵是存储器中存储信息的部分,由大量的基本存储电路组成。每个基本存储电路存放一位二进制信息,这些基本存储电路有规则地组织起来(一般为矩阵结构)就构成了存储矩阵,又称存储体。不同存取方式的芯片,采用的基本存储电路也不相同。

存储矩阵中,可以由 N 个基本存储电路构成一个并行存取 N 位二进制代码的存储单元(N 的取值一般为 1、4、8 等)。为了便于信息的存取,给同一存储矩阵内的每个存储单元赋予一个唯一的编号,该编号就是存储单元的地址。对于容量为 2^n 个存储单元的存储

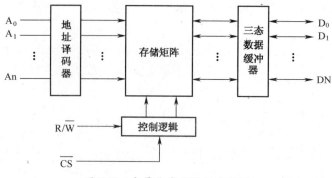

图 6-2　半导体存储器组成框图

矩阵,需要 n 条地址线对其编址,若每个单元存放 N 位信息,则需要 N 条数据线传送数据,芯片的存储容量就可以表示为 $2^n \times N$。

2. 外围电路

外围电路主要包括地址译码器和由三态数据缓冲器、控制逻辑两部分组成的读/写控制电路。

1) 地址译码器

存储芯片中的地址译码器对 CPU 从地址总线发来的 n 位地址信息进行译码,经译码产生的选择信号可以唯一地选中片内某一存储单元,在读/写控制电路的控制下可对该单元进行读/写操作。

芯片内部的地址译码主要有两种方式:单译码方式和双译码方式。单译码方式适用于容量较小的存储芯片,双译码方式适用于容量较大的存储芯片。

(1) 单译码方式。单译码方式只用一个译码电路对所有地址信息进行译码,译码输出选择线直接选中对应的存储单元。以一个简单的 16×4 位的存储芯片为例,如图 6-3 所示。16×4 位的存储器共有 64 个记忆单元,排列成 16 行×4 列的矩阵,每个小方块表示一个记忆单元。电路设有 4 根地址线,经地址译码器译码后可寻址 16(2^4=16)个存储单元,若把每行的所有 4 位看成一个存储单元,使每个存储单元的 4 个记忆单元具有相同的

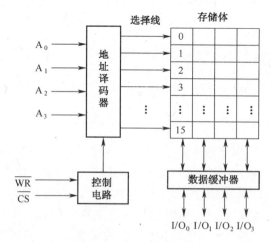

图 6-3　单译码方式

地址码,译码输出的 16 根选择线刚好可以选择 16 个存储单元。每选中一个地址,对应字线的 4 个记忆单元同时被选中。选中的存储单元将与数据位线连通,即可按照要求实现读/写操作。

一根地址译码输出选择线对应一个存储单元,在存储容量较大、存储单元较多的情况下,由于所需地址译码输出选择线较多,因此单译码方式不再适用。例如,一个芯片存储容量为 16KB,若采用单译码方式,对应的就应有 16K 根地址译码输出选择线,显然这是不现实的。

(2) 双译码方式。双译码方式把 n 根地址线分成两部分,分别进行译码,产生一组行选择线 X 和一组列选择线 Y,每一根 X 线选中存储矩阵中位于同一行的所有单元,每一根 Y 线选中存储矩阵中位于同一列的所有单元,当某一单元的 X 线和 Y 线同时有效时,相应的存储单元被选中。图 6-4 所示为容量为 1K×1bit 的存储芯片的双译码电路。1K(2^{10}=1024) 个基本存储电路排成 32×32 的矩阵,10 根地址线分成 $A_4 \sim A_0$ 和 $A_9 \sim A_5$ 两组。$A_4 \sim A_0$ 经 X 译码输出 32 根行选择线,$A_9 \sim A_5$ 经 Y 译码输出 32 根列选择线。行、列选择线组合可以方便地找到 1024 个存储单元中的任何一个。例如,当 $A_4 A_3 A_2 A_1 A_0$=00000、$A_9 A_8 A_7 A_6 A_5$=00000 时,第 0 号单元被选中,通过数据线 I/O 实现数据的输入或输出。图 6-4 中,X 和 Y 向译码器的地址译码输出选择线各有 32 根,总输出线数为 64 根。若采用单译码方式,则需要 1024 根地址译码输出选择线。

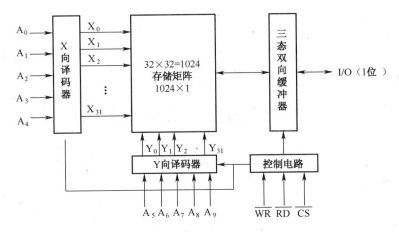

图 6-4 容量为 1K×1bit 的存储芯片的双译码电路

2) 读/写控制电路

读/写控制电路接收 CPU 发来的相关控制信号,以控制数据的输入/输出。三态数据缓冲器是数据输入/输出的通道,数据传输的方向取决于控制逻辑对三态门的控制。CPU 发往存储芯片的控制信号主要有读信号 $\overline{RD}$、写信号 $\overline{WR}$ 和片选信号 $\overline{CS}$ 等。值得注意的是,不同性质的半导体存储芯片其外围电路部分也各有不同,如在动态 RAM 中还要有预充、刷新等方面的控制电路,而对于 ROM 芯片,在正常工作状态下只有输出控制逻辑等。

6.1.3 半导体存储器的主要性能指标

在微型计算机中,内存一般是由半导体器件构成的,衡量半导体存储器的指标有很多,如可靠性、价格、功耗、电源种类等,但从接口角度讲,最为重要的是存储器的存储容量、存取速度和带宽。

1. 存储容量

存储器芯片的容量以二进制数(bit)为最小单位,因此存储器容量是指存储器芯片所能存储的二进制数的位数。存储器容量常用基本单位有 B(Byte)、KB、MB、GB 和 TB 等,它们的相互关系如下:

$$1B = 8bit; 1KB = 2^{10}B = 1024B; 1MB = 2^{10}KB = 1024KB$$
$$1GB = 2^{10}MB = 1024MB; 1TB = 2^{10}GB = 1024GB$$

微型计算机中的信息以字节为单位存储在存储器中。存储器空间大小取决于存储单元的个数和每个存储单元存放的数据位数。因此,存储容量可以表示为:

$$存储器容量 = 存储单元个数 \times 数据位数$$

存储单元个数与存储器的地址线有密切关系,因此存储器芯片的容量完全取决于存储器芯片的地址线条数和数据线的位数。假设存储单元个数为 L,数据线位数用 n 表示,地址线条数用 m 表示,则存储单元个数与地址线的关系为 $m = \log_2(L)$,存储容量 V 与 m、n 之间的关系如下:

$$V = 2^m \times n$$

例如,一个存储器芯片地址线 13 条,数据线 8 条,则存储容量 $V = 2^{13} \times 8$bit,即存储容量为 8KB。再如,一个存储芯片容量为 4096×8bit,说明它有 8 条数据线,4096 个存储单元,地址线的条数为 $m = \log_2(4096) = \log_2(2^{12}) = 12$(条)。

2. 存取速度

存取速度以存储器的存取时间来衡量。它是指从 CPU 给出有效的存储器地址到存储器输出有效数据所需要的时间,一般为几纳秒到几百纳秒,超高速存储器的存取时间已经小于 20ns,中速存储器在 100ns ~ 200ns 之间,低速存储器在 300ns 以上。存取时间越短,则存取速度越快。存储器的存取时间主要与其制造工艺有关,双极型半导体存储器的存取速度高于 MOS 型的存取速度。但随着工艺的提高,MOS 型半导体存储器的存取速度也在不断提高。

存储器的基本操作是读出与写入,称为"访问"或"存取"。存储器的存取速度有两个时间参数:存取时间和存储周期。

(1) 存取时间(Access Time) T_A:从启动一次存储器操作,到完成该操作所经历的时间。例如,在存储器读操作时,从 CPU 给出读出命令到所需要的信息稳定在数据寄存器的输出端之间的时间间隔即为存取时间 T_A。现在超高速存储器的存取时间小于 20ns。

(2) 存储周期(Memory Time) T_{MC}:启动两次独立的存取操作之间所需的最小时间间隔。在完成第一次读操作后,不能立即启动下一次存取操作,需要有一定的延迟时间,因此,存储周期 T_{MC} 略大于存储器的存取时间 T_A,大小取决于主存的具体结构及工作机制。一般半导体存储器的存储周期为 100ns ~ 200ns。

3. 带宽

存储器的带宽指每秒传输数据的总量,通常以 B/s、KB/s、MB/s 和 GB/s 表示。存储器带宽与存储器总线频率有关,也与数据位数(宽度)有关。

$$带宽 = 存储器总线频率 \times 数据宽度/8(单位:B/s)$$

如一存储器总线频率为 100MHz,存储器宽度为 64 位,则带宽 = 100×64/8 = 800MB/s。

6.1.4 存储器的分级结构

随着 CPU 速度的不断提高和软件规模的不断扩大,人们希望存储器能同时满足速度快、容量大、价格低等要求。但实际上这一点很难办到,解决这个问题的较好方法是在计算机系统中采用分级结构。

目前,采用较多的是 3 级存储器结构,即高速缓冲存储器、内存储器和辅助存储器。高速缓冲存储器简称快存,是一种高速、小容量存储器,临时存放指令和数据,以提高处理速度。快存多由双极型 SRAM 组成,和内存相比,它存取速度快,但容量小。内存储器用来存放计算机运行期间的大量程序和数据,它和快存交换指令和数据,快存再和 CPU 打交道。内存储器多由 MOS 型 DRAM 组成。辅助存储器目前主要使用的是磁盘存储器、光盘存储器、闪速存储器等,是计算机最常用的输入输出设备,通常用来存放系统程序、大型文件及数据库等。

上述 3 种类型的存储器构成 3 级存储管理,各级职能和要求各不相同。其中,快存主要为获取速度,使存取速度能和中央处理器的速度相匹配;辅助存储器追求大容量,以满足对计算机的容量要求;内存储器则介于两者之间,要求其具有适当的容量,能容纳较多的核心软件和用户程序,还要满足系统对速度的要求。

为更好地管理和改进各项指标,有时还在 CPU 内部建立较多的通用寄存器组,形成速度更快、容量更小的一级。

图 6-5 所示为微机存储系统的层次结构。它呈现金字塔形结构,越往上存储器件的速度越快,CPU 的访问频率越高,但同时每位存储容量的价格也越高,系统的拥有量也越小。从图 6-5 中可以看到,CPU 中的寄存器位于该塔的顶端,具有最快的存取速度,但数量极为有限;向下依次是 CPU 的内部 Cache、外部 Cache(由 SRAM 组成)、内存储器(由 DRAM 组成)、辅助存储器(半导体盘、磁盘)和大容量辅助存储器(光盘、移动硬盘);位于塔底的存储设备,其容量最大,但速度一般是最慢的。

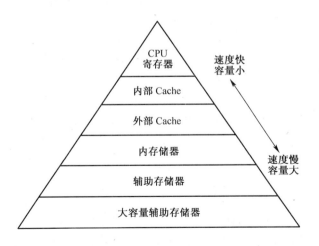

图 6-5 微机存储系统的层次结构

6.2　随机存取存储器

6.2.1　静态随机存取存储器(SRAM)

1. SRAM 的工作原理

SRAM 的基本存储电路通常由 6 个 MOS 管组成,如图 6-6 所示。电路中 T_1、T_2 为工作管,T_3、T_4 为负载管,T_5、T_6 为控制管。其中,T_1、T_2、T_3 和 T_4 管组成了双稳态触发器电路,T_1 和 T_2 的工作状态始终为一个导通,另一个截止。T_1 截止、T_2 导通时,A 点为高电平,B 点为低电平;T_1 导通、T_2 截止时,A 点为低电平,B 点为高电平,因此可用 A 点电平的高低来表示"0"和"1"两种信息。

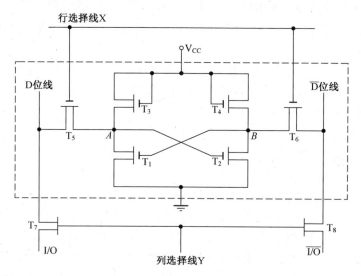

图 6-6　六管静态 RAM 存储电路

T_5、T_6 管为行选通管,T_7、T_8 管为列选通管,当要访问该存储器时,必然使行线 X 和列线 Y 同时有效(高电平),T_5、T_6、T_7 和 T_8 这 4 只管子同时导通,于是 A、B 两点与 I/O、$\overline{\text{I/O}}$ 分别连通,从而可以进行读/写操作。

写操作时,如果要写入"1",则在 I/O 线上加上高电平,在 $\overline{\text{I/O}}$ 线上加上低电平,并通过导通的 T_5、T_6、T_7、T_8 这 4 只晶体管,把高、低电平分别加在 A、B 点,即 $A=1$,$B=0$,使 T_1 管截止,T_2 管导通。当输入信号和地址选择信号(行、列选通信号)消失以后,T_5、T_6、T_7 和 T_8 管截止,T_1 和 T_2 管就保持被强迫写入的状态不变,从而将"1"写入存储电路。此时,各种干扰信号不能进入 T_1 和 T_2 管,所以只要不掉电,写入的信息不会丢失。写入"0"的操作与其类似,只是在 I/O 线上加上低电平,在 $\overline{\text{I/O}}$ 线上加上高电平。

读操作时,若该基本存储电路被选中,则 T_5、T_6、T_7 和 T_8 管都导通,于是 A、B 两点与位线 D 和 $\overline{\text{D}}$ 相连,存储的信息被送到 I/O 与 $\overline{\text{I/O}}$ 线上。读出信息后,原存储信息不会被改变。

由于静态 RAM 的基本存储电路中管子数目较多，因此集成度较低。此外，T_1 和 T_2 管始终有一个处于导通状态，使得静态 RAM 的功耗比较大。但是静态 RAM 工作稳定，不需要刷新电路，所以可简化了外围电路。SRAM 的高速和静态特性使它们通常被用来作为 Cache 存储器。

2. SRAM 的典型芯片

典型的 SRAM 芯片有 Intel 6116(2K×8 位)、6264(8K×8 位)、62128(16K×8 位)和 62256(32K×8 位)等，Intel 6116 是容量为 2K×8 位的高速 CMOS 静态 RAM，常采用单一 +5V 供电，输入/输出电平与 TTL 电平兼容，最大存取时间为 120ns～200ns。

Intel 6116 芯片的引脚如图 6-7 所示。芯片的容量共有 2048 个存储单元，需 11 根地址线，8 根数据线，控制线有 3 根：片选 $\overline{CS}$，输出允许 $\overline{OE}$ 和读写控制 $\overline{WE}$。当 $\overline{CS}$ 为低电平时，芯片被选中，此时可以进行读写操作。当 $\overline{WE}$ 为低电平，$\overline{OE}$ 为任意状态时，为写操作，可将外部数据总线上的数据写入芯片内部被选中的存储单元。当 $\overline{WE}$ 为高电平，$\overline{OE}$ 为低电平时，为读操作，可将存储器的内部数据送到外部数据总线上。当控制信号均无效时，读写禁止，数据总线呈高阻状态。Intel 6116 存储器芯片的操作方式与控制信号之间的关系如表 6-1 所列。

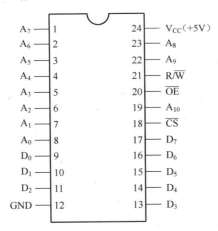

图 6-7　Intel 6116 芯片的引脚

表 6-1　Intel 6116 工作方式与控制信号之间的关系

$\overline{CS}$	$\overline{OE}$	$\overline{WE}$	A_{10}～A_0	D_7～D_0	工作状态
1	×	×	×	高阻态	低功耗维持
0	0	1	稳定	输出	读
0	×	0	稳定	输入	写

6.2.2　动态随机存取存储器(DRAM)

1. DRAM 基本存储电路

与 SRAM 不同，DRAM 的基本存储电路利用电容存储电荷的原理来保存信息。由于电容上的电荷会逐渐泄漏，因此对 DRAM 必须定时进行刷新，使泄漏的电荷得到补充。

常用 DRAM 的基本存储电路有四管型和单管型两种,其中单管型因集成度高而被广泛采用。

1) 四管动态 RAM 基本存储电路

图 6-6 所示的六管静态 RAM 基本存储电路依靠 T_1 和 T_2 管来存储信息,电源 V_{CC} 通过 T_3、T_4 管向 T_1、T_2 管补充电荷,所以 T_1 和 T_2 管上存储的信息可以保持不变。实际上,由于 MOS 管的栅极电阻很高,泄漏电流很小,即使去掉 T_3、T_4 管和电源 V_{CC},T_1 和 T_2 管栅极上的电荷也能维持一定的时间,因此可以由 T_1、T_2、T_5、T_6 构成四管动态 RAM 基本存储电路,如图 6-8 所示。

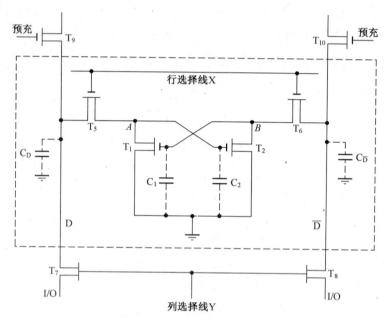

图 6-8 四管动态 RAM 基本存储电路

电路中,T_5、T_6、T_7、T_8 管仍为控制管,当行选择线 X 和列选择线 Y 都为高电平时,该基本存储电路被选中,T_5、T_6、T_7、T_8 管都导通,则 A、B 点与位线 D、$\overline{D}$ 分别相连,再通过 T_7、T_8 管与外部数据线 I/O、$\overline{I/O}$ 相通,可以进行读/写操作。同时在列选择线上还接有两个公共的预充管 T_9 和 T_{10}。

写操作时,如果要写入"1",则在 I/O 线上加上高电平,在 $\overline{I/O}$ 线上加上低电平,并通过导通的 T_5、T_6、T_7、T_8 这 4 个晶体管,把高、低电平分别加在 A、B 点,将信息存储在 T_1 和 T_2 管栅极电容上。行、列选通信号消失以后,T_5、T_6 截止,靠 T_1、T_2 管栅极电容的存储作用,在一定时间内可保留所写入的信息。

读操作时,先给出预充信号使 T_9、T_{10} 导通,由电源对电容 CD 和 $C\overline{D}$ 进行预充电,使它们达到电源电压。行、列选择线上为高电平,使 T_5、T_6、T_7、T_8 导通,存储在 T_1、T_2 上的信息经 A、B 点向 I/O、$\overline{I/O}$ 线输出。若原来的信息为"1",即电容 C_2 上存有电荷,T_2 导通,T_1 截止,则电容 C_D 上的预充电荷通过 T_6 经 T_2 泄漏,于是,I/O 线输出 0,$\overline{I/O}$ 线输出 1。同时,电容 $C\overline{D}$ 上的电荷通过 T_5 向电容 C_2 补充电荷,所以读出过程也是刷新的过程。

2) 单管动态 RAM 基本存储电路

单管动态 RAM 基本存储电路只有一个电容和一个 MOS 管,如图 6-9 所示。在电路中,存放的信息到底是"1"还是"0",取决于电容中有没有电荷。在保持状态下,行选择线为低电平,T 管截止,使电容 C 基本没有放电回路(当然还有一定的泄漏),其上的电荷可暂存数毫秒或者维持无电荷的"0"状态。

对由这样的基本存储电路组成的存储矩阵进行读操作时,若某一行选择线为高电平,则位于同一行的所有基本存储电路中的 T 管都导通,于是刷新放大器读取对应电容 C 上的电压值,但只有列选择信号有效的基本存储电路才受到驱动,从而可以输出信息。刷新放大器的灵敏度很高,放大倍数很大,并且能将读得的电容上的电压值转换为逻辑"0"或者逻辑"1"。在读出过程中,选中行上所有基本存储电路中的电容都受到了影响,为了在读出信息之后仍能保持原有的信息,刷新放大器在读取这些电容上的电压值之后又立即进行重写。

在写操作时,行选择信号使 T 管处于导通状态,如果列选择信号也为"1",则此基本存储电路被选中,于是由数据输入/输出线送来的信息通过刷新放大器和 T 管送到电容 C。

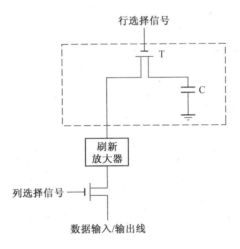

图 6-9 单管动态 RAM 基本存储电路

2. DRAM 的刷新

动态 RAM 是利用电容 C 上充积的电荷来存储信息的。当电容 C 有电荷时,为逻辑"1",没有电荷时,为逻辑"0"。由于任何电容都存在漏电,当电容 C 存有电荷时,过一段时间由于电容的放电过程导致电荷流失,信息也就丢失了,因此需要周期性地对电容进行充电,以补充泄漏的电荷,通常把这种补充电荷的过程称为刷新或再生。随着器件工作温度的增高,放电速度会变快。刷新时间间隔一般要求在 1~100 ms。工作温度为 70℃时,典型的刷新时间间隔为 2ms,即 2ms 内必须对存储的信息刷新一遍。尽管对各个基本存储电路在读出或写入时都进行了刷新,但由于对存储器中各单元的访问具有随机性,无法保证一个存储器中的每一个存储单元都能在 2 ms 内进行一次刷新,所以需要系统地对存储器进行定时刷新。

对整个存储器系统来说,各存储器芯片可以同时刷新。对每块 DRAM 芯片来说,则是按行刷新，每次刷新一行所需时间为一个刷新周期。如果某存储器有若干块 DRAM 芯片，其中容量最大的一块芯片的行数为 128，则在 2 ms 之中至少应安排 128 个刷新周期。

在存储器刷新周期中，将一个刷新地址计数器提供的行地址发送给存储器，然后执行一次读操作，便可完成对选中行的各基本存储电路的刷新。每刷新一行，计数器加 1，所以它可以顺序提供所有的行地址。因为每一行中各个基本存储电路的刷新是同时进行的，因此不需要列地址，此时芯片内各基本存储电路的数据线为高阻状态，与外部数据总线完全隔离，所以，尽管刷新进行的是读操作，但读出数据不会出现在数据总线上。

3. DRAM 典型芯片

Intel 2164 是 64K×1 位的典型 DRAM 芯片，片内含有 64K 个存储单元，所以需要 16 位地址线寻址。为了减少地址线引脚数目，采用行和列两部分地址线各 8 条，内部设有行、列地址锁存器。利用外接多路开关，先由行选通信号 $\overline{RAS}$ 选通 8 位行地址并锁存，随后由列选通信号 $\overline{CAS}$ 选通 8 位列地址并锁存，16 位地址可选中 64K 存储单元中的任何一个单元。Intel 2164 芯片的读/写周期为 300 ns，存取时间为 150 ns，从 $\overline{RAS}$ 到 $\overline{CAS}$ 的延时范围为 35~65 ns。其内部结构和引脚如图 6-10 和图 6-11 所示。

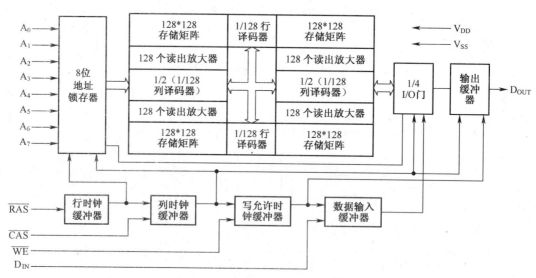

图 6-10　Intel 2164A 内部结构示意图

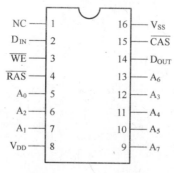

图 6-11　Intel 2164 引脚

图 6-10 中,64K 的存储体由 4 个 128×128 的存储矩阵组成,每个 128×128 的存储矩阵由 7 条行地址线和 7 条列地址线进行选择,在芯片内部经地址译码后,可分别选择 128 行和 128 列。

锁存在行地址锁存器中的 7 条行地址线 $RA_6 \sim RA_0$ 同时加到 4 个存储矩阵上,在每个矩阵中选中一行,则共有 4×128=512 个基本存储电路被选中,存放信息被选通到 512 个读出放大器,经过鉴别后锁存或重写。

锁存在列地址锁存器中的 7 条列地址线 $CA_6 \sim CA_0$ 在每个存储矩阵中选中一列,然后再由 4 选 1 的 I/O 门控电路(由 RA_7,CA_7 控制)选中一个单元,对该单元进行读写。

Intel 2164 的引脚信号中,$\overline{CAS}$ 为行地址选通引脚,$\overline{RAS}$ 为列地址选通引脚。$\overline{WE}$ 控制读写,当 $\overline{WE}$ 为高电平时读出,即所选中单元的内容经过三态输出缓冲器在 D_{OUT} 引脚读出。当 $\overline{WE}$ 为低电平时实现写入,D_{IN} 引脚上的信号经输入三态缓冲器对选中单元进行写入。Intel 2164 没有片选信号,实际上用行选通信号 $\overline{RAS}$ 作为片选信号。

6.2.3 集成随机存取存储器(IRAM)

IRAM 是一种 20 世纪 90 年代出现的动态存储器,它克服了动态 RAM 需要外加刷新电路的缺点,而把动态刷新电路集成到片内,既具有 SRAM 速度快的优点,又具有 DRAM 价格低的长处。目前,IRAM 主要有 Intel 2186/2187(8K×8 位)。

6.2.4 视频随机存取存储器(VRAM)

VRAM(Video RAM)即视频 RAM,是一种专为视频图像处理设计的 RAM,通常安装在显示卡或图形加速卡上。与 DRAM 芯片不同,VRAM 采用双端口设计,这种设计允许同时从处理器向视频存储器和随机存取内存数字/模拟转换器(Random Access Memory Digital/Analog Convertor,RAMDAC)传输数据。VRAM 在外形上与早期 DIP 封装的 DRAM 一样,但它们是两种性能、用途不同的 RAM,是不能互换的。

6.2.5 高速 RAM

提高内存速度可从不同侧重点出发,如提高内存(主要是 DRAM)的前端总线与主板芯片组之间、芯片组与动态随机存取存储器之间、数据从 DRAM 输出缓存通过芯片组到处理器之间,以及行选与列选的延迟时间,因而产生各种不同形式的高速 DRAM。为加快普通 DRAM 的访问速度,在有些 DRAM 芯片中,除了存储单元之外,还要附加一些逻辑电路,以提高单位时间内的数据流量,即增加带宽。以下介绍几种高速 RAM。

1. EDO DRAM

EDO(Extended Data Out)又称扩展数据输出。通常在一个 DRAM 阵列中读取一个单元时,首先充电选择一行,然后再充电选择一列,这些充电线路在稳定之前会有一定的延时,制约了 RAM 的读写速度。EDO 的原理为,在绝大多数情况下,要存取的数据在 RAM 中是连续的,即下一个要存取的单元总是位于当前单元的同一行下一列上,利用这一预测地址,可以在当前的读写周期中启动对下一个存取单元的读写周期,从而在宏观上缩短了地址选择的时间。采用这一技术,理论上可将 RAM 的访问速度提高 30%。

为了更大地提高 RAM 的数据带宽,人们在 EDO RAM 的基础上又设计出了一种突发模式 RAM。突发模式 RAM 对 CPU 所需的下 4 个数据的地址进行假定,也即认定下 4 个数据的地址是连续的,并且自动把它们预取出来,从而进一步提高了 RAM 的速度。

当前采用 EDO 技术的 DRAM 已进入到普通的 PC 系统中,并逐渐成为 RAM 设计的主流技术。这是因为 EDO 是对目前 RAM 技术的扩展,普通的 DRAM 可以很方便地加入 EDO 逻辑电路,成本增加很少,而性能却有很大的改善。

2. SDRAM

设计高速 RAM 的另一种方法称为同步动态随机存储器(Synchronous DRAM),用这种方法设计的 DRAM 称为 SDRAM。它的基本原理是将 CPU 和 RAM 通过一个相同的时钟锁在一起,使得 RAM 和 CPU 能够共享一个时钟周期,以相同的速度同步工作。

SDRAM 基于双存储结构,内含两个交错的存储阵列,当 CPU 从一个存储体或阵列访问数据的同时,另一个已准备好读写数据。通过两个存储阵列的紧密切换,读取速率得到成倍提高。如 100MHz 的 SDRAM 最高速度可达 100MHz,与中档 Pentium 同步。

3. RDRAM

另外一种增加带宽的技术称为 RDRAM。这种 DRAM 是由 Rambus 公司设计的,与 EDO DRAM 和突发模式 DRAM 不一样,RDRAM 用 Rambus 自己的接口代替了 DRAM 传统的页模式结构。RDRAM 开始只使用 16 位数据总线,后来扩展到 32 位和 64 位,使用时钟上升和下降沿传输数据。以 16 位数据为例:

400MHz 的 RDRAM 带宽 = 200MHz×(16/8)×2 = 1600MHz

RDRAM 组件采用高达 256Mbit 的密度,其速度范围从 800MHz 直至 1.2GHz 甚至更高。对于需要保持升级适应性的系统而言,RDRAM 设备可以配置采用单、双或四通道 RIMM 模块,支持从 1.6GB/s 至 10.7GB/s 的带宽以及最高 8GB 的系统内存容量。

4. DDR DRAM

DDR(Double Data Rate)是最新的内存标准之一,在系统时钟触发沿的上、下沿都能进行数据传输,数据有效宽度为 64 位。因此,即使在 133MHz 的总线频率下,带宽也能达到约 2.1GB/s,同时增加双向数据控制引脚。

DDR266 工作的总线频率为 133MHz,DDR333 工作的总线频率为 166MHz,还有 DDR400、DDR500 等。外频 100MHz 的 DDR200,其总线带宽为 100MHz×(64/8)×2 = 1600MHz,即 100MHz 的 DDR 相当于 400MHz 的 RDRAM。

5. DDR2 DRAM

DDR2 DRAM 与 DDR 相比,除了保持原有的双边沿触发传送数据特性外,还采用多路复用技术,预读取能力是 DDR 的 2 倍。这样,尽管 DDR2 核心频率只有 100MHz,但由于 4 位的预读取能力,使其具有 400MHz 的传输能力,即 DDR2 的实际工作频率是核心频率的 4 倍。

对于 100MHz 核心频率的 SDRAM 来说,时钟频率和数据传输频率均为 100MHz;同样 100MHz 核心频率的 DDR DRAM,其时钟频率为 100MHz,由于采用双边沿操作,其数据传输频率为 200MHz;而 100MHz 核心频率的 DDR2 DRAM,其时钟频率为 200MHz,数据传输频率为 400MHz。可见 DDR2 的传输效率非常高。

6. DDR3 DRAM

DDR3 是 DDR2 的改进版,与 DDR2 相同之处是采用 1.9V 电压,144 脚球形针脚的 FBGA 封装等。不同之处是核心的改进,采用 0.11μs 工艺,因此耗电少。与 DDR2 相比,DDR3 具有功耗和发热量小、工作频率更高(可达 800MHz)、通用性好、成本低等明显优势。

6.3 只读存储器

微型计算机中,除了需要快速的随机存取存储器以外,还需要一定容量、不可随意改写、存放重要系统参数和程序的只读存储器。

6.3.1 掩模式只读存储器(MROM)

MROM 的内容是由生产厂家按用户要求在芯片的生产过程中写入的,写入后不能更改。MROM 采用二次光刻掩模工艺制成,首先要制作一个掩模板,然后通过掩模板曝光,在硅片上刻出图形。制作掩模板工艺较复杂,生产周期长,因此生产第一片 MROM 的费用很大,而复制同样的 MROM 就很便宜了,所以适合于大批量生产,不适用于科学研究。MROM 有双极型、MOS 型等几种电路形式。

图 6-12 所示为掩模式 ROM 示意图,采用单译码结构,两位地址线 A_1、A_0 译码后可有四种状态,输出 4 条选择线,分别选中 4 个单元,每个单元有 4 位输出。在此矩阵中,行和列的交点处连有管子的表示存储"0"信息,没有管子的表示存储"1"信息。若地址线 $A_1A_0=00$,则选中 0 号单元,即字线 0 为高电平,位线 2 和 0,因为有管子与字线相连,其相应的 MOS 管导通,位线输出为 0,而位线 1 和 3 没有管子与字线相连,则输出为 1,因此单元 0 的输出为 1010。存储矩阵的内容如表 6-2 所示。

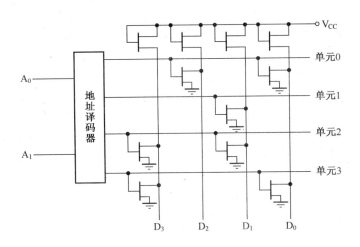

图 6-12 掩模式 ROM 示意图

表 6-2 存储矩阵的内容

	D_3	D_2	D_1	D_0
单元 0	1	0	1	0
单元 1	1	1	0	1
单元 2	0	1	0	1
单元 3	0	1	1	0

6.3.2 可编程的只读存储器(PROM)

掩模式 ROM 的存储单元在生产完成之后，其所保存的信息就固定下来了，这给用户带来了不便。为了解决这个矛盾，人们又设计制造了一种可由用户通过简易设备写入信息的 ROM 器件，即可编程的 ROM，又称为 PROM。

PROM 的类型有多种，本书以熔丝式 PROM 为例来说明其存储原理。PROM 的基本存储单元是一只晶体管或 MOS 管，如图 6-13 所示。

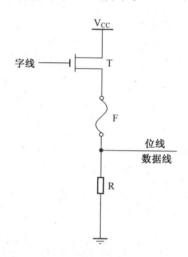

图 6-13 PROM 的基本存储单元

PROM 存储信息的关键在于图 6-13 中的熔丝 F，借助于编程工具，在选中该单元时，加一定的电压，通以一定的电流就可使存储单元中的熔丝 F 熔断，也可以不加高压和大电流，保护 F 不断。假设熔丝 F 在编程时没被熔断，则选中该单元即字线为高，MOS 管 T 导通，由于 MOS 管 T 的源极接 V_{CC}，因此数据线上的数据 D=1；如果在编程时使熔丝 F 断开，则选中该存储单元时，尽管 T 导通，但由于熔丝已断，因此数据线被下拉电阻 R 拉至低电平，即 D=0。

由此可见，PROM 是靠存储单元中的熔丝是否熔断决定信息"0"和"1"的，当熔丝未断时，信息为"1"，熔丝熔断时信息为"0"。

除此之外，还有一种二极管破坏型 PROM，用户编程时，靠专用写入电路产生足够大的电流来击穿指定的二极管，造成相应的 PN 结短路，以达到写入"0"的目的。

对 PROM 来讲，这个写入的过程称为固化。由于熔断后的熔丝不能再接上，击穿的二极管不能再正常工作，因此 PROM 器件只能固化一次程序，数据写入后，就不能再更改了。出厂时,PROM 中的信息全部为"1"。

6.3.3 可擦除的可编程只读存储器(EPROM)

掩模式 ROM 和 PROM 中的信息一旦写入,就无法改变,但在实际操作过程中,往往一个新设计的计算机程序在经过一段时间的试用后,需要做些适当的修改,如果把这些程序放在 PROM 或 ROM 中,就无法修改了。而 EPROM 利用编程器写入信息后,可以长久保存,当其内容要修改时,可以利用擦抹器(由紫外线灯照射)将其内容擦除,擦除后的存储器各存储位内容恢复为高电平,再根据需要,利用编程器重新写入。

1. EPROM 工作原理

典型 EPROM 的基本存储电路和 FAMOS 结构如图 6-14 所示。它是利用浮栅 MOS 构成的,和普通 P 沟道增强型 MOS 相似,只是栅极没有引出端,而被 SiO_2 绝缘层所包围,所以又称浮栅。EPROM 芯片制造好时,硅栅上无电荷,则内无导电沟道。接入存储矩阵时内容全为"1",如果被选中,即将源极和衬底接地,在衬底和漏极形成的 PN 结上加一个 24V 的反向电压,可导致 D、S 间瞬时击穿,就会有电子通过绝缘层注入硅浮栅,注入浮栅的电子数量由所加电脉冲的幅度和宽度来控制。如果注入的电子足够多,这些电子在硅表面上感应出一个连接源极、漏极的反型层,使源极、漏极呈低阻态,即字选线与数据线相连,读取"0"值。而未选中单元 D、S 间不会被击穿,字选线和数据线不连通,读取"1"值。当外加电压取消后,积累在浮栅上的电子没有放电电路,因而在室温和普通光照条件下可以长期保存信息。

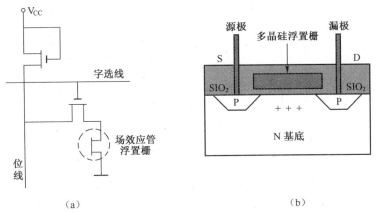

图 6-14 典型 EPROM 的基本存储电路和 FAMOS 结构
(a)EPROM 的基本存储结构;(b)浮置栅雪崩注入型场效应管结构。

消除浮栅的办法是采用波长 2357Å 的 15W 紫外灯管,对准芯片窗口,在近距离内连续照射 15~20min,向浮管置栅上的电子注入能量,使它们逃逸,即可将芯片内的信息全部擦除。

2. EPROM 典型芯片

对于抗干扰要求较高的场合,普遍采用 EPROM 作为存储信息的存储器件。EPROM 以 27XXX 命名,其中 XXX 表示容量,以 K 位为单位。常用的有 2716(2K×8)、2732(4K×8)、2764(8K×8)、27128(16K×8)、27256(32K×8)等。

1) 2716 的内部结构和外部引脚

2716 EPROM 芯片采用 NMOS 工艺制造,双列直插式 24 引脚封装。Intel 2716 的引脚逻辑序号及内部结构如图 6-15 所示。

$A_{10} \sim A_0$:11 条地址输入线。其中 7 条用于行译码,4 条用于列译码。

$O_7 \sim O_0$:8 位数据线。编程写入时是输入线,正常读出时是输出线。

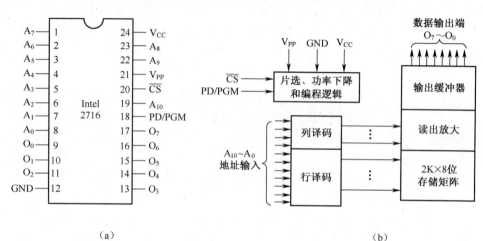

图 6-15 Intel 2716 的引脚、逻辑符号及内部结构
(a)引脚;(b)内部结构。

2) 2716 的工作方式

2716 存储器芯片的操作方式与控制信号之间的关系如表 6-3 所列。

表 6-3 2716 存储感芯片的操作方式与控制信号之间的关系

方式	PD/PGM	$\overline{CS}$	V_{PP}/V	数据总线状态
读出	0	0	+5	输出
未选中	×	1	+5	高阻
待机	1	×	+5	高阻
编程输入	宽 52ms 的正脉冲	1	+25	输入
校验编程内容	0	0	+25	输出
禁止编程	0	1	+25	高阻

6.3.4 用电可擦除可编程只读存储器(EEPROM 或 E^2PROM)

前面介绍的 EPROM 最大缺点是不能在线修改,并且即使错一位,也须全部擦除,重新写入。相比之下,EEPROM 则可以克服以上缺点,它既可以在应用系统中在线修改,又能在电源断电情况下保存数据。EEPROM 有以下几方面的特点:

(1) 对硬件电路没有特殊要求,编程简单,早期的 EEPROM 芯片是靠外加电压电源进行擦写(20V 左右)的,后来又把升压电路集成在片内,使得擦写在+5V 电源下即可完成。

(2) 采用+5V 电擦除的 EEPROM 通常不需要设置单独的擦除操作,在写入的过程中就可以自动擦除。但目前擦写时间较长,约需 10ms,因此需要保证有足够的写入时间。现在大多数 EEPROM 芯片有写入结束标志,可供查询或中断使用。

(3) EEPROM 除了有并行的总线传输的芯片外,还有串行传送的 EEPROM 芯片。串行 EEPROM 具有体积小、成本低、电路连接简单、占用系统地址线数据少的优点,但数据传输速度低。

6.3.5 闪速存储器(Flash Memory)

闪速存储器也称快速擦写存储器或快闪存储器,是 Intel 公司首先开发、近年来发展起来的一种新型半导体存储器芯片。它采用一种非挥发性存储技术,即掉电后数据信息可以长期保存,在不加电的情况下,信息可以保持 10 年,又能在线擦除和改写。闪速存储器是从 EEPROM 演化而来的,因此它属于 EEPROM 类型。它与 EEPROM 的主要功能区别是 EEPROM 可按字节擦除及更新,而 Flash 却只能分块进行电擦除和改写。总体来说,闪速存储器具有集成度及可靠性高、功耗及成本低、工作速度快等特点。它集成了各种存储技术的优点,具有广泛的应用前景。

6.4 微机内存区域划分

微型计算机内存从 0 开始编址,它与 I/O 分别独立编址,末地址与处理器寻址能力有关。微型计算机内存的整个物理地址空间划分若干区域:常规内存(Conventional Memory)、保留内存(Reserved Memory)和扩展内存(Extended Memory)等。微机内存区域划分如图 6-16 所示。

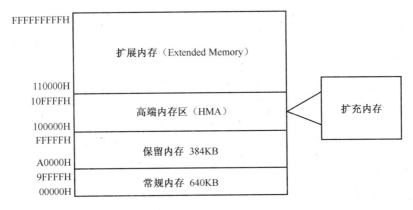

图 6-16 微机内存区域划分

1. 常规内存

常规内存也称为基本内存(Base Memory),共 640KB,指 0~9FFFFH 的连续存储器空间,为 RAM 区域。其中,在实地址方式下 0~3FFH 共 1KB 的空间为中断向量表,当中存放 256 个中断向量,详见第 8 章。

常规内存又由 DOS 常驻区、用户区和 DOS 暂住区构成。这部分内存不受系统 DRAM 大小的影响,与 CPU 型号无关,总是固定的 640KB。

2. 保留内存与上位内存块(UMB)

保留内存也称为上位内存或上端内存,指 0A0000H~0FFFFFH 的 384KB 的内存区域,主要存放 BIOS 程序、显示缓冲区、各适配卡上的 ROM 以及系统暂时未用或不用的信息。对于这 384KB 的内存区域,有些是系统根本不用或启动时用一下,以后就不用的部分,这部分是一块一块的,称为上位内存块(Upper Memory Block,UMB)。

其中,0A0000H~0BFFFFH 共 128KB 为显示缓冲区,0C0000H~0FFFFFH 共 256KB 为 ROM 区,用于存放 BIOS 程序。

3. 扩展内存与高端内存区(HMA)

扩展内存是指 1MB 以上的内存区域,理论上是地址从 100000H 开始到处理器可能寻址的最大空间,但它受内存条容量的限制。如果系统配置了 256MB 内存,则除去 1MB 以外,共有 255MB 为扩展内存。即扩展内存的大小取决于微处理器型号以及机器安装的实际内存(RAM)容量的大小。

在扩展内存中最低的 64KB(指 100000H~10FFFFH 的地址区域)内存区域称为高端内存区(High Memory Area,HMA)。其中,100000H~10FFEFH 是扩展内存中由 FFFFH:FFFFH 在实地址方式下得到的地址空间,即这部分内存可以与 1MB 以下的内存一样存放各种驱动程序,以减轻常规内存的压力。

4. 扩充内存

扩充内存(Expanded Memory)是相对于 8086/8088CPU 而言,指大于物理地址范围但小于 8MB 的内存区域。对于 8086/8088 系统来说,最大的物理地址空间只有 1MB,要使用更大的内存,必须外加内存扩充板,使用时利用 1MB 以下内存的部分空间作为映射"窗口"来映射 1MB 以上的内存。

6.5 存储器与 CPU 的连接

在 8086/8088 系统中,存储器不能直接与 CPU 相连,而是要经过译码器等附加电路才能与 CPU 主系统相连接。

在微型计算机系统中,CPU 对存储器进行读写操作,首先要由地址总线给出地址信号,选择要进行读/写操作的存储单元,然后通过控制总线发出相应的读/写操作控制信号,最后才能在数据总线上进行数据交换。所以,存储器芯片与 CPU 之间的连接,实质上就是其与系统总线的连接,包括地址总线、数据总线和控制总线的连接。

6.5.1 存储器与 CPU 连接时应注意的问题

存储器接口也和其他接口一样,主要完成三大总线的连接任务,即实现与地址总线、控制总线和数据总线的连接。下面对存储器接口设计中应考虑的几个主要问题以及总线连接的具体方法进行讨论。

1. 存储器与 CPU 之间的时序配合

存储器与 CPU 连接时,要保证 CPU 对存储器正确、可靠地存取,必须考虑存储器的存取速度是否同 CPU 相匹配。CPU 访问存储器是有固定时序的,由此确定了对存储器存取速度的要求。CPU 对存储器进行读操作时,CPU 发出地址和读命令后,存储器必须在规定时间内给出有效数据。当 CPU 对存储器进行写操作时,存储器必须在写脉冲规定的时间内将数据写入指定存储单元,否则无法保证迅速准确地传送数据。

2. CPU 总线负载能力

任何系统总线的负载能力总是有限的。在 CPU 设计时,一般输出线的直流负载能力为一个 TTL(晶体管—晶体管逻辑)负载。当采用 MOS 存储器时,由于直流负载和交流负载都很小,所以在小型系统中,CPU 可以直接与存储器相连。但对于较大的系统,当 CPU 的总线不能直接带动所有存储器芯片时,就要加上缓冲器或驱动器,以提高总线负载能力。通常考虑到地址总线、控制总线是单向的,因此采用单向驱动器,如 74LS244、Intel 公司生产的 8282 等;而数据总线是双向传送的,因此采用双向驱动器,如 74LS245、Intel 公司生产的 8286/8287 等。

3. 存储器芯片的选用

存储器芯片的选用不仅与存储结构相关,而且与存储器接口设计直接相关。采用不同类型、不同型号的芯片构造的存储器,其接口的方法和复杂程度不同。一般应根据存储器的存放对象、总体性能、芯片的类型和特征等方面综合考虑。

1) 对芯片类型的选用

存储芯片类型的选择与对存储器总体性能的要求以及用来存放的具体内容相关。

高速缓冲存储器是为了提高 CPU 访问存储器速度而设置的,存放的内容是当前 CPU 访问最多的程序和数据,要求既能读出又能随时更新,所以是一种可读可写的高速小容量存储器。高速缓冲存储器一般选用双极型 RAM 或者高速 MOS 静态 RAM 芯片构成。

内存储器要兼顾速度和容量两方面性能,存放的内容一般既有永久性的程序和数据,又有需要随时修改的程序和数据,因此通常由 ROM 和 RAM 两类芯片构成。其中,对 RAM 芯片类型的选择又与容量要求相关,当容量要求不太大(如 64KB 以内)时用静态 RAM 组成较好,因为静态 RAM 状态稳定,不需要动态刷新,接口简单。相反,当容量要求很大时适合用动态 RAM 组成,因为动态 RAM 集成度高、功耗小、价格低。对 ROM 芯片的选择则一般从灵活性考虑,选用 EPROM、EEPROM 较多。

2) 对芯片型号的选用

芯片类型确定之后,在进行具体芯片型号选择时,一般应考虑存取速度、存储容量、结构和价格等因素。

存取速度最好选用与 CPU 时序相匹配的芯片。否则,若速度慢了,则需增加时序匹配电路;若速度太快,又将使成本增加,造成不必要的浪费。

存储芯片的容量和结构直接关系到系统的组成形式、负载大小和成本高低。一般在满足存储系统总容量的前提下,应尽可能选用集成度高、存储容量大的芯片。这样不仅可以降低成本,而且有利于减轻系统负载、缩小存储模块的几何尺寸。以静态 RAM 芯片为例,1 片 6116(2K×8 位)的价格比 4 片 2114(1K×4 位)便宜得多,1 片 6264(8K×8 位)的价格又比 4 片 6116 的价格便宜得多。当组成一个 8KB 的存储器时,可供选用的芯片有 2114、6116、6264 等,芯片容量越大、总线负载越小。总线上芯片连接较多时,不但系统中要加接更多的总线驱动器,而且可能由于负载电容变得很大而使信号产生畸变。因此,这里应该选用 1 片 6264 芯片来组成一个 8KB 的存储器。

4. 存储器与控制总线的连接

控制存储器芯片工作的信号除由地址译码电路产生的片选信号外，还有决定其操作类型的读、写控制信号等。不同功能和不同型号的存储芯片，对应于片选、读、写 3 种控制功能的引脚不尽相同。

有的 ROM 芯片只有 $\overline{CS}$ 信号，则片选和存储器的读写都由它控制。有的 ROM 芯片除了 $\overline{CS}$ 信号以外还有 $\overline{OE}$ 信号，则当 $\overline{CS}=0$ 时芯片被选中，当 $\overline{OE}=0$ 时，ROM 芯片输出允许，当 $\overline{OE}=1$ 时，输出被禁止，ROM 数据输出端为高阻态。

RAM 既有读操作又有写操作，因此增加了写控制，常用方法有两种。一种方法是用一条 $\overline{WE}$ 线来控制读/写，当 $\overline{CS}=0$，$\overline{WE}=1$ 时为存储器读；当 $\overline{CS}=0$，$\overline{WE}=0$ 时为存储器写。另一种方法是用 $\overline{OE}$ 和 $\overline{WE}$ 分别控制读/写，$\overline{CS}$ 控制芯片选通。$\overline{CS}$ 由高位地址译码控制，$\overline{OE}$ 由存储器读 $\overline{RD}$ 控制，$\overline{WE}$ 由存储器写 $\overline{WR}$ 控制。当 $\overline{CS}=0$，$\overline{OE}=0$ 时为读；当 $\overline{CS}=0$，$\overline{WE}=0$ 时为写。

如前所述，当存储芯片速度较慢，以至于不能在 CPU 的读写周期内完成读/写时，则必须在接口电路中向 CPU 提供相应的等待状态请求信号。

5. 存储器与数据总线的连接

数据总线是 CPU 与存储器交换信息的通路，它的连接要考虑驱动问题及字长。在需要存储芯片较多的系统中，要加总线驱动，而字长要扩展到系统要求的水平。

在微机系统中，数据是以字节为单位进行存取的，因此与之对应的内存也必须以 8 位为一个存储单元，对应一个存储地址。当用字长不足 8 位的芯片构成内存储器时，必须用多片合在一起，并行构成具有 8 位字长的存储单元。如使用 1K×4 的芯片构成 8K×8 的存储器，则在数据线连接时，两片芯片中的一片接到数据总线的 $D_3 \sim D_0$，而另一片接至 $D_7 \sim D_4$，然后各组数据线并联即可。

6. 存储器与地址总线的连接

首先确定微机存储容量，再确定选用存储芯片的类型和数量，之后划分 RAM、ROM 区，画出地址分配图。存储器空间的划分和地址编码是靠地址总线来实现的。对于多片存储芯片构成的存储器，其地址编码原则是，低位地址总线作为片内寻址，高位地址总线用来产生存储芯片的片选信号。

6.5.2 存储器地址译码方法

存储器的地址译码是所有存储系统设计的核心，目的是保证 CPU 能对所有存储单元实现正确寻址。由于每一片存储芯片容量有限，一个存储器总是由若干存储芯片构成，因此存储器的地址译码被分为片选控制译码和片内地址译码两部分。其中，片选控制译码电路对高位地址进行译码后产生存储芯片的片选信号，片内地址译码电路对低位地址译码实现片内存储单元的寻址。接口电路主要完成片选控制译码以及低位地址总线的连接。

1. 片选控制的译码方法

常用的片选控制译码方法有线选法、全译码法和部分译码法。

1）线选法

当存储器容量不大、所使用的存储芯片数量不多但 CPU 寻址空间远远大于存储器容量时，可用高位地址线直接作为存储芯片的片选信号，每一根地址线选通一块芯片，这种方法称为线选法。

例如，假定某微机系统的存储容量为 4KB，而 CPU 寻址空间为 64 KB（地址总线为 16 位），所用芯片容量为 1KB（片内地址线为 10 位）。可用线选法从高 6 位地址中任选 4 位，如选用 $A_{13} \sim A_{10}$ 作为 4 块存储芯片的片选控制信号，如图 6-17 所示。

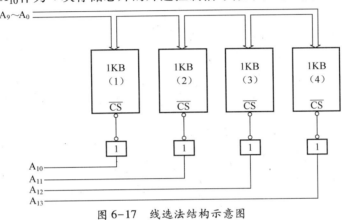

图 6-17 线选法结构示意图

图 6-17 中各芯片地址空间分配如表 6-4 所列。

表 6-4 图 6-17 中各芯片地址空间分配表

芯片	地址空间		十六进制地址码
	$A_{13} \sim A_{10}$	$A_9 \sim A_0$	
（1）	0001	0000000000	0400H
		1111111111	07FFH
（2）	0010	0000000000	0800H
		1111111111	0BFFH
（3）	0100	0000000000	1000H
		1111111111	13FFH
（4）	1000	0000000000	2000H
		1111111111	23FFH

2）全译码法

全译码法除了将低位地址总线直接与各芯片的地址总线相连接之外，其余高位地址总线全部经译码后作为各芯片的片选信号。例如，CPU 地址总线为 16 位，存储芯片容量为 8KB，用全译码法寻址 64KB 容量存储器的结构示意如图 6-18 所示。

可见，全译码法可以提供对全部存储空间的寻址能力。当存储器容量小于可寻址的存储空间时，可从译码器输出线中选出连续的几根作为片选控制，其余的令其空闲，以便需要时扩充。图 6-18 中，若选译码器输出线 $\overline{Y_3} \sim \overline{Y_0}$ 作为 4 片 8KB 芯片的片选信号，$\overline{Y_7} \sim \overline{Y_4}$ 不用，则选择的芯片地址如表 6-5 所列。

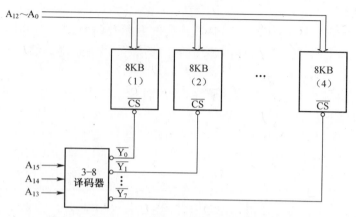

图 6-18 全译码法结构示意图

表 6-5 图 6-18 中各芯片地址空间分配表

芯片	地址空间		十六进制地址码
	$A_{15} \sim A_{13}$	$A_{12} \sim A_0$	
(1)	000	0000000000000	0000H
		1111111111111	1FFFH
(2)	001	0000000000000	2000H
		1111111111111	3FFFH
(3)	010	0000000000000	4000H
		1111111111111	5FFFH
(4)	011	0000000000000	6000H
		1111111111111	7FFFH

显然,采用全译码法时,存储器的地址是唯一确定的连续地址,即无地址间断和地址重叠现象。

3) 部分译码法

部分译码法是将高位地址线中的一部分进行译码,产生片选信号。该方法常用于不需要全部地址空间的寻址、采用线选法地址线又不够用的情况。例如,CPU 地址总线为 16 条,存储器由 4 片容量为 8KB 的芯片构成时,采用部分译码法的结构示意如图 6-19 所示。

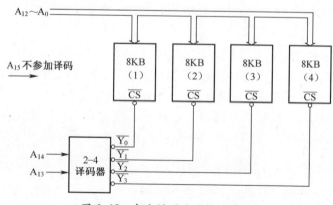

图 6-19 部分译码法结构示意图

采用部分译码法时,由于未参加译码的高位地址总线与存储器地址无关,即这些地址总线的取值可随意(如图 6-19 所示的存储器地址与 A_{15} 无关),所以存在地址重叠的问题。此外,从高位地址总线中选择不同的地址总线参加译码,将对应不同的地址空间。

2. 地址译码的实现方法

地址译码电路可以根据具体情况选用各种门电路构成,如与门、或门和与非门等,也可使用现成的译码器,如 2-4 译码器、3-8 译码器、4-16 译码器等。下面仅介绍最常用的 74LS138 译码器。

74LS138 是 3-8 译码器,它有 3 个输入端、3 个控制端及 8 个输出端,引脚如图 6-20 所示。只有当 3-8 译码器的 3 个控制端 G_1、$\overline{G_{2A}}$ 和 $\overline{G_{2B}}$ 都有效时,即 $G_1 = 1$、$\overline{G_{2A}} = 0$、$\overline{G_{2B}} = 0$ 时,译码输出才有效。输出端哪个有效,由选择输入端 C、B、A 决定。74LS138(3-8 译码器)真值表如表 6-6 所列。

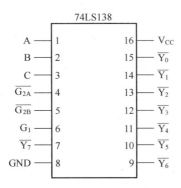

图 6-20　74LS138 引脚

表 6-6　74LS138(3-8 译码器)真值表

$\overline{G_{2A}}$	$\overline{G_{2B}}$	G_1	C	B	A	输出(Y_i)
0	0	1	0	0	0	$Y_0 = 0$,其他为 1
0	0	1	0	0	1	$Y_1 = 0$,其他为 1
0	0	1	0	1	0	$Y_2 = 0$,其他为 1
0	0	1	0	1	1	$Y_3 = 0$,其他为 1
0	0	1	1	0	0	$Y_4 = 0$,其他为 1
0	0	1	1	0	1	$Y_5 = 0$,其他为 1
0	0	1	1	1	0	$Y_6 = 0$,其他为 1
0	0	1	1	1	1	$Y_7 = 0$,其他为 1
其他情况			×	×	×	全部为 1,不选中任何 Y_i

图 6-21 所示为全译码的两个例子。图 6-21(a)采用门电路译码,图 6-21(b)采用 3-8 译码器译码。单片 2764(8K×8 位,EPROM)在高位地址 $A_{19} \sim A_{13} = 0001110$ 时被选中,其地址范围为 1C000H~1DFFFH。

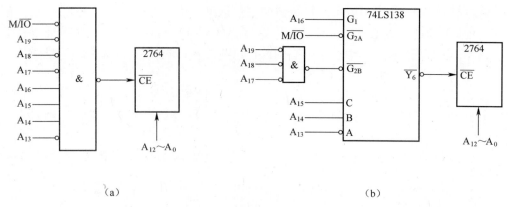

(a)　　　　　　　　　　　　　　　(b)

图 6-21　全译码的两个例子
(a)用门电路译码；(b)用译码器译码。

6.5.3　存储芯片的扩展

前面介绍的各种存储器芯片的容量都是有限的，当实际系统需要更大存储容量时，就必须采用多片存储器芯片构成大容量的存储器模块，即存储器扩展。扩展存储器有 3 种方法：一是存储单元数的扩展（字扩展），二是字长的扩展（位扩展），三是将前两者结合起来的字位全扩展。微机系统中的内存大多数是采用多个存储芯片（如 2 片、4 片、8 片等）字位全扩展方法组成较大容量的存储器模块。

1. 位扩展

位扩展是指存储芯片的字（单元）数满足要求而位数不够，需对每个存储单元的位数进行扩展。图 6-22 所示为使用 8 片 8K×1 的 RAM 芯片通过位扩展构成 8K×8 的存储器系统的连线图。

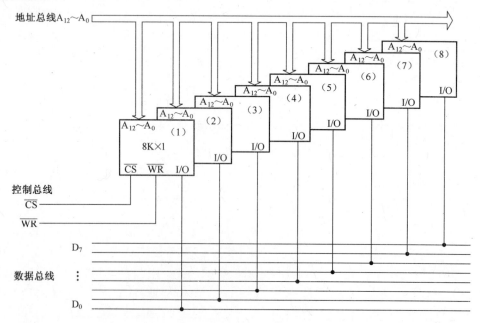

图 6-22　使用 8 片 8K×1 的 RAM 芯片通过位扩展构成 8K×8 的存储器系统的连线图

由于存储器的字数与存储器芯片的字数一致，$8K=2^{13}$，因此只需 13 根地址总线 $A_{12} \sim A_0$ 对各芯片内的存储单元寻址，每一芯片只有一条数据总线，所以需要 8 片这样的芯片，将它们的数据总线分别接到数据总线 $D_7 \sim D_0$ 的相应位。在此连接方法中，每一条地址总线有 8 个负载，每一条数据总线有一个负载。位扩展法中，所有芯片都应同时被选中，各芯片片选端可直接接地，也可并联在一起，根据地址范围的要求，与高位地址线译码产生的片选信号相连。对于此例，若地址线 $A_{12} \sim A_0$ 上的信号为全 0，即选中了存储器 0 号单元，则该单元的 8 位信息是由各芯片 0 号单元的 1 位信息共同构成的。可以看出，位扩展的连接方式是将各芯片的地址线、片选线、读/写控制线相应并联，而数据总线要分别引出。

2. 字扩展

字扩展用于存储芯片的位数满足要求而字数不够的情况，是对存储单元数量的扩展。由于存储单元的个数取决于地址总线的条数，因此字扩展实际上就是地址总线的扩展，即增加地址总线条数。图 6-23 所示为用 4 个 16K×8 芯片经字扩展构成一个 64K×8 存储器系统的连接方法。

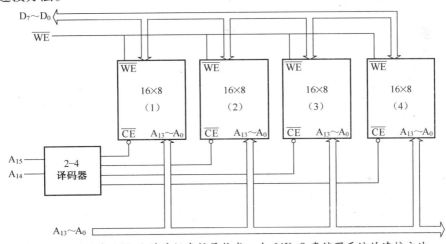

图 6-23 用 4 个 16K×8 芯片经字扩展构成一个 64K×8 存储器系统的连接方法

图 6-23 中，4 个芯片的数据端与数据总线 $D_7 \sim D_0$ 相连；地址总线低位地址 $A_{13} \sim A_0$ 与各芯片的 14 位地址线连接，用于进行片内寻址；为了区分 4 个芯片的地址范围，还需要 2 根高位地址线 A_{15}、A_{14} 经 2-4 译码器译出 4 根片选信号线，分别和 4 个芯片的片选端相连。图 6-23 中各芯片地址字间分配如表 6-7 所列。

表 6-7 图 6-23 中各芯片地址空间分配表

芯片	地址空间		十六进制地址码
	$A_{15}A_{14}$	$A_{13} \sim A_0$	
（1）	00	00000000000000	0000H
		11111111111111	3FFFH
（2）	01	00000000000000	4000H
		11111111111111	7FFFH
（3）	10	00000000000000	8000H
		11111111111111	0BFFFH
（4）	11	00000000000000	0C000H
		11111111111111	0FFFFH

可以看出，字扩展的连接方式是将各芯片的地址总线、数据总线、读/写控制线并联，而由片选信号来区分各芯片地址范围，即将低位地址总线直接与各芯片地址总线相连，以选择片内的某个单元；用高位地址总线经译码器产生若干不同片选信号，连接到各芯片的片选端，以确定各芯片在整个存储空间中所属的地址范围。

3. 字位全扩展

如果存储器的字数和位数都不能满足系统存储器的要求，就要进行字位全扩展。字位全扩展实际上就是将前面的位扩展和字扩展结合起来组成一个存储器模块。在实际应用中，往往会遇到字数和位数都需要扩展的情况。

若使用 $l×k$ 位存储器芯片构成一个容量为 $M×N$ 位($M>l,N>k$)的存储器，那么这个存储器共需要$(M/l)×(N/k)$个存储器芯片。连接时可将这些芯片分成 M/l 个组，每组有 N/k 个芯片，组内采用位扩展法，组间采用字扩展法。图6-24所示为字位全扩展连接图，给出了用2114(1K×4)RAM芯片构成4K×8存储器的连接方法。

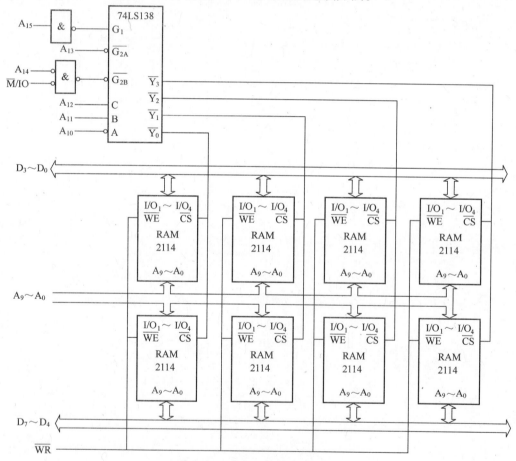

图 6-24　字位全扩展连接图

图6-24中将8片2114芯片分成了4组(RAM_1、RAM_2、RAM_3 和 RAM_4)，每组2片。组内用位扩展法构成1K×8的存储模块，4个这样的存储模块用字扩展法连接便构成了4K×8的存储器。用10根地址线 A_9~A_0 对每组芯片进行片内寻址，同组芯片应被同时选中，因此同组芯片的片选端应并联在一起。本例用3-8译码器对6根高位地址线 A_{15}~

A_{10}译码,产生8根片选信号线,利用$\overline{Y_3} \sim \overline{Y_0}$分别与各组芯片的片选端相连,各组芯片的地址范围如表6-8所列。

表6-8 各组芯片的地址范围

芯片	地址空间 $A_{15} \sim A_{10}$	地址空间 $A_9 \sim A_0$	十六进制地址码
RAM1	000000	0000000000	0000H
		1111111111	03FFH
RAM2	000001	0000000000	0400H
		1111111111	07FFH
RAM3	000010	0000000000	0800H
		1111111111	0BFFH
RAM4	000011	0000000000	0C00H
		1111111111	0FFFH

【例6.1】 已知一个RAM芯片外部引脚信号中有8条数据线和12条地址线,则其容量有多大?若RAM的起始地址为3000H,则它对应的末地址为多少?

分析:RAM芯片的容量为$2^{12} \times 8 \text{bit} = 4\text{KB}$。

若它的起始地址为3000H,则它对应的末地址为3000H+4K-1=3FFFH。

【例6.2】 用2K×8位的SRAM芯片组成8K×8位的存储器模块,求所需芯片数。用什么方法扩展?画出连线图,并写出每一个芯片的地址范围。

分析:用2K×8位的SRAM芯片组成8K×8位的存储器模块,所需芯片数为(8/2)=4。采用字扩展的方法进行扩展。2K的SRAM芯片内部地址线有11根,因此CPU地址线的$A_{10} \sim A_0$直接与SRAM芯片的地址线$A_{10} \sim A_0$相连,高位地址线全部经过3-8译码器进行全译码,$A_{19} \sim A_{14}$与74LS138的3个控制端G_1、$\overline{G_{2A}}$和$\overline{G_{2B}}$相连,A_{13}、A_{12}、A_{11}分别与74LS138的C、B、A端对应相连,74LS138的4个输出端$\overline{Y_3} \sim \overline{Y_0}$分别与各SRAM芯片的片选端相连,具体连线图如图6-25所示。各芯片的地址范围如表6-9所列。

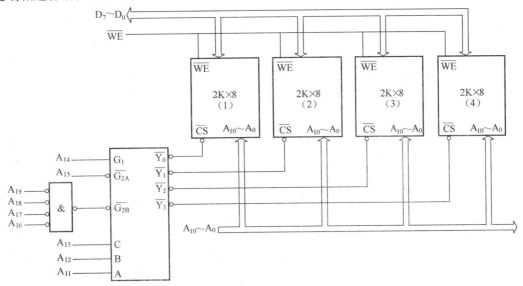

图6-25 采用全译码的连线图

表 6-9　各芯片的地址范围

芯片	地址空间		十六进制地址码
	$A_{19} \sim A_{11}$	$A_{10} \sim A_0$	
SRAM1	000001000	00000000000 11111111111	04000H 047FFH
SRAM2	000001001	00000000000 11111111111	04800H 04FFFH
SRAM3	000001010	00000000000 11111111111	05000H 057FFH
SRAM4	000001011	00000000000 11111111111	05800H 05FFFH

需要注意的是,如果不是 $\overline{Y_3} \sim \overline{Y_0}$、而是 $\overline{Y_7} \sim \overline{Y_4}$ 分别与各 SRAM 芯片的片选端相连,则各芯片的地址范围会发生相应的变化。

【例 6.3】 某微机系统地址总线为 16 位,实际存储器容量为 16KB,ROM 区和 RAM 区各占 8KB。其中,ROM 区采用容量为 2KB 的 EPROM 芯片;RAM 区采用容量为 1KB 的静态 RAM 芯片。试设计该存储器的地址译码电路。

分析:按照设计的一般步骤,设计过程如下。

(1) 该系统的寻址空间最大为 64KB,假定实际存储器占用最低 16KB 的存储空间,即地址为 0000H ~ 3FFFH。其中,0000H ~ 1FFFH 为 EPROM 区,2000H ~ 3FFFH 为 RAM 区。

(2) 根据所采用的存储芯片容量,可画出地址分配表,如表 6-10 所列。

表 6-10　地址分配表

芯片号	类型与容量	地址范围
(1)	ROM　2KB	0000H ~ 07FFH
(2)	ROM　2KB	0800H ~ 0FFFH
(3)	ROM　2KB	1000H ~ 17FFH
(4)	ROM　2KB	1800H ~ 1FFFH
(5)	RAM　1KB	2000H ~ 23FFH
(6)	RAM　1KB	2400H ~ 27FFH
(7)	RAM　1KB	2800H ~ 2BFFH
(8)	RAM　1KB	2C00H ~ 2FFFH
(9)	RAM　1KB	3000H ~ 33FFH
(10)	RAM　1KB	3400H ~ 37FFH
(11)	RAM　1KB	3800H ~ 3BFFH
(12)	RAM　1KB	3C00H ~ 3FFFH

(3) 确定译码方法并画出相应的地址位图。地址分配表给出了实际存储器的地址空间以及各存储芯片对应的地址范围。由于 EPROM 芯片与 RAM 芯片的存储容量不同,所以用于片内寻址的地址位数也不同。EPROM 芯片容量为 2KB,需要 11 根地址线;RAM 芯片容量为 1KB,只需要 10 根地址线。这就使得用于片选控制译码的地址线也不相同。对这类译码问题通常有两种解决方法:一种方法是用各自的译码电路分别译码产生各自的片选信号;另一种方法是分两次译码,即先按芯片容量大的进行一次译码,将一部分输出作为大容量芯片的片选信号,另外一部分输出则与其他相关地址一起进行二次译码,产生小容量芯片的片选信号。这种方法可推广到多种不同容量的芯片一起使用的场合,这

时可通过多层译码相继产生容量从大到小的不同芯片的片选信号。

本例采用第二种方法，即二次译码法。先进行一次译码产生区分 8 个 2KB 芯片的信号，将其中的 4 个输出作为 4 个 EPROM 的片选信号。另外 4 个输出则和与之相关的另一位地址一起进行二次译码，产生 8 个 BRAM 芯片的片选信号。此外，对于取值固定不变的高位地址可令其作为译码允许控制。据此，可得到相应的地址位图如图 6-26 所示。

ROM片选译码					ROM片内译码											
译码允许		一次译码														
A_{15}	A_{14}	A_{13}	A_{12}	A_{11}	A_{10}	A_9	A_8	A_8	A_7	A_6	A_5	A_4	A_3	A_2	A_1	
0	0	0	0	0			0000H-07FFH							(片1)		ROM区
0	0	0	0	1			0800H-0FFFH							(片2)		ROM区
0	0	0	1	0			1000H-17FFH							(片3)		ROM区
0	0	0	1	1			1800H-1FFFH							(片4)		ROM区
0	0	1	0	0	0		2000H-23FFH							(片5)		RAM区
0	0	1	0	0	1		2400H-27FFH							(片6)		RAM区
0	0	1	0	1	0		2800H-2BFFH							(片7)		RAM区
0	0	1	0	1	1		2C00H-2FFFH							(片8)		RAM区
0	0	1	1	0	0		3000H-33FFH							(片9)		RAM区
0	0	1	1	0	1		3400H-37FFH							(片10)		RAM区
0	0	1	1	1	0		3800H-3BFFH							(片11)		RAM区
0	0	1	1	1	1		3C00H-3FFFH							(片12)		RAM区
			二次译码													
RAM片选译码						RAM片内译码										

图 6-26　地址位图

（4）根据地址位图，可考虑用 3-8 译码器完成一次译码，用适当逻辑门完成二次译码。假定选用 74LS138 和或门，则相应地址译码电路如图 6-27 所示。

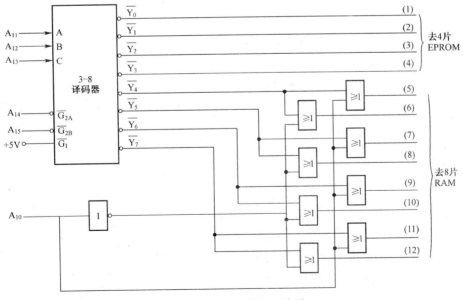

图 6-27　地址译码电路图

习　题

6.1　一个微机系统中通常有哪几级存储器？它们各起什么作用？性能上有什么特点？

6.2　半导体存储器分为哪两大类？随机存取存储器由哪几个部分组成？

6.3　什么是 SRAM，DRAM，ROM，PROM，EPROM 和 EEPROM？

6.4　常用的存储器片选控制方法有哪几种？它们各有什么优缺点？

6.5　动态 RAM 为什么要进行定时刷新？EPROM 存储器芯片在没有写入信息时，各个单元的内容是什么？

6.6　某 SRAM 的单元中存放有一个数据，如 5AH，CPU 将它读取后，该单元的内容是什么？

6.7　下列 ROM 芯片各需要多少个地址输入端？多少个数据输出端？

（1）16K×4 位　　（2）32K×8 位

（3）256K×4 位　　（4）512×8 位

6.8　若某微机有 16 条地址线，现用 SRAM 2114(1K×4)存储器芯片组成存储系统，问采用线选译码时，系统的存储容量最大为多少？需要多少个 2114 存储器芯片？

6.9　某 RAM 芯片的存储容量为 1024×8 位，该芯片的外部引脚应有几条地址线？几条数据线？若已知某 RAM 芯片引脚中有 15 条地址线，8 条数据线，那么该芯片的存储容量是多少？

6.10　已知某微机控制系统中的 RAM 容量为 4K×8 位，首地址为 3000H，求其最后一个单元的地址。若微机控制系统中 RAM 的首地址为 3000H，末地址为 63FFH，求其内存容量。

6.11　设有一个具有 20 位地址和 8 位字长的存储器，问：

（1）该存储器能够存储多少字节的信息？

（2）如果该存储器由 64K×1 位的 RAM 芯片组成，需要多少片？

（3）在此条件下，若数据总线为 8 位，需要多少位地址线作芯片选择？

6.12　用下列芯片构成存储器系统，需要多少个 RAM 芯片？需要多少位地址作为片外地址译码？设系统有 20 位地址线，采用全译码方式。

（1）512×4 位 RAM 构成 16KB 的存储器系统。

（2）64K×1 位 RAM 构成 256KB 的存储器系统。

6.13　试为某 8 位微机系统设计一个具有 8KB ROM 和 40KB RAM 的存储器。要求 ROM 用 EPROM 芯片 2732 组成，从 0000H 地址开始；RAM 用 SRAM 芯片 6264 组成，从 4000H 地址开始。

6.14　设某系统的数据线宽度为 8 位，地址线宽度为 16 位，现有容量为 2K×4 的 SRAM 芯片若干。如果需要扩充共 8KB 的 RAM 子系统，并且要求该 RAM 子系统占用的地址范围从 C800H 起连续且唯一。

（1）画出 SRAM 芯片与系统总线的连线（所需要的译码器及各类门电路可任选）。

(2) 标明各芯片(组)的地址范围。

6.15 已知某 SRAM 芯片,地址总线 $A_{13} \sim A_0$,数据总线 $D_7 \sim D_0$,控制线 $\overline{WE}$ 和 $\overline{CS}$ 和 $\overline{OE}$,利用该芯片构成 8086 的从 E8000H~EFFFFH 的内存。

(1) 该芯片的存储器容量是什么?共需要几个存储器芯片才能满足上述要求?

(2) 试画出片选信号 $\overline{CS}$ 的产生电路。

(3) 从地址 E8000H 开始,顺序将 00H、01H、02H……直到 FFH 重复写入上面构成的内存,编写一个程序实现该功能。

6.16 已知 RAM 芯片,地址总线 $A_{11} \sim A_0$,数据总线 $D_4 \sim D_1$,控制线 $\overline{WE}$ 和 $\overline{CS}$,试回答如下问题:

(1) 若要求构成一个 8K×8 位的 RAM 阵列,需几个这样的芯片?设 RAM 阵列占用起始地址为 E100H 的连续地址空间,试写出每块 RAM 芯片的地址空间。

(2) 若采用全地址译码方式译码,试画出存储器系统连接图。

(3) 试编程:将 55H 写满每个片,再逐个存储单元读出做比较,若有错则 CL=FFH,正确则 CL=77H。

第7章 微型计算机输入/输出接口技术

在微机系统中,为了实现人机对话,需要使用大量的输入/输出设备,如键盘、鼠标、显示器等,在某些控制场合,还需要用到模/数转换器和数/模转换器。由于这些外部设备和装置的工作原理、驱动方式、信息格式和数据处理速度等各不相同,必须经过中间电路才能与 CPU 相连,因此这部分中间电路就是输入/输出接口,简称 I/O 接口。

本章主要讨论输入/输出接口和系统中的数据传送机制,包括 I/O 接口的概念、I/O 接口的基本结构和功能、I/O 端口寻址方式、CPU 与外设之间的数据传送方式等。

7.1 概 述

7.1.1 输入/输出接口的概念与功能

1. I/O 接口

I/O 接口是位于系统与外设间,协助完成数据传送的电路。I/O 接口的研究内容涉及硬件接口电路和软件接口程序两部分。若不加说明,本书所说的接口都是指硬件接口电路。

I/O 接口是连接外设和主机的一个"桥梁"。I/O 接口的外设侧、主机侧各有一个接口。主机侧的接口称为内部接口,外设侧的接口称为外部接口。内部接口通过系统总线与内存和 CPU 相连,而外部接口则通过各种接口电缆(如串行电缆、并行电缆、网线或 SCSI 电缆等)与外设相连。

2. I/O 接口与系统和外设的连接

图 7-1 所示为总线结构的 I/O 接口电路示意图,每一台外设都通过 I/O 接口挂到系统总线上。图 7-1 中与 CPU 相连的系统总线包括数据线、地址线和控制线,与外设相连的 I/O 总线包括数据线、控制线和状态线。

1) I/O 接口与系统的连接

I/O 接口通过数据线、地址线和控制线与系统相连。

数据线是接口电路与 CPU 之间数据信息、状态信息和控制信息的传送线,其根数一般等于存储字长的位数或字符的位数,它通常是双向的,也可以是单向的。若采用单向数据总线,则必须用两组数据线分别实现数据的输入和输出功能,而双向数据总线只需一组即可。

地址线是接口电路与 CPU 之间地址信息的传送线,主要用来选择外设,地址线的数量取决于 I/O 指令中外设端口地址的位数。地址线可分为高位地址线和低位地址线,其中低位地址线用于选择 I/O 接口内的各个寄存器,高位地址线则用于片选译码。

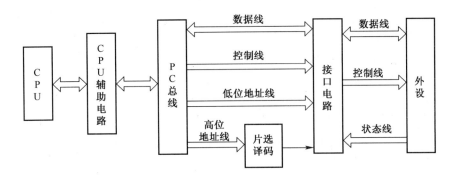

图 7-1 I/O 总线结构的 I/O 接口电路示意图

控制线主要用来实现对 I/O 接口的读写控制,它是一组双向总线,其数量与命令信号多少有关。

2) I/O 接口与外设的连接

I/O 接口通过数据线、控制线和状态线与外设相连。

数据线是接口电路与外设之间数据信息的传送线。控制线主要用来传输接口电路向外设发出的各种控制信号。状态线是将外设的状态信息向接口电路传送的信号线,如外设是否准备就绪、是否向 CPU 发出中断请求等,它是一组单向总线。

3. 采用 I/O 接口的必要性

CPU 与外设信息的传输是在控制信号的作用下通过数据总线来完成的。外设种类繁多,它们对所传输信息的要求也各不相同,给 CPU 与外设之间的信息传输带来了以下问题:

1) 速度不匹配

CPU 速度很快,而外设的速度要慢得多,且不同的外设速度差异很大,它们之中有每秒钟能传输兆位数量级的硬磁盘,也有每秒钟只能打印百位字符的串行打印机或速度更慢的键盘。

2) 信号电平不匹配

CPU 所使用的信号多是 TTL 电平,而外设大多是复杂的机电设备,往往不能用 TTL 电平驱动,必须有自己的电源系统和信号电平。

3) 信号格式不匹配

CPU 系统总线上传输的通常是 8 位、16 位或 32 位的并行数据,而外设使用的信号格式各不相同。有些外设使用的是模拟量,有些使用的是数字量或开关量;有些外设的信号是电流量,有些却是电压量;有些外设采用串行方式传输数据,有些则用并行方式传输数据。

4) 时序不匹配

各种外设都有定时和控制逻辑,与 CPU 的时序不一致。

由于 CPU 与外设在传输数据方面存在上述不匹配,为使 CPU 与外设可靠有效地进行数据传输,采用 I/O 接口成为必然。

4. I/O 接口的功能

I/O 接口应具备以下功能：

（1）设置数据的寄存、缓冲逻辑，以适应 CPU 与外设之间的速度差异。

（2）进行信息格式的转换，如串行和并行的转换。

（3）协调 CPU 与外设在信息类型和电平上的差异，如电平转换驱动器、数/模和模/数转换器等。

（4）协调时序差异，同步 CPU 与外设的工作。

（5）地址译码和设备选择功能，使 CPU 在某一时刻只能选中一个 I/O 端口。

（6）提供联络信号，承担 CPU 与外设之间的联络工作，联络的具体信息有控制信息、状态信息和请求信号等，如外设的"Ready""Busy"等状态。

（7）设置中断和 DMA 控制逻辑，以保证在中断和 DMA 允许的情况下，产生中断和 DMA 请求信号，并在接收到中断和 DMA 应答之后完成中断处理和 DMA 传输。

5. I/O 接口的类型

I/O 接口可按以下几种方式进行分类。

1）按数据传送方式分为并行接口与串行接口

并行接口（如 Intel 8255）在外设与接口之间同时传送一个字节或字的所有位，用于连接快速设备；串行接口则一位一位地传送（如同步/异步串行发送器 Intel 8251），主要用于连接显示终端等慢速设备。对于串行接口，接口内部必须有串行到并行的转换部件。

主机侧的内部接口，数据在接口与主机之间总是通过系统总线按字节、字或多字进行并行传输；外设侧的外部接口，数据在接口与外设之间有串行和并行两种传送方式。

2）按功能选择的灵活性分为可编程接口与不可编程接口

可编程接口（如 Intel 8255、Intel 8212）能用软件编程来改变或选择接口的功能、工作方式和工作状态；不可编程接口（如磁盘控制芯片 Intel 8212）不能用软件编程来改变其功能，但可通过硬件连接线路逻辑来实现不同的功能。

3）按通用性分为通用接口与专用接口

通用接口（如 Intel 8255、Intel 8212）可供多种外设使用；专用接口（如可编程键盘/显示器接口 Intel 8279、可编程 CRT（阴极射线管显示器）控制接口 Intel 8275）是为某类外设或某种用途专门设计的。

4）按数据传送的控制方式分为程序式接口与 DMA 式接口

程序式接口用于连接速度较慢的外设，如显示终端、键盘、打印机等，计算机中都配有中断式接口（如中断控制器 Intel 8259A），一般都采用程序中断方式实现主机和外设之间的数据交换；DMA 式接口（如 DMA 控制器 Intel 8237A）用于连接磁盘等高速外设。

5）按设备的连接方式分为点对点接口与多点接口

点对点接口只和一个外设相连，如打印机、键盘、调制解调器等设备；多点接口方式主要用于支持大量的外部存储设备和多媒体设备，如 CD-ROM、视频和音频。多点接口的典型例子有 SCSI 接口和 P1394 接口，SCSI 接口是一种并行 I/O 总线，P1394 接口是一种串行 I/O 总线。

7.1.2 CPU 与外设之间的接口信息

在接口电路中，数据信息、状态信息和控制信息作为 CPU 与外设之间的接口信息，必须分别传送，进入不同的寄存器，通常将这些寄存器统称为 I/O 端口，CPU 可对端口中的信息直接进行读/写。在一般的接口电路中都要设置数据端口、控制端口和状态端口，CPU 在传送信息时，可以根据不同的任务寻址不同的端口，从而实现不同的操作。

1. 数据信息

在微型计算机系统中，数据信息通常包括数字量、模拟量和开关量 3 种基本形式。

数字量是指由键盘或其他输入设备输入，以二进制形式或以 ASCII 码形式表示的数或字符，其位数有 8 位、16 位和 32 位等，数字量可直接与 CPU 连接。

模拟量是指在计算机控制系统中，某些现场信息（如压力、声音等）经传感器转换为电信号，再通过放大得到模拟电压或电流。这些信号需要先经过 A/D 转换转变成数字量才能输入计算机，同样计算机也必须先将数字信号经过 D/A 转换转变成模拟量，再经相应的幅度处理后才能去控制外部执行机构。

开关量是指只含两种状态的量（如电灯的开与关，电路的通与断等），所以只需用一位二进制数即可描述。在这种情况下，对一个字长为 16 位的机器，一次输出就可以控制 16 个开关量。

2. 状态信息

状态信息主要用来指示输入/输出设备当前的状态，CPU 根据这些状态信息适时准确地进行有效的数据传送。

常见的外设状态信息有输入设备是否准备就绪信号（READY）和输出设备忙信号（BUSY）等。若输入设备准备就绪，则状态信息显示为 READY=1，CPU 可以读取外设的数据信息；若输出设备正在输出信息，则状态信息显示为 BUSY=1，CPU 就必须等待，直到输出设备不忙，即 BUSY=0 时，才能向输出设备写数据。

3. 控制信息

控制信息主要是用来控制输入/输出设备的一类接口信息，它能控制设备的启动与停止。

数据信息、状态信息和控制信息的含义各不相同，按道理这些信息应该分别传送。但在微型计算机系统中，只有通用的输入 IN 和输出 OUT 两种指令，所以状态信息和控制信息必须作为数据来传送，其中状态信息作为输入数据，而控制信息作为输出数据，这样 3 种信息都可以通过数据总线来传送。由于一个外设端口是 8 位，通常情况下状态信息和控制信息都仅有 1 位或 2 位，因此不同外设的状态信息与控制信息可共用一个端口。一个典型的 I/O 接口如图 7-2 所示。

需要注意的是，接口和端口是两个不同的概念。端口是指接口电路中能被 CPU 直接访问的寄存器或某些特定的器件，分别用来存放数据信息、控制信息和状态信息，相应的端口就是数据端口、控制端口和状态端口。CPU 通过这些端口来发送命令、读取状态和传送数据。若干个端口加上相应的控制逻辑才能组成接口。

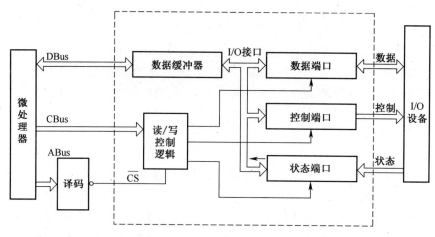

图 7-2 一个典型的 I/O 接口

7.1.3 I/O 端口的编址方法

CPU 对外设的访问实质上是对 I/O 接口电路中相应的端口进行访问,这需要由译码电路形成 I/O 端口地址。I/O 端口的编址方式通常有两种:统一编址方式和独立编址方式。

1. 统一编址方式

统一编址也称为存储器映射编址,是将 I/O 端口地址与存储器地址统一分配,即把一个 I/O 端口看作是一个存储单元。在这种编址方式中,I/O 端口与存储单元统一安排在整个内存空间中。一个外设端口占用一个存储单元地址,在进行 I/O 传送时,采用与存储器相同的传送指令就可实现,无需使用 IN 或 OUT 指令。Motorola 系列、MCS-51 系列单片机均采用这种方式。

1) 统一编址方式的主要优点

(1) 端口寻址手段丰富,对其数据进行操作可与对存储器操作一样灵活,且不需要专门的 I/O 指令,有利于 I/O 程序的设计。

(2) I/O 寄存器数目与外设数目不受限制,且只受总存储容量的限制,读写控制逻辑比较简单。

2) 统一编址方式的主要缺点

(1) I/O 端口要占用存储器的一部分地址空间,使可用的内存空间减少。

(2) 存储器操作指令通常要比 I/O 指令的字节多,因此加长了 I/O 操作的时间。

2. 独立编址方式

独立编址也称为 I/O 映射编址,是将 I/O 端口和存储器分开独立编址,即 I/O 端口和存储器的地址空间是相互独立的。微处理器需要提供两类访问指令:一类用于访问存储器,它具有多种寻址方式;另一类用于访问 I/O 端口,必须采用专用 I/O 指令,即输入指令 IN 和输出指令 OUT。80x86 系列微机采用这种编址方式。

事实上,采用独立编址方式的微处理器通常有存储器与 I/O 的选择信号,如 8088 的 IO/$\overline{M}$ 信号,当使用 MOV 指令并指示地址信息时,该信号变为低电平,表示访问存储器;当使用 IN 或 OUT 指令时,该信号自动变为高电平,表示访问 I/O 设备。IN 和 OUT 指令包含直接寻址和寄存器间接寻址两种类型。

如果采用直接寻址,即端口地址为一个字节长,可寻址 2^8 个端口,共计 256 个。如果采用寄存器间接寻址,即端口地址为两个字节长,这时地址需由 DX 寄存器间接给出,可寻址 2^{16} 个端口,共计 64K 个。

1) 独立编址方式的优点
(1) I/O 端口的地址空间独立,且不占用存储器地址空间。
(2) 地址线较少,寻址速度相对较快。
(3) 使用专门 I/O 指令,编制的程序清晰,便于理解和检查。

2) 独立编址方式的缺点
(1) I/O 指令较少,访问端口的手段远不如访问存储器的手段丰富,导致程序设计的灵活性较差。
(2) 需要存储器和 I/O 端口两套控制逻辑,增加了控制逻辑的复杂性。

7.1.4 I/O 端口的地址分配

不同的微型计算机对 I/O 端口地址的分配是不同的。如 IBM PC/XT 和 PC/AT 支持的端口数目是 1024 个。其端口地址空间为 000H~3FFH,由地址线 A_9~A_0 进行译码。其中,系列微型计算机中的 I/O 端口地址分为两部分,即 1024 个端口的前 256 个端口(000H~0FFH)专供 I/O 接口芯片使用,后 768 个端口(100H~3FFH)专供 I/O 扩展槽上的接口控制卡使用。PC/XT 和 PC/AT 主板上接口芯片的端口地址和扩展槽上接口控制卡的端口地址分别如表 7-1 和表 7-2 所列。

用户在设计扩展接口时,应注意不要使用系统已占用的地址。要准确了解系统中使用了哪些端口,最好的方法是进入 Windows 后,通过控制面板中的系统程序,查看 I/O 端口的分配。

表 7-1 PC/XT 和 PC/AT 主板上接口芯片的端口地址

I/O 接口名称	PC/XT	PC/AT	I/O 接口名称	PC/XT	PC/AT
DMA 控制器 1	000~00FH	000~01FH	并行接口芯片	060~063H	
DMA 控制器 2	—	0C0~0DFH	键盘控制器		060~06FH
DMA 页面寄存器	080~083H	080~09FH	RT/CMOS RAM		070~07FH
中断控制器 1	020~021H	020~03FH	NMI 屏蔽寄存器	0A0H	0A0~0BFH
中断控制器 2	—	0A0~0BFH	协处理器		0F0~0FFH
定时器	040~043H	040~05FH			

表 7-2 PC/XT 和 PC/AT 扩展槽上接口控制卡的端口地址

I/O 接口名称	PC/XT	PC/AT	I/O 接口名称	PC/XT	PC/AT
硬盘驱动器控制卡	320~32FH	1F0~1FFH	供用户使用	300~31FH	300~31FH
游戏控制卡	200~20FH	200~20FH	同步通信卡 1	3A0~3AFH	3A0~3AFH
扩展器/接收器	210~21FH		同步通信卡 2	380~38FH	380~38FH

(续)

I/O 接口名称	PC/XT	PC/AT	I/O 接口名称	PC/XT	PC/AT
并行口控制卡 1	370~37FH	370~37FH	单显 MDA	3B0~3BFH	3B0~3BFH
并行口控制卡 2	270~27FH	270~27FH	彩显 CGA	3D0~3DFH	3D0~3DFH
串行口控制卡 1	3F8~3FFH	3F8~3FFH	彩显 EGA/VGA	3C0~3CFH	3C0~3CFH
串行口控制卡 2	2F8~2FFH	2F8~2FFH	软盘驱动器控制卡	3F0~3F7H	3F0~3F7H

7.1.5 I/O 端口的译码

无论是大规模集成电路的接口芯片,还是基本的输入/输出缓冲单元,都是由一个或多个寄存器加上一些附加控制逻辑构成的,对这些寄存器的寻址就是对接口的寻址。

1. I/O 地址译码电路的作用

译码电路的输入信号不仅与地址信号 $A_{15} \sim A_0$ 有关,有时还与控制信号有关,如用 AEN 信号控制非 DMA 传送(当 AEN 信号有效,即 DMA 控制器控制系统总线时,地址译码电路无输出;当 AEN 信号无效时,地址译码电路才有输出),以及用 $\overline{IOR}$、$\overline{IOW}$ 信号控制对端口的读/写等。

译码电路把输入的地址线和控制线经过逻辑组合后,产生输出信号线,连接到 I/O 接口的片选端,低电平有效。即地址译码电路的作用,就是将 CPU 执行 IN/OUT 指令发出的地址信号,翻译成欲操作端口的选通信号,此信号常常作为 I/O 接口内三态门或锁存器的控制信号,接通或断开接口数据线与 CPU 的连接。

2. I/O 地址译码方法

I/O 地址译码方法灵活多样,可按地址和控制信号的不同组合进行译码。一般把地址线分为两部分:高位地址线与 CPU 的控制信号进行组合,经译码电路产生 I/O 接口的片选信号 $\overline{CS}$,实现系统中的片间寻址。低位地址线不参加译码,直接连到 I/O 接口芯片,进行 I/O 接口芯片内的端口寻址。

3. I/O 端口地址译码电路设计

1) 用门电路构成译码电路

常用的门电路有与门、非门、或门、与非门、或非门等。

2) 用译码器构成译码电路

当微机系统中采用独立编址方式来寻址外设时,常用 74LS138、74LS139 等译码器来设计 I/O 译码电路。将要参与译码的地址信号和指示 I/O 操作的控制信号接到译码器的输入端,当 I/O 指令执行时,译码器的输出端便能产生低电平的 I/O 端口片选信号。这些片选信号被送到各 I/O 接口的片选端,就能选中相应的 I/O 接口,对它进行 I/O 读写操作。

【例 7.1】 设计端口地址为 218H 的译码电路。

分析:对应 218H 端口的地址信号 $A_9 \sim A_0$ 依次为 1000011000,只要设计一个译码电路,满足此地址取值均可。

方法 1:采用门电路。图 7-3 所示为采用门电路译码图。

图 7-4 所示为采用实际芯片的门电路译码,其中 74LS30 为 8 输入与非门、74LS20 为

第7章 微型计算机输入/输出接口技术

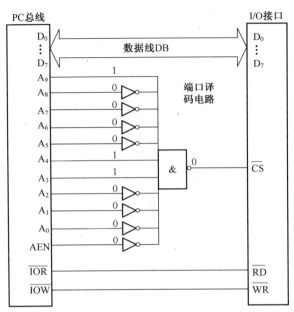

图 7-3 采用门电路译码图

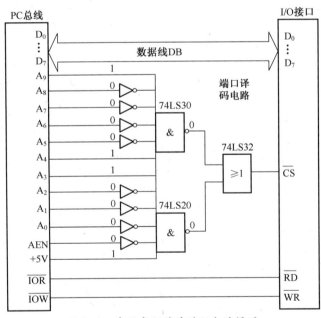

图 7-4 采用实际芯片的门电路译码

4 输入与非门、74LS32 为 2 输入或门,当地址信号为 218H 时,或门 74LS32 输出 0,使 I/O 接口的 $\overline{CS}$ 有效。

方法 2:采用译码器。用译码器和门电路组合实现的逻辑译码电路如图 7-5 所示,其中,地址线 A_2、A_1、A_0 分别接到 74LS138 的 3 个译码输入端 C、B、A,由 DMA 控制器发出的地址允许信号 AEN 接到译码器的使能端 G_1,$A_9 \sim A_2$、$\overline{IOR}$、$\overline{IOW}$ 通过 74LS30 接到译码器的使能端 $\overline{G_{2A}}$ 和 $\overline{G_{2B}}$,通过 3-8 译码器 74LS138 产生的是组选择信号,地址范围为

218H~21FH,将 $\overline{Y_0}$ 接至 I/O 设备的片选端 $\overline{CS}$。

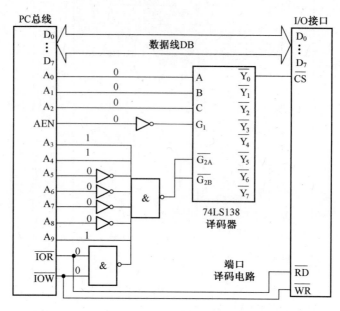

图 7-5 采用译码器和门电路组合实现的逻辑译码电路

注意:若 CPU 地址线为 16 根,由于高位地址线 $A_{15} \sim A_{10}$ 未参与译码,即地址线 $A_{15} \sim A_0$ 为 ×××× ××10 0001 1000 均能使译码器输出 0,所以该电路中一个端口对应多个地址,也就是存在地址重叠问题,共 $2^6 = 64$ 个,图 7-5 中 I/O 地址表如表 7-3 所列。

表 7-3 图 7-5 中 I/O 地址表

地址空间		I/O 地址
$A_{15} \sim A_{10}$	$A_9 \sim A_0$	
0000 00	10 0001 1000	0218H
0000 01	10 0001 1000	0618H
0000 10	10 0001 1000	0A18H
0000 11	10 0001 1000	0E18H
……	……	……
1111 11	10 0001 1000	0FE18H

以上两种译码电路设计方法都是直接利用低位地址线参与译码,这种译码方式又称为直接地址译码。在实际应用中,当端口地址不够用时,可利用低位数据线参与再次译码,以选择多个 I/O 端口地址,即间接端口地址译码,如图 7-6 所示。

地址线 $A_9 \sim A_1$ 和 AEN 信号经 74LS30 后,其输出信号直接与数据总线收发器 74LS245 的使能端 $\overline{G}$ 相连,该输出反向后,与低位地址 A_0、输入输出写信号 $\overline{IOW}$ 通过 74LS10 相与,产生地址寄存器 74LS175 的写入信号。当 A_0 为 1 时,地址寄存器 74LS175 的时钟端才有由低到高的写入信号,把数据线上的 3 位地址写入 74LS175 锁存。而当 A_0 为 1 或者为 0 时,数据总线收发器 74LS245 的使能端 $\overline{G}$ 都有低电平,所以把数据口和地址寄存器的端口地址分别定为 210H 和 211H。该电路使用地址寄存器的 3 位输出作为 2 级地址,这 3 位 2 级地址与 I/O 写信号 $\overline{IOW}$、I/O 读信号 $\overline{IOR}$ 配合,经 3-8 译码器 74LS138 译码再产生两组端口地址。

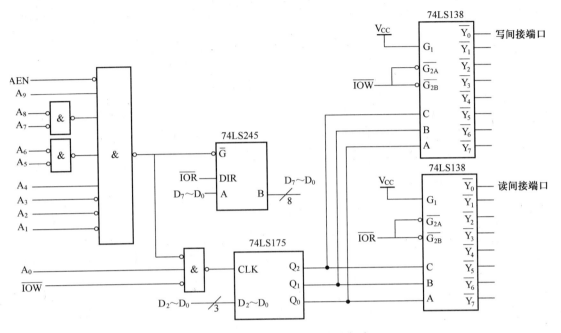

图 7-6 间接端口地址译码电路

这种电路可节省系统地址空间,因为必须把地址作为数据输出寄存,所以多使用一条 OUT 指令输出数据做地址。

7.2 CPU 与外设之间的数据传送方式

CPU 与外设之间的数据传送方式主要有直接程序控制方式、中断传送方式、直接存储器存取方式等。

7.2.1 直接程序控制方式

直接程序控制方式是指通过程序来控制 CPU 与外设之间的数据传送。通过在程序中安排相应的 I/O 指令,直接向 I/O 接口发送控制命令,根据 I/O 接口取得的外设和接口的状态来控制外设与 CPU 之间的数据传送。直接程序控制方式可分为无条件传送方式和条件传送方式两种。

1. 无条件传送方式

有些输出设备随时可以接收数据,如发光二极管的亮/灭、电机的启动/停止;还有些输出设备在接收一个数据后需要经过一段已知的延时才能接收下一个数据,如 D/A 转换器;有些输入设备准备数据的时间是已知的,如 A/D 转换器。对于这类外部设备,可以直接传送数据或者延迟一段时间后再传送数据,这种传送方式就是无条件传送方式。

无条件传送方式又称为同步传送方式,主要用于对简单外设进行操作,或者外设的工作时间是固定或已知的场合。按这种方式传送数据时,外部设备必须已准备好,系统不需要查询外设的状态。在输入时,只给出 IN 指令,而在输出时,则只给出 OUT 指令。当程序执行到输入/输出指令时,CPU 不需了解外设的状态,直接进行数据的传送。这种传送方式的输入/输出接口电路最简单,一般只需要设置数据缓冲寄存器和外设端口地址译码器就可以了。无条件传送方式接口示意图如图 7-7 所示。

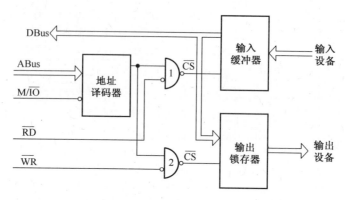

图 7-7　无条件传送方式接口示意图

在输入时,来自外设的数据已输入至输入缓冲器,此时 CPU 执行 IN 指令,指定的端口地址经地址总线送至地址译码器,同时读信号有效,使 1 号门输出低电平,选通该输入接口的输入缓冲器,将输入设备送入接口的数据经数据总线输入至 CPU,完成数据的输入任务。

在输出时,CPU 执行 OUT 指令,将输出数据经数据总线加到输出锁存器的输入端。指定端口的地址由地址总线送至地址译码器,同时写信号有效,使 2 号门输出低电平,选通该输出接口的输出锁存器,将输出数据暂存在输出锁存器中,经输出锁存器输出到外设,完成数据的输出任务。

2. 条件传送方式

条件传送方式又称查询传送方式,它在执行输入/输出操作之前,需通过测试程序对外部设备的状态进行检查。当所选定的外设已准备"就绪"时,才开始进行输入/输出操作。查询传送方式的工作流程包括查询、传送两个基本环节,如图 7-8 所示。

1) 查询环节

查询环节主要通过读取状态端口的标志位来检查外设是否"就绪"。若没有"就绪",则程序不断循环,直至"就绪"后才继续进行下一步工作。

在查询输入操作中,程序首先读状态端口,查询输入设备是否准备好,如果没有准备好,READY 信号为 0,则继续读状态端口,直到 READY 信号为 1,即输入设备准备好为止。

在查询输出操作中,程序首先将要输出到外设的数据准备好,然后读状态端口,查询输出设备是否忙,如果输出设备忙,BUSY 信号为 1,则继续读状态端口,直到 BUSY 信号为 0,即输出设备不忙为止。

但在实际过程中,有时由于外设故障导致不能"就绪",使查询程序进入一个死循环。

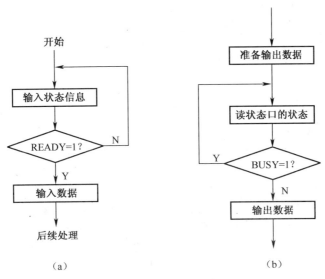

图 7-8 查询传送方式流程
(a) 查询输入流程；(b) 查询输出流程。

为解决这个问题，通常可采用超时判断来处理这种异常情况，即循环程序超过了规定时间，则自动退出查询环节。

2）传送环节

当查询环节完成后，将对数据端口实现寻址，并利用输入指令从数据端口输入数据，或利用输出指令从数据端口输出数据。

查询传送方式中，CPU 与外设的关系是 CPU 主动，外设被动，即 I/O 操作由 CPU 启动。其优点是比无条件传送方式更容易实现数据的有准备传送，控制程序也容易编写，且工作可靠，适应面宽。缺点是只要 CPU 一启动外设，CPU 便不断查询外设的准备情况，从而终止原程序的执行，CPU 和外设处于串行工作状态，CPU 的工作效率不高。查询传送方式适用于 CPU 负担不重、所配外设对象不多、实时性要求不太高的场合。

【例 7.2】 如图 7-9 所示，假设外设的状态端口为 21CH，其中 $D_4=1$ 时，表示外设数据准备好，外设的数据端口为 218H。实现从外设读入 50H 个字节到内存缓冲区 Buffer 中。

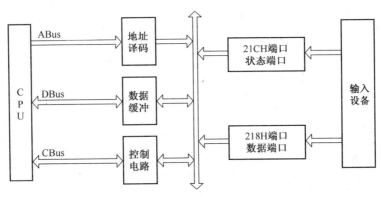

图 7-9 查询输入示意图

分析：根据题意，查询输入时的数据和状态信息如图 7-10 所示，从外设连续传送 50H 个字节数据到内存缓冲区的流程如图 7-11 所示。

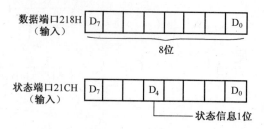

图 7-10 查询式输入时的数据和状态信息

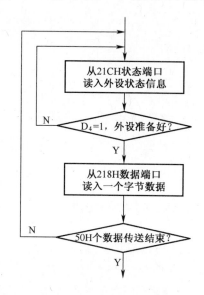

图 7-11 查询输入流程图

查询输入的相应程序段如下：

```
        ……
        MOV     AX,SEG Buffer    ;取缓冲区首地址
        MOV     DS,AX
        LEA     DI,Buffer
        MOV     CX,50H           ;传送个数
NEXT:   MOV     DX,21CH
ASK:    IN      AL,DX            ;从状态端口读入状态信息
        TEST    AL,00010000B     ;检测 D4 位
        JZ      ASK              ;D4=0,继续查询
        MOV     DX,218H
        IN      AL,DX            ;从数据端口读入数据
        MOV     [DI],AL          ;送缓冲区
        INC     DI               ;修改缓冲区指针
        LOOP    NEXT             ;传送下一个
        ……
```

7.2.2 中断传送方式

在程序查询传送方式中,由于 CPU 要等待外设完成数据传输任务,因此对 CPU 资源的使用造成很大浪费,使整个系统性能下降,尤其对某些数据输入/输出速度很慢的外设,如键盘、打印机等更是如此。为弥补这种缺陷,提高 CPU 的使用效率,在 CPU 与外设传送数据的过程中,可采用中断传送方式。

图 7-12 所示为由打印机引起 I/O 中断时,CPU 与打印机的并行工作过程。

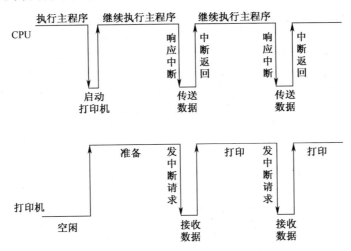

图 7-12　由打印机引起 I/O 中断时,CPU 与打印机的并行工作过程

从图 7-12 可以看出,在中断传送方式中,CPU 和外设同时进行各自的工作,当外设有需要时可向 CPU 提出服务请求,CPU 接到中断申请后,暂时停止当前程序的执行,响应外设的中断请求,并向外设发出中断响应信号,然后转去执行中断服务子程序,中断服务子程序执行完毕后,CPU 重新回到断点,继续处理被临时中断的事务。

在中断传送方式中,CPU 与外设的关系是外设主动,CPU 被动,即 I/O 操作由外设启动,中断服务程序必须预先设计好,且程序入口地址已知,调用时间则由外部信号决定。

中断传送方式的特点是能节省大量的 CPU 时间,实现 CPU 与外设并行工作,提高 CPU 的使用效率,并使外设的服务请求得到及时处理。适应于计算机工作量饱满、实时性要求又很高的系统。但这种控制方式的硬件比较复杂,软件开发与调试也比程序查询方式困难。关于中断及相关知识,详见第 8 章。

7.2.3 直接存储器存取方式

在前两种传送方式中,所有传送均通过 CPU 执行指令来完成,而每条指令均需要取指时间和执行时间,无形之中降低了数据传送速度。由于 CPU 的指令系统仅支持 CPU 与存储器和 CPU 与外设间的数据传送,因此当外设需要与存储器传送数据时,需要利用 CPU 作为中转,这使得传送速度进一步降低。为解决这个问题,减少不必要的中间步骤,可采用直接存储器存取方式传送。

直接存储器存取方式又称 DMA(Direct Memory Access)方式,即在外设与存储器之间传送数据时,不需要通过 CPU 中转,由专门的硬件装置 DMA 控制器(DMAC)即可完成。Intel 8237 和 Intel 8257 就是专用的 DMA 控制器芯片。DMA 方式传送时,由 DMAC 向微处理器请求总线服务,微处理器响应后让出总线,这时系统总线由 DMAC 接管并支配。数据的输入和输出完全由 DMAC 指挥,而不需要再用专门的 I/O 指令。DMA 传送方式如图 7-13 所示。

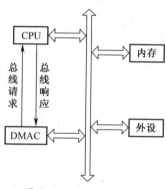

图 7-13 DMA 传送方式

1. DMA 传送的周期安排

在单总线结构的微型计算机中,CPU、存储器、I/O 接口等都挂在同一套总线上,在 CPU 访问存储器期间,外设不能访问存储器,反之亦然。因此,CPU 和外设利用总线对存储器访问的时间必须适当安排,不能产生冲突。对总线周期的安排方法基本上有 3 种:周期借用、周期扩展和周期抢占,如表 7-4 所列。

表 7-4 DMA 操作基本方法比较

方法	周期借用	周期扩展	周期抢占
实现	判断电路复杂	用专门的时钟发生器	异步握手,接管总线
限制	数据传送不连续,不规则	时间有限,只能单字节传送	可单字节或块传送,受限于 CPU 不响应中断及不刷新动态存储器的时间极限
对 CPU 影响	无	CPU 减速	CPU 空等,降低利用率
应用	很少用	有时用	常用

周期借用是指 DMA 操作利用 CPU 不使用存储器的那些周期来进行,即"挪用"已有的周期为 DMA 服务。

周期扩展是指当有 DMA 请求时,时钟电路展宽提供给 CPU 的时钟周期,而存储器、DMA 控制器使用的时钟周期保持不变。展宽的时钟周期相当于若干个正常的时钟周期。在这若干个周期内可以进行 DMA 数据传送,而 CPU 的操作不往下进行,因此也就降低了 CPU 的处理速度。

周期抢占是一种简单化的处理方法,当有 DMA 请求时,让 CPU 停止运行,系统转入 DMA 访存周期。在 DMA 数据传送期间,总线置于 DMA 控制器的管理之下,在 DMA 数据传送结束时,总线控制权将交还 CPU,从而进入 CPU 控制总线的一般工作方式。

就实现途径而言,周期借用法需要复杂的电路来判断 CPU 何时不访问存储器,周期扩展法需要用专门的时钟发生器,而周期抢占法只是简单地通过异步握手来转换总线控制权。

从对 CPU 的影响来看,周期借用法最好,它只是挖掘潜力,充分利用"空闲"周期为 DMA 服务,对 CPU 的速度和效率毫无影响;周期扩展法次之,它使 CPU 减速运行;周期抢占法最差,它使 CPU 空等,降低了利用率。

从对数据传送的限制来看,周期借用法最差,因为数据的传送不能连续进行,且不规则,它必须趁 CPU 不访问内存的"空闲"周期来进行 DMA 操作;周期扩展法次之,因为可扩展的时间十分有限,一般只能传送一个字节;周期抢占法最好,它可单字节或成块地传送数据,只是块长受限于 CPU 不响应中断和不刷新动态存储器的时间极限。DMA 数据传送期间 CPU 不能响应任何中断,包括非屏蔽中断在内,因此,不能刷新动态存储器。

从应用情况来看,周期借用法用得很少,周期扩展法也很少用,而周期抢占法则使用最广。

2. DMA 控制器的基本传送模式

各种 DMA 控制器都有单字节传送和数据块(字节组)传送两种基本传送模式。单字节传送是指每次数据请求仅传送一个字节数据,之后 DMA 控制器便释放系统总线;数据块传送是指每次数据请求连续传送一个数据块,在指定长度的数据块传送完后,DMA 控制器才释放系统总线。除了字节计数递减为 0 会导致块传送结束外,DMA 控制器往往还接收外界送来的过程结束信号,以控制传送的终结。

由于 DMA 传送方式是在硬件控制下完成的,不需 CPU 的介入,因此传输速度高,适用于数据量较大的传送,如存储器与高速外设之间、高速外设与高速外设之间和存储器与存储器之间的数据传送。磁盘读写、磁盘之间的数据交换是 DMA 传送的典型应用。同步通信中的信息收发、图像显示、高速数据采集系统等都常常采用 DMA 传送。DMA 传送方式的缺点是需要专门的 DMA 控制器,电路结构复杂,硬件开销较大。

CPU 与外设之间的数据传送,除了上述 3 种基本传送控制方式外,还有 I/O 通道控制方式和外围处理机入出方式。I/O 通道控制方式是 CPU 委托专门的 I/O 处理机来管理外设,完成传送和相应的数据处理操作。外围处理机入出方式是使用微小型通用计算机作为外围处理机协助主处理机完成输入/输出操作,主要用于大型高性能的计算机系统中。

7.3 I/O 接口的基本结构及读写技术

7.3.1 I/O 接口的基本结构

典型 I/O 接口的内部结构框图如图 7-14 所示。从结构上看,可以把一个接口分为两个部分,一部分用来与 I/O 设备相连,另一部分用来与系统总线相连。对于不同类型的接口,其内部结构和功能随所连外部设备的不同而有一定差异。

1. 寄存器

1) 数据寄存器

数据寄存器可分为数据输入寄存器和数据输出寄存器两种。数据输入寄存器接收外设送来的数据信息,由 CPU 用输入指令将数据取走。由于数据输入寄存器的输出接在数据总线上,因此它必须有三态输出功能。数据输出寄存器存放 CPU 送往外设的数据信息,以便外设取走。数据输入/输出寄存器在高速工作的 CPU 与慢速工作的外设之间起协调与缓冲作用。

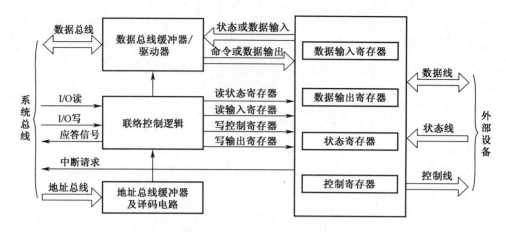

图 7-14 典型 I/O 接口的内部结构框图

2）控制寄存器

控制寄存器用于存放 CPU 发来的控制命令，以确定接口电路的工作方式和功能，可以通过编程来选择或改变其工作方式和功能，即可编程接口芯片。控制寄存器只能由 CPU 写入，而不能读出。

3）状态寄存器

状态寄存器用于保存外设当前的工作状态信息。外设的状态由外设传送到 I/O 接口的状态寄存器中，从而使 CPU 了解数据传送过程中正在发生或最近已发生的状况。CPU 用输入指令（如 IN AL,DX）将状态寄存器中的状态信息通过数据总线读入累加器。

以上 3 种寄存器是 I/O 接口电路中的核心部分，在较复杂的 I/O 接口电路中还包括数据总线缓冲器/驱动器、地址总线缓冲器及译码电路、联络控制逻辑等部分。

2. 数据总线缓冲器/驱动器

数据总线缓冲器/驱动器是连接系统数据总线的部分，起到缓冲与驱动功能，以减轻系统总线的负担，同时采用双向三态逻辑，由内部控制逻辑改变输入/输出方向。

CPU 发送到外设的控制信息、数据信息以及从外设读入的状态信息和输入的数据信息都经过数据总线缓冲器。

3. 联络控制逻辑

联络控制逻辑接收微处理器发来的读/写控制信号以及由外设送来的应答联络信号，并将微处理器的读/写控制信号转变为对内部各个寄存器的读/写控制信号。

4. 地址总线缓冲器及译码电路

地址总线缓冲器及译码电路接收系统地址总线并加以缓冲驱动，通过内部译码电路产生 I/O 接口内部各个寄存器的地址。

7.3.2 I/O 接口的读写技术

1. 简单的输入输出接口

在一些普通应用场合可以使用简单的输入/输出接口，即输入时使用缓冲器，输出时使用锁存器。

1) 常用缓冲器

最常用的缓冲器就是三态门电路,其基本特性是,三态门控制端无效时输出处于高阻状态,有效时输出等于输入。一旦控制端无效,则输出立即变成高阻状态,不再与输入有任何关系。74 系列的三态门缓冲驱动器有 74LS125、74LS244、74LS245、74LS240 等。图 7-15 所示为三态门缓冲器逻辑示意图,其中 1 为控制端,低电平有效,2 为输入,3 为输出。

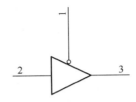

图 7-15　三态门缓冲器逻辑图

图 7-16 所示为常用缓冲器芯片逻辑引脚示意图,其中 U1 为反相输出的三态门缓冲器、U2 为正向输出的三态门缓冲器、U3 为双向(均同相)三态门缓冲器。

74LS240 输出(iYj)与输入(iAj)是反相的,74LS244 输出与输入同相,它们内部都由两组三态门组成,每组 4 个三态门,其中 $\overline{1G}$ 控制第一组(4 位)1Aj 和 1Yj、$\overline{2G}$ 控制第二组(4 位)2Aj 和 2Yj,都是低电平有效。

74LS245 为双向三态缓冲器,DIR 为方向控制引脚,DIR = 0,数据传输方向由 B 到 A; DIR = 1,则由 A 到 B。$\overline{E}$ 为输出使能端,低电平有效。

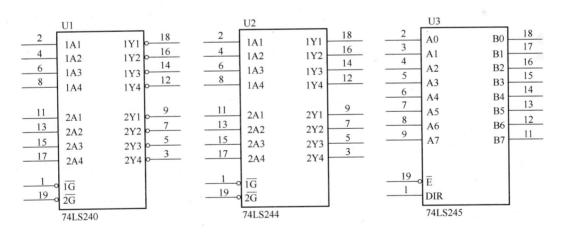

图 7-16　常用缓冲器芯片逻辑引脚示意图

2) 常用锁存器

锁存器的基本特性是,在锁存允许信号(或时钟信号)的作用下,输入端的数据被存入锁存器,即输出结果与锁存前的输入状态一致。在没有下一次锁存允许的前提下,输出端的状态保持不变。74 系列的锁存器有 74LS273、74LS274、74LS373、74LS374、74LS377 等。图 7-17 所示为常用锁存器芯片逻辑引脚示意图。

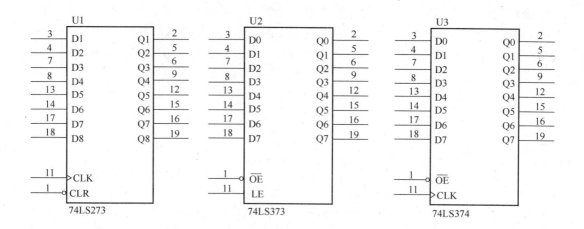

图 7-17 常用锁存器芯片逻辑引脚示意图

74LS273 是带清除端的 8D 触发器，CLR 为清除端，低电平使输出端全为 0，在 CLK 的上升沿将 D 端的 8 位数据锁存，即 Q 端输出与锁存前 D 端输入一样。

74LS373 是三态输出的 8D 透明锁存器，$\overline{OE}$ 为输出使能端，低电平有效，LE 为锁存允许信号，高电平锁存，低电平保持。

74LS374 是三态输出的 8D 边沿触发器，$\overline{OE}$ 为输出使能端，低电平有效，CLK 为锁存时钟，上升沿锁存。

74LS373 和 74LS374 实际上是由寄存器和三态缓冲器组成的，即数据进入寄存器后，再经过三态缓冲器才能输出。此类三态缓冲寄存器既可作数据输入寄存器，又可作数据输出寄存器。若将 74LS373 的锁存允许端一直接高电平，则三态缓冲锁存器即为三态缓冲器；若将 74LS373 的输出允许端一直接低电平，则三态缓冲锁存器即为三态锁存器。74LS273 无三态输出控制，只能作为输出寄存器，不能作为输入寄存器。

在选用缓冲器及锁存器时，应注意速度匹配问题。74 系列有标准 TTL 的 LS 系列、HCMOS 的 HC 系列、高速的 AS、F、AHCT 系列等，数字相同的型号逻辑功能完全一样，差别仅在于速度和温度范围。

2. 端口的读/写控制

在进行输入/输出操作中，一般来说，输入需要缓冲，输出需要锁存。输入缓冲就是在输入时，微处理器与外设之间连接数据缓冲器，当读该缓冲器的控制信号有效时，将缓冲器中的三态门打开，使外设的数据进入系统的数据总线。输出锁存是指输出操作时，微处理器与外设之间连接 锁存器，有输出指令并指示该 I/O 端口时，使总线上的数据进入锁存器。

端口读/写操作的关键，除了译码产生片选信号外，读/写控制信号也必须参与芯片的选通或控制。

1) 端口的读操作

在进行输入/输出的过程中，外部设备经常有数据信息和状态信息送到微处理器。这些信息已经存放在接口相应的寄存器中,通过端口的读操作即可将这些信息读入到微处理器。这些寄存器不能直接接到系统的数据总线上,以免长时间占用总线,而应该通过三态缓冲器接至数据总线上。只有对该寄存器占用的地址进行读操作时,才打开该数据缓冲器的三态门,将数据传送至数据总线上。而其他时间,三态门处于高阻状态,不影响总线上的信息传送。

图 7-18 所示为一个输入设备的简单接口电路,该电路在 CPU 执行下列指令时,将输入设备的数据读入 CPU 内 AL 中。

```
MOV  DX,200H
IN   AL,DX
```

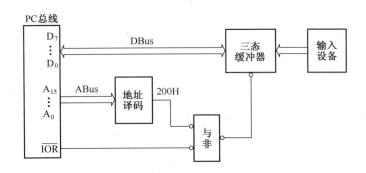

图 7-18 一个输入设备的简单接口电路

图 7-18 中可以利用双向三态门 74LS244 作为缓冲器的 8 位端口读操作逻辑。只有当 $A_{15} \sim A_0$ 上出现 200H(0000 0010 0000 0000B)时,地址译码输出 0,其他时刻输出 1。也就是从硬件上保证,只有在 CPU 执行从 200H 端口输入数据时,三态门处于工作状态,使输入设备的数据送上总线侧;而在 CPU 执行其他指令时,三态门均处于高阻状态,使输入设备的数据线与总线断开。

2) 端口的写操作

微处理器向外部设备输出数据时就要进行写操作,即执行输出指令(如 OUT)。输出操作时,I/O 接口通常具有锁存功能。如果不具备锁存功能,则需另行加入锁存电路,以保证在输出时,系统数据总线上的数据进入锁存器后,总线上的数据不会影响锁存输出的值,通常可用触发器或锁存器完成。触发器或锁存器都有一个写入控制引脚,当该引脚有写入脉冲时,才将其输入端的信息存入锁存器或触发器,其输出端才翻转到输入状态。

图 7-19 所示为一个输出设备的简单接口电路,该电路在 CPU 执行下列指令时,将 CPU 内 AL 中的数据送至输出设备。

```
MOV  DX,300H
OUT  DX,AL
```

图 7-19 中可以利用 8D 触发器 74HC273 构成 8 位输出端口,只有当 $A_{15} \sim A_0$ 上出现 300H(0000 0011 0000 0000B)时,地址译码输出 0,其他时刻输出 1。也就是从硬件上保证,只有在 CPU 执行从 300H 端口输出数据时,锁存器处于触发状态,其输出随输入变化;而在 CPU 执行其他指令时,锁存器均处于锁存状态,其输出不随输入变化。

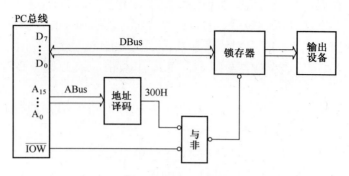

图 7-19 一个输出设备的简单接口电路

习 题

7.1 CPU 与外设传送数据时为什么需要 I/O 接口？I/O 接口的基本功能有哪些？

7.2 I/O 接口传送的信息分为哪几类？传送的数据信息分为哪几种？

7.3 统一编址方式和独立编址方式各有什么特点和优缺点？

7.4 简述 CPU 与外设之间进行数据传送的几种常用形式，各有何优缺点？

7.5 简述 CPU 与外设以查询方式传送数据的过程。现有一输入设备，其数据端口的地址为 0FEE0H，并从端口 0FEE2H 提供状态，当其 D_0 位为 1 时表明输入数据准备就绪。试编写采用查询方式进行数据传送的程序段，要求从该设备读取 100 个字节并输入到从 2000H:2000H 开始的内存单元中。（程序中需加注释）

7.6 试画出 8 个 I/O 端口地址为 650H~657H 的译码电路（译码电路有 8 个输出端）。

第8章 微型计算机中断技术

8.1 中断的基本概念

8.1.1 中断及中断源

1. 中断

中断是指计算机在正常运行的过程中,由于发生某种事件需要CPU处理时,CPU会暂时中断当前程序的执行,而转去执行相应的事件处理程序,事件处理完毕后,再返回到被中断的程序处继续执行。即在程序执行过程中,由于发生某种事件而插入另外一段程序运行,这就是中断。

这种中断处理方式和人们日常生活中的事件有许多相似之处。例如,人们正在阅读书籍,这时电话响了,便会暂停阅读,并在该页做出标记,待接听电话后,再继续阅读。

中断技术是现代计算机系统中十分重要的技术。最初,在计算机系统中引入中断技术是为了解决快速的CPU与慢速的外部设备之间的速度差异。通常,处理器的运算速度较快,外部设备的运算速度较慢,快速的CPU与慢速的外部设备在传输数据的速率上存在矛盾。使用中断技术,使得外部设备与CPU不再是串行工作,而是并行工作,即当外部设备准备好进行数据传输时再向CPU申请中断来为之服务,大大提高了计算机的效率。

随着计算机技术的发展,中断技术不断被赋予新的功能。

1) 分时操作

可以实现CPU与外部设备并行工作。

2) 实时处理

在实时信息处理系统中,需要对信息进行实时处理,采用中断技术可以进行信息的实时处理。

3) 故障处理

计算机系统在运行过程,可能会出现软件或硬件故障,采用中断技术可以有效地进行系统的故障检测和自动处理。

2. 中断源

引起中断的原因或发出中断请求的来源,称为中断源。中断源包括:

(1) 外设中断源。一般有键盘、打印机、磁盘、磁带等,工作中要求CPU为它服务时,会向CPU发送中断请求。

(2) 故障中断源。当系统出现某些故障时(如存储器出错、I/O通道出错等),相关部件会向CPU发出中断请求,以便使CPU转去执行故障处理程序来解决故障。

(3) 软件中断源。在程序中向CPU发出中断指令(8086为INT指令),可迫使CPU

转去执行某个特定的中断服务程序。

（4）为调试而设置的中断源。系统提供的单步中断和断点中断,可以使被调试程序在执行一条指令或执行到某个特定位置时,自动产生中断,从而便于程序员检查中间结果,寻找错误所在。

8.1.2 中断系统的功能

为了实现中断功能,一个计算机系统应该具备下列功能来正确响应中断请求。

1. 接收中断请求

由于中断源发出的中断请求信号是随机的,因此 CPU 在执行指令期间要将随机的中断请求信号进行锁存,并保持到 CPU 响应中断请求后才可以清除。

2. 识别中断源

不同的中断事件对应不同的中断处理程序,一旦发生中断,CPU 要确定是哪一个中断源提出了中断请求,以便获得相应中断处理程序的入口地址,并转入中断处理。

3. 管理优先级

通常计算机在运行过程中,可能会有多个中断源同时向 CPU 提出中断申请,这个时候应该先响应哪一个中断?合理的做法是事先根据事件的轻重缓急,给每个中断源确定不同的级别,也就是在实际的计算机系统中,为不同的中断源设定不同的优先级。这样,当不同中断源的中断请求同时到来时,CPU 就可以根据事先设定好的中断优先级别,将这些申请排队,先去执行那些重要任务,也就是优先级高的任务,当优先级别高的任务执行完毕后,再去执行优先级别低的任务。优先级管理可以通过软件查询或硬件菊花链电路实现。优先级管理可以使系统具备有序的事件处理能力。

4. 中断嵌套

当 CPU 响应了某一个中断请求,正在执行该中断服务程序时,又有另一个中断源向 CPU 发出了中断请求,由于中断源具有不同的优先级别,CPU 响应将会分为两种情况:①新来中断的优先级等于或低于当前正在响应中断的优先级,CPU 将新来的中断排到中断队列中,继续执行当前的中断服务程序,执行完毕后再去执行新来的中断;②新来中断的优先级高于当前正在响应中断的优先级,CPU 则不得不打断正在执行的中断服务程序而去执行新的、更高优先级的中断服务程序。如果中断优先级多的话,则有可能出现更多层次的嵌套。假设中断请求 A 比中断请求 B 的优先级高且同为可屏蔽中断源,则中断嵌套过程可以归纳如下,如图 8-1 所示。

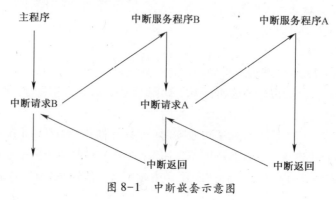

图 8-1　中断嵌套示意图

（1）CPU 执行主程序时，在开头位置安排一条开中断指令后，若来了一个中断请求 B，CPU 便可响应中断 B 而进入相应的中断服务程序中执行。

（2）CPU 执行中断服务程序 B 时，在保护现场后安排一条开中断指令，使 CPU 可屏蔽中断再次开放，若此时又来了优先级更高的中断请求 A，则 CPU 响应中断 A 而执行中断 A 的服务程序。

（3）CPU 执行到中断服务程序 A 末尾的一条中断返回指令后自动返回到中断服务程序 B 中。

（4）CPU 执行到中断服务程序 B 末尾的一条中断返回指令后自动返回到主程序中执行。

至此，CPU 便已完成一次嵌套深度为 2 的中断嵌套。对于嵌套深度更大的中断嵌套，其工作过程也与此类似。

8.1.3 中断工作过程

中断工作过程一般包含以下 5 个步骤：中断请求、中断判优、中断响应、中断处理以及中断返回。

下面即以 8086/8088CPU 可屏蔽中断为例来讨论中断的工作过程，如图 8-2 所示。

1. 中断请求

这是中断过程的第一步，由外部硬件中断源产生中断请求信号或 CPU 内部执行中断指令。

2. 中断判优

如果有两个或两个以上中断源同时发出中断请求，要根据中断优先级，找出最高级别的中断源，首先响应其中断请求，处理完后再响应较低一级的中断源的中断请求。

如果中断源发出中断请求时，CPU 正在执行中断服务程序，则应允许优先级高的中断源中断低一级的中断服务程序，实现中断嵌套。

3. 中断响应

CPU 接到外部可屏蔽中断请求信号后，若满足以下条件，就进入中断响应周期。

（1）CPU 允许中断，即 IF 为 1。

（2）CPU 执行完当前指令。

CPU 响应中断后，将自动完成以下处理。

（1）IF、TF 清零。因为 CPU 响应中断后，要进行必要的中断处理，所以在此期间不允许其他中断源来打扰。

（2）断点保护。对于 8086CPU 来说，是把断点地址 CS 和 IP 及标志寄存器自动压入堆栈。

（3）形成中断入口地址。CPU 响应中断后，根据判优逻辑提供的中断源标识，获得中断服务程序的入口地址，转向对应的中断服务程序。

4. 中断处理

中断处理也称中断服务，是由中断服务程序完成的。中断服务程序一般应由以下几部分按顺序组成。

（1）保护现场。用入栈指令把中断服务程序中要用到的寄存器内容压入堆栈，以便

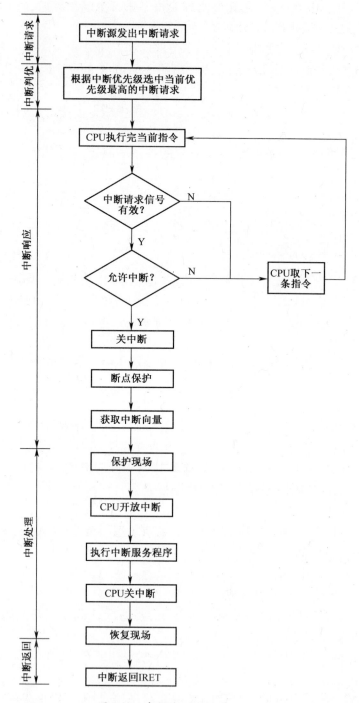

图 8-2 中断过程流程图

返回后 CPU 能正确运行原程序,而断点地址和标志寄存器是由硬件自动保护的,不用在中断服务程序中保护。

(2) CPU 开放中断。以便执行中断服务时能响应高一级的中断请求,实现中断嵌套。需要注意的是,用 STI 指令开放中断时,是在 STI 指令的后一条指令执行完后,才真正开放中断。中断过程中,可以多次开放和关闭中断,但一般只在程序的关键部分才关闭中断,其他部分则要开放中断以允许中断嵌套。

(3) 中断服务程序。执行输入/输出或事件处理程序。

(4) CPU 关中断。执行 CLI 指令,为恢复现场做准备。

(5) 恢复现场。用出栈指令把保护现场时入栈寄存器内容恢复,注意应按先进后出的原则与入栈指令一一对应。出栈后,堆栈指针也应恢复到进入中断处理时的位置。

5. 中断返回

自动返回到断点地址,继续执行被中断的程序。对 8086CPU 来说也就是断点地址 CS 和 IP 自动出栈。

8.2 8086 的中断结构

8.2.1 8086 中断类型

8086 中断属于向量中断,也叫矢量中断或类型中断。8086 系统可处理 256 种不同类型的中断源,每种中断源对应一个中断类型号,256 种中断源对应的中断类型号为 0~255。这 256 种不同类型的中断源可以来自外部,即由硬件产生,也可以来自内部,即由软件(中断指令)产生,或者满足某些特定条件后引发 CPU 中断。8086 中断系统结构如图 8-3 所示。

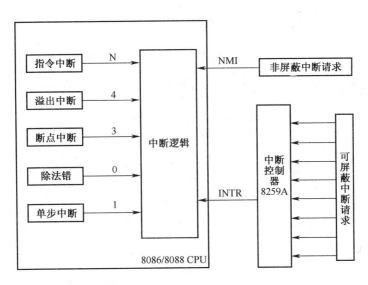

图 8-3 8086 中断系统结构图

1. 外部中断

外部中断是由外部硬件引起的中断,所以也称硬件中断,是 CPU 外部中断请求信号引脚上输入有效的中断请求信号引起的,分为非屏蔽中断和可屏蔽中断两种。

1) 非屏蔽中断

由 NMI 引脚出现中断请求信号使 CPU 产生中断称为非屏蔽中断,它是不可用软件屏蔽的,即不受 CPU 中 IF 位的控制。当 NMI 引脚上出现有效高电平持续 2 个时钟周期以上的上升沿时,表示非屏蔽中断请求信号有效。Intel 公司在设计 8086 芯片时,已将非屏蔽中断的中断类型号预先定义为 2,因此,当 NMI 请求被响应时,不要求外部向 CPU 提供中断类型号,CPU 在总线上也不发送中断应答信号 $\overline{INTA}$,而是自动转入相应的中断服务程序。在 IBM PC/XT 系列机中,非屏蔽中断用于处理存储器奇偶校验错、I/O 通道奇偶校验错以及 8087 协处理器异常等。

2) 可屏蔽中断

由 INTR 引脚出现中断请求信号使 CPU 产生中断称为可屏蔽中断。8086CPU 的 INTR 中断请求信号通常来自中断控制器 8259A,而 8259A 又与需要请求中断的外设相连。在外设发出中断请求信号时,8259A 根据优先级和屏蔽状态决定是否发出 INT 信号。由于 CPU 是在每条指令的最后一个时钟周期对 INTR 信号采样,因此外设的中断请求信号必须在其被接受前保持有效。

接到有效的 INTR 信号后,CPU 是否响应该中断请求,取决于中断允许标志位 IF 的状态。若 IF=1,CPU 开放中断,可以响应,否则不响应。因此,要响应 INTR 的中断请求,CPU 必须开放中断。

在 IBM PC/XT 机中,所有 8 个可屏蔽中断的中断源都先经过中断控制器 8259A 管理之后再向 CPU 发出 INTR 请求。而在 IBM PC/AT 机中,使用两片 8259A,用来管理 15 级外部中断,即 IBM PC/AT 是在 IBM PC/XT 的基础上,增加一个从片 8259A,形成主从式结构。IBM PC/XT 和 IBM PC/AT 系统的外部中断分别如表 8-1 所列。

表 8-1 IBM PC/XT 和 IBM PC/AT 系统的外部中断

	IRQ	标准应用	IRQ	标准应用
PC/XT	NMI	RAM、I/O 校验错、8087 运算错		
	0	定时/计数器 0 通道的日时钟	4	异步通信 1(COM1)
	1	键盘中断	5	硬磁盘控制器
	2	保留(网络适配器)	6	软磁盘控制器
	3	异步通信 2(COM2)	7	并行打印机(LPT1)
PC/AT	NMI	RAM、I/O 校验错、8087 运算错		
	0	系统时钟(18.2Hz)	8	日历实时钟
	1	键盘中断	9	改向 INT 0AH(以 IRQ2 出现)
	2	接收从片 8259A 的中断请求 INT	10	保留
	3	异步通信 2(COM2)	11	保留
	4	异步通信 1(COM1)	12	PS/2 鼠标器
	5	并行口 2(LPT2)	13	协处理器
	6	软磁盘控制器	14	硬磁盘控制器
	7	并行口 1(LPT1)	15	保留

2. 内部中断

内部中断是由 CPU 内部事件引起的中断,内部中断也称软件中断,包括溢出中断、除法出错中断、单步中断、断点中断和指令中断。

1) 溢出中断

溢出中断是在执行溢出中断指令 INTO 时,若溢出标志 OF 为 1,则产生一个中断类型号为 4 的内部中断。溢出中断为程序员提供一种处理算术运算出现溢出的方法,通常和带符号数的加、减法指令一起使用。

2) 除法出错中断

除法出错中断是在执行除法指令(无符号数除法指令 DIV 或带符号数除法指令 IDIV 指令)时,若除数为 0 或商大于目的寄存器所能表达的范围,则会产生一个中断类型号为 0 的内部中断。0 号中断没有相应的中断指令。

3) 单步中断

单步中断是当单步中断标志 TF 为 1 时,在每条指令执行结束后,产生一个中断类型号为 1 的内部中断。单步中断为系统提供了一种方便的调试手段,能够逐条地执行指令。

4) 断点中断

断点中断即 INT 3 指令中断,执行一个 INT 3 指令,产生一个中断类型号为 3 的内部中断。断点中断常用于调试程序。

5) 指令中断

指令中断是执行 INT n 时,产生一个中断类型号为 n 的内部中断。INT n 主要用于系统定义或用户自定义的软件中断,如 BIOS 功能调用和 DOS 功能调用等。

内部中断的中断类型号都是已知的,因此不需要中断响应周期。

8086 的中断优先级由高到低依次为软件中断(单步中断除外)、非屏蔽中断 NMI、可屏蔽中断 INTR、单步中断。

8.2.2 中断向量和中断向量表

由于中断请求是随机出现的,因此不能通过现行程序对中断事件进行处理。通常对于每个中断源都会有一个中断服务程序存放在内存中,而每个中断服务程序都有一个入口地址即中断服务程序首地址。CPU 只需取得中断服务程序的入口地址便可转到相应的中断服务程序去执行。因此,关键问题是如何组织服务程序的入口地址。

8086/8088CPU 采用中断向量的方式来处理中断,CPU 根据中断类型号找到该中断源的中断服务程序入口地址信息。

1. 中断向量

中断服务程序入口地址即为中断向量,每个中断类型对应一个中断向量。每个中断向量为 4 字节(32 位),用逻辑地址表示一个中断服务程序的入口地址,占用 4 个连续的存储单元,其中低 16 位(前 2 个字节)存放中断服务程序入口地址的偏移地址;高 16 位(后 2 个字节)存放中断服务程序入口地址的段地址。

2. 中断向量表

256 种中断类型所对应的中断向量,共需占用 1K 字节存储空间。在 8086/8088 微机系统中,这 256 个中断向量存放在内存最低端 00000H~003FFH(即 0 段的 0~3FFH 区域的 1K 字节)范围,称为中断向量表,如表 8-2 所列。

表 8-2 8086CPU 中断向量表

存储器地址(中断向量地址)	存储器内容(中断向量)	对应中断类型号
00000H	中断服务程序入口偏移地址低 8 位	0
00001H	中断服务程序入口偏移地址高 8 位	
00002H	中断服务程序入口段地址低 8 位	
00003H	中断服务程序入口段地址高 8 位	
00004H	中断服务程序入口偏移地址低 8 位	1
00005H	中断服务程序入口偏移地址高 8 位	
00006H	中断服务程序入口段地址低 8 位	
00007H	中断服务程序入口段地址高 8 位	
…	…	…
003F8H	中断服务程序入口偏移地址低 8 位	254
003F9H	中断服务程序入口偏移地址高 8 位	
003FAH	中断服务程序入口段地址低 8 位	
003FBH	中断服务程序入口段地址高 8 位	
003FCH	中断服务程序入口偏移地址低 8 位	255
003FDH	中断服务程序入口偏移地址高 8 位	
003FEH	中断服务程序入口段地址低 8 位	
003FFH	中断服务程序入口段地址高 8 位	

对应每个中断向量在该表中的地址称为中断向量指针。中断向量指针可由下式计算得到：

$$中断向量指针 = 中断类型号 \times 4$$

例如，类型号为 30H 的中断所对应的中断向量存放在 0000H:00C0H 开始的 4 个单元中，如果 00C0H、00C1H、00C2H、00C3H 这 4 个单元中的值分别为 10H、20H、30H、40H，那么在这个系统中，类型号为 30H 的中断所对应的中断向量为 4030H:2010H，即为该中断服务程序的入口地址。

8.2.3 8086 的中断响应过程

1. 内部中断响应过程

内部中断请求不需要使用 CPU 的引脚，它由 CPU 在下列两种情况下自动触发：一是在系统运行程序时，内部某些特殊事件发生(如除数为 0，运算溢出或单步跟踪及断点设置等);二是 CPU 执行了软件中断指令 INT n。内部中断中除单步中断(受 TF 标志位限制)外都是不可屏蔽的(不受 IF 标志位限制),即 CPU 总是响应。内部中断响应一般过程如下:

(1) 将中断类型号乘以 4,计算中断向量指针。
(2) CPU 的标志寄存器压栈,以保护各个标志位。
(3) 清除 IF 和 TF 标志,屏蔽可屏蔽中断和单步中断。
(4) 保存断点,即把断点处的 IP 和 CS 值压入堆栈,先压入 CS 值,再压入 IP 值。
(5) 根据第(1)步计算的中断向量指针从中断向量表中取出中断服务程序的入口地址(段地址和偏移地址)即中断向量,分别送至 CS 和 IP 中。
(6) 转入中断服务程序执行。

内部中断有如下特点:

(1) 内部中断是由指令或程序运行时标志位状态的改变引起的,因此是可以预测的,这类似于子程序调用。
(2) 内部中断由 CPU 内部引起,中断类型号的获得与外部无关,CPU 不需要执行中断响应周期去获得中断类型号。
(3) 除单步中断外,内部中断无法用软件禁止,不受中断允许标志 IF 的影响。

2. 外部中断响应过程

当外部设备要求 CPU 为它服务时,需要发一个中断请求信号给 CPU。8086 CPU 有两根外部中断请求引脚(INTR 和 NMI)供外设向其发送中断请求信号用,这两根引脚的区别在于 CPU 响应中断的条件不同。CPU 在每条指令的最后一个时钟周期,都要检测中断请求输入引脚,看是否有外设的中断请求信号。根据优先级,CPU 先检查 NMI 引脚再检查 INTR 引脚。

1) 非屏蔽中断响应

NMI 引脚上的中断请求称为非屏蔽中断请求,这种中断请求 CPU 必须响应,它不能被 IF 标志位所禁止,由于其中断类型号已预先定义为 2,因此也不用外部接口给出中断类型号,CPU 响应非屏蔽中断时也没有中断响应周期。其响应过程与内部中断类似。

2) 可屏蔽中断响应

INTR 引脚上的中断请求称为可屏蔽中断请求,CPU 是否响应这种请求取决于标志寄存器中 IF 标志位的值。IF = 1 为允许中断,CPU 可以响应 INTR 引脚上的中断请求;IF = 0 为禁止中断,CPU 将不理会其上的中断请求。

当 CPU 检测到外设有中断请求(INTR 为高电平)时,CPU 又处于允许中断状态,则 CPU 就进入中断响应周期。在中断响应周期中,CPU 自动完成如下操作:

(1) CPU 接到中断申请,执行完当前指令即进入中断响应周期。
(2) 第二阶段即中断响应周期,在此期间,CPU 向外部中断控制器发送两个响应脉冲信号 $\overline{\text{INTA}}$。第一个响应脉冲通知中断控制器,已经响应外部中断请求,中断控制器准备提供中断类型号。第二个响应脉冲,CPU 取走中断类型号,中断响应周期时序如图 8-4 所示。8086 在执行中断响应时,一般会在两个中断响应周期间插入 2~3 个空闲状态,而在 8088 系统中则不需要插入空闲状态。
(3) 将标志寄存器中的内容压入堆栈保护,然后清除 IF 和 TF 标志,以禁止可屏蔽中

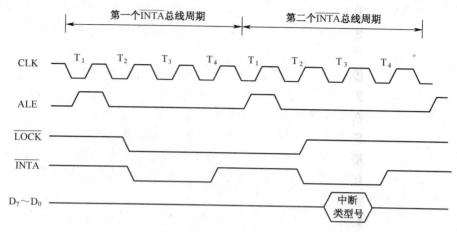

图 8-4　中断响应周期时序

断以及单步中断。

（4）将断点地址（CS:IP）压入堆栈。先压入段地址 CS，后压入偏移地址 IP。

（5）CPU 通过得到的中断类型号计算其中断服务程序入口地址，分别送到 CS 和 IP 中，并按新的地址指针执行中断服务程序，完成中断响应任务。

从上述过程可以看出，各类中断源的中断过程基本相同，以可屏蔽中断的过程最为复杂，如图 8-5 所示。

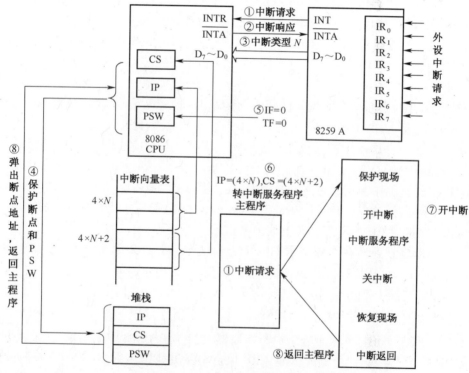

图 8-5　可屏蔽中断的响应和处理过程

8086/8088CPU 中断处理的基本过程如图 8-6 所示。

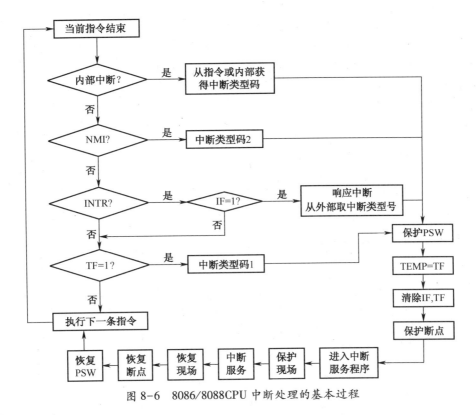

图 8-6　8086/8088CPU 中断处理的基本过程

8.3　可编程中断控制器 8259A

由于 8086 CPU 可屏蔽中断请求引脚只有一条,而外部硬件中断源有多个,因此,为了使多个外部中断源能共享这一条中断请求引脚,必须解决如下几个问题:

(1) 解决多个外部中断请求信号与 INTR 引脚的连接问题。

(2) CPU 如何识别是哪一个中断源发送的中断请求问题。

(3) 由于一次只能响应一个外设的中断请求,当多个中断源同时申请中断时,如何确定响应顺序问题。

中断控制器 8259A 就是为这个目的而设计的,它一端与多个外设的中断请求信号相连接,另一端与 CPU 的 INTR 引脚相连接,所有外设的可屏蔽中断请求都受其管理,通过编程可设置各中断源的优先级、中断向量等信息。

8.3.1　8259A 的功能

8259A 有强大的中断管理功能,主要体现在:

(1) 具有 8 级优先级,并可通过级联最多扩展至 64 级。

(2) 可通过编程屏蔽或开放接于其上的任一中断源。

(3) 在中断响应周期能自动向 CPU 提供可编程的标识码,如 8086 的中断类型号。

(4) 可编程选择各种不同的工作方式。

此外,8259A 不仅有各种不同的向量中断工作方式,也能实现查询中断方式。在查询中断方式下,优先级的设置与向量中断方式时一样。在 CPU 对 8259A 进行查询时,8259A 把状态字送 CPU,指出请求服务的最高优先级级别,CPU 据此转移到相应的中断服务程序段。

8.3.2 8259A 的引脚信号及内部结构

1. 8259A 的引脚信号

8259A 是 28 脚 DIP 封装的芯片,引脚排列如图 8-7 所示。

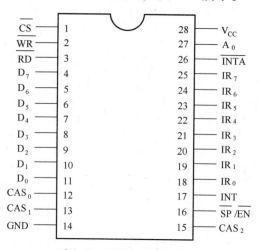

图 8-7 8259A 引脚排列图

引脚信号可分为 4 组。

1)与 CPU 总线相连的信号线

$D_7 \sim D_0$:数据线,双向,三态,与 CPU 数据总线直接相连或与外部数据总线缓冲器相连。

$\overline{RD}$、$\overline{WR}$:读、写信号线,输入,低电平有效,与 CPU 的读、写信号相连。

$\overline{CS}$:片选信号线,输入,低电平有效,通常接 CPU 高位地址总线或地址译码器的输出。

INT:中断请求信号线,输出,高电平有效,用于向 CPU 发出中断请求信号。

$\overline{INTA}$:中断响应信号线,输入,低电平有效,用于接收 CPU 发出的中断响应信号。

A_0:地址线,输入,通常接 CPU 低位地址总线。$A_0=0$ 是偶地址,$A_0=1$ 是奇地址,该地址线与 $\overline{RD}$、$\overline{WR}$ 信号配合,可读写 8259A 内部相应的寄存器,如表 8-3 所列。

表 8-3 8259A 寄存器读写地址表

$\overline{CS}$	A_0	$\overline{RD}$	$\overline{WR}$	地址(奇、偶)	功 能
0	0	1	0	偶地址	写 ICW_1、OCW_2、OCW_3
0	0	0	1	偶地址	读查询字、IRR、ISR
0	1	1	0	奇地址	写 ICW_2、ICW_3、ICW_4、OCW_1
0	1	0	1	奇地址	读 IMR
1	X	1	1		数据总线为高阻态

2) 与外部中断设备相连的信号线

$IR_7 \sim IR_0$：输入，与外设的中断请求信号相连。

3) 级联信号线

$CAS_2 \sim CAS_0$：级联信号线，双向，主片为输出，从片为输入，与 $\overline{SP}/\overline{EN}$ 配合，实现级联，构成图 8-8 所示结构。

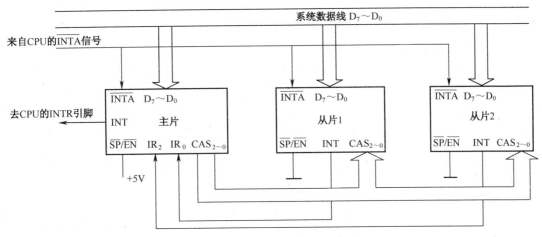

图 8-8　8259A 级联结构示意图

图 8-8 中，设从片 1 与从片 2 同时对主片提出中断请求，而主片将从片 1 的中断请求发往 CPU 的 INTR 引脚，当 CPU 响应该中断请求后，发来第一个 $\overline{INTA}$ 脉冲，从片 1 和从片 2 均能收到这一信号，但不能确定是谁的中断请求被响应，由于从片 1 接在主片的 IR_0 引脚上，因此主片在 $CAS_2 \sim CAS_0$ 放上"000"，表示接在 IR_0 引脚上的从片的请求被响应，从片 1 知道自己的 INT 引脚接在主片的 IR_0 输入端（详见初始化命令字 ICW_3），因此收到"000"后知道自己的中断请求被响应，它将在第二个 $\overline{INTA}$ 脉冲到来后将发出中断请求的外设的中断类型码放到系统数据线上供 CPU 读取。

$\overline{SP}/\overline{EN}$：双向，主从/允许缓冲线。在缓冲工作方式中，用作输出信号，以控制总线缓冲器的接收和发送（$\overline{EN}$）。在非缓冲工作方式中，用作输入信号，表示该 8259A 是主片（$\overline{SP}=1$）或从片（$\overline{SP}=0$）。

4) 其他

V_{CC}：电源，接+5V。

GND：地线，接地。

2. 8259A 的内部结构

8259A 由 8 个功能模块组成，内部结构如图 8-9 所示。

1) 数据总线缓冲器

数据总线缓冲器用于 8259A 内部总线和 CPU 数据总线之间的连接，它是一个三态 8 位双向缓冲器。它的主要功能有：

（1）接收微处理器向 8259A 发送的命令。

（2）提供微处理器从 8259A 读取的状态信息。

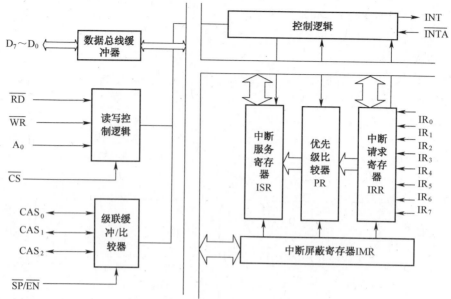

图 8-9　8259A 内部结构框图

（3）在中断响应周期,微处理器从中获得中断类型号。

2）读/写控制逻辑

读/写控制逻辑接收 CPU 的读/写命令,并把 CPU 写入的内容存入 8259A 内部相应的端口寄存器中,或把端口寄存器(如状态寄存器)的内容送数据总线。

3）级联缓冲/比较器

该电路用于多片 8259A 的级联。8259A 最多能进行两级级联,即只能有一片主片,该主片最多可接 8 片从片,扩展到 64 级中断。连接时,从片的 INT 信号接主片的 $IR_7 \sim IR_0$ 之一,并确定了在主片中的优先级,从片的 $IR_7 \sim IR_0$ 接外设的中断请求信号,最终确定了 64 个优先级。

4）中断请求寄存器(Interrupt Request Register,IRR)

IRR 用于存放从外设来的中断请求信号 $IR_7 \sim IR_0$,是一个具有锁存功能的 8 位寄存器。IRR 具有上升沿触发和高电平触发两种触发方式。当 $IR_7 \sim IR_0$ 中某引脚上有中断请求信号时,IRR 对应位置 1,当该中断请求被响应时,该位复位。

5）中断服务寄存器(In-Service Register,ISR)

ISR 用于保存所有正在被服务的中断源,是一个 8 位寄存器。每位对应着 8259A 的 8 个外部中断请求输入端 $IR_7 \sim IR_0$ 中的一位。若某个引脚上的中断请求被响应,则 ISR 中对应位被置 1,以示这一中断源正在被服务。ISR 中的位是在 8259A 接到第一个中断响应周期的 $\overline{INTA}$ 信号后自动置位的,与此同时,相应的 IRR 位复位。ISR 位的复位,在中断自动结束方式时是自动实现的(在第二个中断响应周期的 $\overline{INTA}$ 信号到来后);在其他中断结束方式时,是通过中断结束命令 EOI 实现的。

6）中断屏蔽寄存器(Interrupt Mask Register,IMR)

IMR 用于存放对应中断请求信号的屏蔽状态,也是一个 8 位寄存器。每位对应着 8259A 的 8 个外部中断请求输入端 $IR_7 \sim IR_0$ 中的一位。如果用软件将 IMR 的某位置

"1",则其对应引脚上的中断请求将被 8259A 屏蔽,即使对应 IR_i 引脚上有中断请求信号,也不会在 8259A 上产生中断请求输出;反之,若屏蔽位置"0",则不屏蔽,即产生中断请求。各个屏蔽位是相互独立的,某位被置 1 不会影响其他未被屏蔽引脚的中断请求工作。

7) 优先级比较器(Priority Register,PR)

优先级比较器用于识别和管理各中断请求信号的优先级别。当在 IR 输入端有多个中断请求信号同时出现时,通过 IRR 送到 PR(只有 IRR 中置 1 且 IMR 中对应位置 0 的位才能进入 PR)。PR 检查中断服务寄存器(ISR)的状态,判别有无优先级更高的中断正在被服务,若无,则将中断请求寄存器(IRR)中优先级最高的中断请求送入中断服务寄存器(ISR),并通过控制逻辑向 CPU 发出中断请求信号 INT,同时将 ISR 中的相应位置 1,用来表明该中断正被服务;若中断请求的中断优先级等于或低于正在服务中的中断优先级,则 PR 不提出中断请求,也不会将 ISR 的相应位置位。

8) 控制逻辑

控制逻辑根据 PR 的请求,向 CPU 发出 INT 信号,同时接收 CPU 发来的 $\overline{INTA}$ 信号,并将它转换为 8259A 内部所需的各种控制信号,完成相应处理,如置位相应的 ISR 位,复位相应的 IRR 位,清除 INT 信号;在第二个中断响应周期把中断类型号放到数据总线上。

3. 8259A 的工作过程

8259A 的工作流程如下:

(1) 中断源产生中断请求,使 8259A 的 IRR 相应位置 1。

(2) 经 IMR 屏蔽电路处理后,送 PR。

(3) PR 检测出最高的中断请求位,并经过嵌套处理,决定是否发出 INT 信号。

(4) 若可发 INT 信号,则控制逻辑将 INT 信号送 CPU 的 INTR 引脚。

(5) 若 CPU 开中断,则在执行完当前指令后,CPU 进入中断响应周期,发出两个中断响应信号 $\overline{INTA}$。

(6) 8259A 在收到第一个中断响应信号 $\overline{INTA}$ 后,控制逻辑使相应的 ISR 位置 1,相应的 IRR 位清 0。

(7) 8259A 在收到第二个中断响应信号 $\overline{INTA}$ 后,控制逻辑将中断类型号送数据总线。若 8259A 工作在 AEOI(自动中断结束)模式,则使相应的 ISR 位清 0。

(8) CPU 读取该中断类型号后,查中断向量表,转去执行相应的中断服务程序。

(9) CPU 执行中断服务程序,在中断返回前发中断结束命令(非自动中断结束方式时),将 ISR 的相应位清 0。

注意,这里的中断结束,是指将 8259A 的 ISR 对应位复位,而不是结束用户的中断服务程序,中断服务程序在执行 IRET 指令后才能结束。

8.3.3 8259A 的工作方式

8259A 有多种工作方式,可通过编程来设置,以灵活地适用于不同的中断要求。

1. 优先级管理方式

(1) 普通全嵌套方式

该方式是 8259A 最常用的方式。8259A 初始化后未设置其他优先级方式,就按该方式工作,所以普通全嵌套方式是 8259A 的默认工作方式。

在普通全嵌套方式下,优先级由低到高排列为 $IR_7 \sim IR_0$,且只允许优先级高的中断源中断优先级低的中断服务程序。

(2) 特殊全嵌套方式

特殊全嵌套方式与普通全嵌套方式基本相同,只是在特殊全嵌套方式下,当处理某一级中断时,如果有同级的中断请求,也会给予响应,从而实现对同级中断请求的特殊嵌套。而在普通全嵌套方式中,只有当优先级更高的中断请求来到时,才会进行嵌套,当同级中断请求来到时,不会给予响应。

特殊全嵌套方式一般适用于 8259A 级联工作时主片采用,主片采用特殊全嵌套工作方式,从片采用普通全嵌套工作方式可实现从片各级的中断嵌套。

(3) 优先级自动循环方式

优先级自动循环方式在给定初始优先顺序 $IR_7 \sim IR_0$ 由低到高按序排列后,某一中断请求得到响应后,其优先级降到最低,比它低一级的中断源优先级最高,其余按序循环。如 IR_4 得到服务,其优先级变成最低,则优先级由低到高的排列为 IR_4、IR_3、IR_2、IR_1、IR_0、IR_7、IR_6、IR_5。优先级自动循环方式,每个中断源有同等的机会得到 CPU 的服务。

(4) 优先级特殊循环方式

优先级特殊循环方式与优先级自动循环方式相比,不同点在于它可以通过编程指定初始最低优先级中断源,使初始优先级顺序按循环方式重新排列。如指定 IR_3 优先级最低,则 IR_4 优先级最高,初始优先级由低到高的排列顺序为 IR_3、IR_2、IR_1、IR_0、IR_7、IR_6、IR_5、IR_4。

2. 中断屏蔽方式

(1) 普通屏蔽方式

按 IMR 给出的结果,屏蔽或开放该级中断。设置 IMR 的相应位为 1,则屏蔽对应中断源的中断请求;设置 IMR 的相应位为 0,则允许对应中断源的中断请求。如使 IMR = 12H,则屏蔽了 IR_1 和 IR_4 两个中断源的中断请求。

(2) 特殊屏蔽方式

在某些场合,执行某一个中断服务程序时,要求允许另一个优先级比它低的中断请求被响应,特殊屏蔽方式提供了允许较低优先级的中断能够得到响应的特殊手段。它可通过 OCW_3 的 $D_6D_5 = 11$ 来设定。

特殊屏蔽方式中只能用特殊 EOI 命令结束中断。

3. 中断结束方式

当中断服务结束时,必须给 8259A 的 ISR 相应位清 0,表示该中断源的中断服务已结束,使 ISR 相应位清 0 的操作称中断结束处理。

中断结束方式有两类:自动结束方式(AEOI)和非自动结束方式(EOI),而非自动结束方式又分为普通中断结束方式和特殊中断结束方式。

(1) 自动结束方式

当某级中断被 CPU 响应后,8259A 在第二个中断响应周期的 $\overline{INTA}$ 信号结束后,自动将 ISR 中的对应位清 0。

此刻,中断服务程序并没有结束(其实才刚开始运行),而在 8259A 中就认为其已结束。此时若有更低级的中断请求信号,8259A 仍可向 CPU 发送中断请求,从而会造成低级中断打断高级中断的情况。这种方式主要应用于没有中断嵌套的场合。

(2) 普通中断结束方式

该方式通过在中断服务程序中设置 EOI 命令,使 ISR 中优先级最高的置 1 位清 0。只适用于普通全嵌套方式,因为该方式中 ISR 中优先级最高的置 1 位就是当前正在处理的中断源的对应位。

(3) 特殊中断结束方式

该方式与一般的中断结束方式相比,区别在于发中断结束命令的同时,用软件方法给出结束中断的中断源是哪一级的,使 ISR 的相应位清 0。适用于任何非自动中断结束的情况。

4. 中断触发方式

(1) 上升沿触发方式

上升沿触发方式是以中断请求输入端出现由低电平到高电平的跳变时为有效的中断请求信号的中断触发方式。其优点是中断请求输入端只在上升沿申请一次中断,因此该端一直可以保持高电平而不会误判为多次中断申请。

(2) 电平触发方式

电平触发方式是以中断请求输入端出现高电平时为有效的中断请求信号的中断触发方式。使用该方式应注意,在 CPU 响应中断后(ISR 相应位置位后),必须撤销中断请求输入端上的高电平,否则会发生重复中断请求的情况。

5. 连接系统总线方式

(1) 缓冲方式

每片 8259A 都通过总线驱动器与系统数据总线相连,适用于多片 8259A 级联的大系统中。

8259A 主片的 $\overline{SP}/\overline{EN}$ 端输出低电平信号,作为总线驱动器的启动信号,接总线驱动器的输入端。从片的 $\overline{SP}/\overline{EN}$ 端接地。

(2) 非缓冲方式

每片 8259A 都直接与数据总线相连,适用于单片或片数不多的 8259A 组成的系统中。

在非缓冲方式中,若单片使用,8259A 的 $\overline{SP}/\overline{EN}$ 端接高电平;若级联使用,主片 8259A 的 $\overline{SP}/\overline{EN}$ 端接高电平,从片的 $\overline{SP}/\overline{EN}$ 端接低电平。

6. 程序查询方式

当 CPU 禁止外部的中断请求(IF 位为 0),而外设仍然向 8259A 发中断请求信号,要求 CPU 服务时,CPU 需要用软件查询方法来确认中断源,从而实现对外设的服务。

CPU 首先向 8259A 发查询命令,紧接着执行一条输入指令(IN),从 8259A 的偶地址读出一个字节的查询字,由该指令产生的 $\overline{RD}$ 信号使 ISR 的相应位置 1。

CPU 读入查询字后,判断其最高位,若最高位为 1,说明 8259A 的 IR 端已有中断请求输入,此时该查询字的最低 3 位组成的代码表示了当前中断请求的最高优先级,CPU 据此转入相应的中断服务程序。

8.3.4 8259A 的编程方法

8259A 有两种控制字:初始化命令字和操作命令字,可对其进行初始化及工作方式设定。8259A 的编程也可分为两部分,即初始化编程和工作方式编程。

8259A 的初始化命令字有 4 个:$ICW_1 \sim ICW_4$,用于初始化 8259A。操作命令字有 3 个:$OCW_1 \sim OCW_3$,用于设定 8259A 的工作方式及发出相应的控制命令。

初始化命令字通常是计算机系统启动时由初始化程序设置的,一旦设定,在工作过程中一般不再改变。操作命令字由应用程序设定(如设备的中断服务程序),用于中断处理过程的动态控制,可多次设置。

在 PC/AT 机中,主片 8259A 所占的端口地址为 20H 和 21H,从片 8259A 所占的端口地址为 0A0H 和 0A1H。

1. 8259A 初始化与初始化命令字(ICW)

(1)芯片初始化命令字 ICW_1

芯片初始化命令字 ICW_1,也称芯片控制字,是 8259A 初始化流程中写入的第一个控制字。ICW_1 写入后,8259A 内部有一个初始化过程,因此 ICW_1 称芯片初始化命令字。初始化过程的主要动作有顺序逻辑复位,准备按 ICW_2、ICW_3、ICW_4 的确定顺序写入,清除 ISR 和 IMR,指定 $IR_7 \sim IR_0$ 由低到高的固定优先级顺序,设定为普通屏蔽方式,设定为 EOI 方式,状态读出电路预置为 IRR。

ICW_1 的格式如下:

A_0	D_7	D_6	D_5	D_4	D_3	D_2	D_1	D_0
0	×	×	×	1	LTIM	ADI	SNGL	ICW_4

$A_0 = 0$ 表示 ICW_1 必须写入偶地址端口。

D_0:用于控制是否在初始化流程中写入 ICW_4,$D_0 = 1$ 要写 ICW_4,$D_0 = 0$ 不要写 ICW_4,8086/8088 系统中 D_0 必须置 1。

D_1:SNGL,用来设定 8259A 是单片使用还是多片级联使用。如系统中只有一片 8259A,则使 SNGL = 1,且在初始化过程中,不用设置命令字 ICW_3;反之,若采用级联方式,则使 SNGL = 0,且在命令字 ICW_1、ICW_2 之后必须设置 ICW_3 命令字。

D_2:对 8086/8088 系统不起作用,通常取 0。

D_3:用于控制中断触发方式,$D_3 = 0$ 为上升沿触发方式,$D_3 = 1$ 为电平触发方式。

D_4:特征位,必须为 1。

$D_7 \sim D_5$:对 8086/8088 系统不起作用,通常取 0。

【例 8.1】 在 8086 系统中,设置 8259A 为单片使用,上升沿触发,则程序段为:

```
MOV    AL,00010011B  ;ICW₁ 的内容
OUT    20H,AL        ;写入偶地址端口
```

(2)中断向量字 ICW_2

中断向量字 ICW_2 是 8259A 初始化流程中必须写入的第二个控制字,用于设置中断类型号,格式如下:

A_0	D_7	D_6	D_5	D_4	D_3	D_2	D_1	D_0
1	T_7	T_6	T_5	T_4	T_3	×	×	×

$A_0=1$ 表示 ICW_2 必须写入奇地址端口。

中断类型码的高 5 位由 ICW_2 的高 5 位提供,低 3 位的值决定于引入中断的引脚序号,对于 $IR_7 \sim IR_0$ 上的中断请求,最低 3 位依次为 111~000。

【例 8.2】 PC 机中要将 $IR_7 \sim IR_0$ 上的中断请求类型码设置为 0FH~08H。

分析:将 ICW_2 高 5 位设置为 00001 即可,一般后 3 位为 0,对应程序段为:
```
MOV    AL,00001000B     ;ICW2 的内容
OUT    21H,AL           ;写入奇地址端口
```

(3) 级联控制字 ICW_3

在级联系统中,主片和从片都必须设置 ICW_3,但两者的格式和含义有区别。

主片 ICW_3 的格式如下:

A_0	D_7	D_6	D_5	D_4	D_3	D_2	D_1	D_0
1	IR_7	IR_6	IR_5	IR_4	IR_3	IR_2	IR_1	IR_0

$A_0=1$ 表示 ICW_3 必须写入奇地址端口。

$D_7 \sim D_0 (IR_7 \sim IR_0)$:表示对应的 IR 端上有从片(对应位为 1)或无从片(对应位为 0)。

【例 8.3】 如主片的 IR_2 上接有从片,则主片的初始化程序段为:
```
MOV AL,00000100B     ;ICW3 的内容
OUT    21H,AL        ;写入主片奇地址端口
```
从片 ICW_3 的格式如下:

A_0	D_7	D_6	D_5	D_4	D_3	D_2	D_1	D_0
1	×	×	×	×	×	ID_2	ID_1	ID_0

$A_0=1$ 表示 ICW_3 被写入奇地址。

$D_7 \sim D_3$:不用,通常取 0。

$D_2 \sim D_0$:从片的识别码,即当从片接到主片 $IR_7 \sim IR_0$ 时,最低 3 位依次为 111~000。例如,若某从片的 INT 输出接到主片的 IR_5 端,则该从片的 $ICW_3=05H$。

【例 8.4】 从片的 INT 引脚接在主片的 IR_2 引脚上,则从片 ICW_3 的低 3 位编码为 ID2~ID0=010,该从片初始化程序为:
```
MOV AL,00000010B ;ICW3 的内容
OUT    0A1H,AL       ;写入从片奇地址端口
```

(4) 中断方式字 ICW_4

ICW_4 主要用于控制初始化后即可确定并且不再改变的 8259A 的工作方式,格式如下:

A_0	D_7	D_6	D_5	D_4	D_3	D_2	D_1	D_0
1	0	0	0	SFNM	BUF	M/S	AEOI	μPM

$A_0=1$ 表示 ICW_4 必须写入奇地址端口。

D_0：系统选择，$\mu PM=1$ 为选择 8086/8088 系统，$\mu PM=0$ 为选择 8080/8085 系统。

D_1：中断结束方式选择，$AEOI=1$ 为自动结束，$AEOI=0$ 为非自动结束。

D_2：此位与 D_3 配合使用，表示在缓冲方式下，本片是主片还是从片，$M/S=1$ 是主片，$M/S=0$ 是从片。

D_3：缓冲方式选择，$BUF=1$ 为缓冲方式，此时由 M/S 位来定义本 8259A 是主片还是从片；$BUF=0$ 为非缓冲方式，此时 M/S 位不起作用，主、从方式由 $\overline{SP}/\overline{EN}$ 引脚的输入电平决定。

D_4：嵌套方式选择，$SFNM=1$ 为特殊全嵌套方式，$SFNM=0$ 为普通全嵌套方式。

$D_7 \sim D_5$：特征位，必须为 000。

2. 8259A 的初始化流程

8259A 初始化命令字的使用有严格的顺序，如图 8-10 所示。

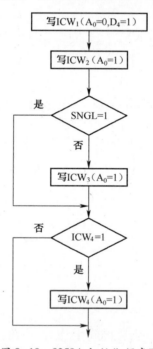

图 8-10　8259A 初始化顺序图

3. 工作方式编程与操作命令字 OCW

初始化命令字的 ICW_1 决定了中断触发方式，ICW_4 决定了中断是否自动结束，是否采用缓冲方式，是否采用特殊全嵌套。这些工作方式在 8259A 初始化后就不能改变，除非重新对 8259A 进行初始化。其他工作方式，如中断屏蔽、中断结束和优先级循环、查询中断方式等则都可在用户程序中利用操作命令字 OCW 设置和修改。

在 8259A 初始化完成后，8259A 即可接受中断申请，其工作方式即是初始化时确定的工作方式，也可称为默认方式。如不使用默认方式，可在初始化完成后，写入操作命令字 OCW。另外，要屏蔽某些中断源，或读出 8259A 的状态信息，都可向 8259A 写入 OCW。

OCW 的写入没有严格的顺序，OCW 除了采用奇偶地址区分外，还采用了命令字本身

的 D_4D_3 位作为特征位来区分。

（1）屏蔽控制字 OCW_1

OCW_1 用于屏蔽或允许中断，格式如下：

A_0	D_7	D_6	D_5	D_4	D_3	D_2	D_1	D_0
1	M_7	M_6	M_5	M_4	M_3	M_2	M_1	M_0

$A_0=1$ 表示 OCW_1 必须写入奇地址端口。

$D_7 \sim D_0$：对应位为 1 屏蔽对应 IR 引脚中断，对应位为 0 开放对应 IR 引脚中断。

【例 8.5】 要使中断源 IR5 屏蔽，其余允许，则程序段为：

```
MOV AL,00100000B ;OCW₁的内容
OUT 21H,AL       ;写入奇地址端口
```

（2）优先级循环和非自动中断结束方式控制字 OCW_2

OCW_2 用于各中断源优先级循环方式和非自动中断结束方式的控制，格式如下：

A_0	D_7	D_6	D_5	D_4	D_3	D_2	D_1	D_0
0	R	SL	EOI	0	0	L_2	L_1	L_0

$A_0=0$ 表示 OCW_2 必须写入偶地址端口。

$D_2 \sim D_0$：中断源编码，在特殊 EOI 命令中指明清 0 的 ISR 位，在优先级特殊循环方式中指明最低优先级 IR 端号。

D_4D_3：特征位，必须为 00。

$D_7 \sim D_5$：配合使用，用于说明优先级循环和非自动中断结束方式，其中，D_7(R)是中断优先级循环的控制位，为 1 时表示循环方式，为 0 时表示非循环方式；D_6(SL)是 $L_2L_1L_0$ 有效控制位，为 1 时表示有效，为 0 时表示无效；D_5 位是非自动中断结束方式控制位，当初始化命令字 ICW_4 的 AEOI 为 0 时，该位有效，否则无效。当该位有效时，为 1 表示普通中断结束方式，此时将 ISR 中优先级最高位清 0；为 0 表示特殊中断结束方式，此时将 $D_2 \sim D_0$ 指定的 ISR 位清 0。R、SL、EOI 配合使用表如表 8-4 所列。

表 8-4 R、SL、EOI 配合使用表

R	SL	EOI	工 作 方 式	备注
0	0	1	普通 EOI	组合出有效的 7 个操作命令
0	1	1	特殊 EOI，$L_2L_1L_0$ 指定的 ISR 位清 0	
0	0	0	取消优先级自动循环	
0	1	0	无操作意义	
1	0	1	普通 EOI 命令，优先级自动循环	
1	1	1	特殊 EOI 命令及优先级特殊循环方式，当前最低优先级为 $L_2L_1L_0$ 所指定	
1	0	0	优先级自动循环	
1	1	0	优先级特殊循环，$L_2L_1L_0$ 指定优先级最低的 IR	

（3）屏蔽方式和读状态控制字 OCW_3

OCW_3 用于设置查询中断方式、特殊屏蔽方式、读 IRR 或 ISR 控制，格式如下：

A_0	D_7	D_6	D_5	D_4	D_3	D_2	D_1	D_0
0	×	ESMM	SMM	0	1	P	RR	RIS

$A_0=0$ 表示 OCW_3 必须写入偶地址端口。

D_7：无关，通常取 0。

D_6：特殊屏蔽方式控制位，为 1 时表示允许特殊屏蔽方式，为 0 时表示禁止特殊屏蔽方式。

D_5：特殊屏蔽方式标志位，为 1 时表示特殊屏蔽方式，为 0 时表示非特殊屏蔽方式。只有当 D_6 为 1 时该位才有意义。

D_4D_3：特征位，必须是 01。

D_2：查询中断方式控制位，为 1 时表示进入查询中断方式，8259A 将送出查询字；否则是向量中断方式。

D_1：读命令控制位，为 1 时是读命令，否则不是读命令。

D_0：读 ISR、IRR 选择位，为 1 时选择 ISR，为 0 时选择 IRR。OCW_3 中没有选择 IMR 的控制位，但这并不表示 CPU 不能读出 IMR 的内容，而是可以直接使用输入指令读出 IMR 的内容。因为 ISR、IRR、查询字都是偶地址，而只有 IMR 是奇地址，因此读 ISR、IRR 之前一般要发读命令，而读 IMR 之前不用发读命令。如果在读偶地址之前不发读命令也是可以的，但读出的内容不一定是 IRR。

实际上，通过 $D_2D_1D_0$ 三位组合，控制了输入指令读出的是什么内容。$D_2=1$ 且 $D_1=0$，读出的是查询字；$D_2=0$ 且 $D_1=1$，读出的是 ISR($D_0=1$) 或 IRR($D_0=0$)；如果 $D_2=1$，且 $D_1=1$，则第一条输入指令读出的是查询字，第二条输入指令读出的是 ISR($D_0=1$) 或 IRR($D_0=0$)。查询字的格式和各位的含义如下：

D_7	D_6	D_5	D_4	D_3	D_2	D_1	D_0
I	×	×	×	×	W_2	W_1	W_0

D_7：有无中断请求位，为 1 表示有，为 0 表示无。

$D_6 \sim D_3$：无意义。

$D_2 \sim D_0$：当前优先级最高中断源编码。

综上所述，8259A 通过奇偶两个地址、配合写入顺序和特征位，可以写入 7 个控制字。通过 OCW_3 又可以读出 1 个查询字和 2 个寄存器状态字 ISR 和 IRR，而 IMR 可直接读出。

4. 8259A 应用举例

【例 8.6】 IBM PC/XT 机中采用一个 8259A 作为中断控制器，中断类型号为 08H～0FH，偶地址为 20H，奇地址为 21H，8259A 按如下方式工作：边沿触发，普通全嵌套，普通 EOI，非缓冲工作方式，试编写其初始化程序。8259A 在 PC/XT 机中的连接如图 8-11 所示。

分析：根据 8259A 应用于 PC/XT，单片工作，边沿触发，可得 $ICW_1 = 00010011B$；根据中断类型号 08H～0FH，可得 $ICW_2 = 00001000B$；根据普通全嵌套，普通 EOI，非缓冲工作方式，可得 $ICW_4 = 00000001B$。写入此 3 个控制字，即可完成初始化，程序如下：

第8章 微型计算机中断技术

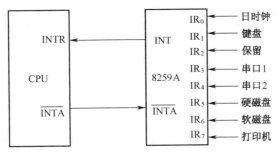

图 8-11 8259A 在 PC/XT 机中的连接图

```
        MOV     AL,1BH      ;00011011B,写入 ICW₁
        OUT     20H,AL
        MO      VAL,08H     ;00001000B,写入 ICW₂
        OUT     21H,AL
        MO      VAL,01H     ;00000001B,写入 ICW₄
        OUT     21H,AL
```

【例 8.7】 在 PC/AT 机中,使用两片 8259A 两片级联工作,主片偶地址 20H,奇地址 21H,中断类型号为 08H~0FH;从片偶地址 0A0H,奇地址 0A1H,中断类型号为 70H~77H。8259A 在 PC/AT 机中的连接如图 8-12 所示,试编写其初始化程序,并写出屏蔽软磁盘和实时时钟允许其他中断的程序段。

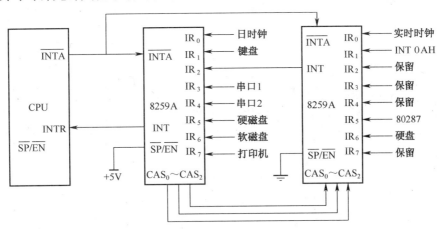

图 8-12 8259A 在 PC/AT 机中的连接图

分析:根据 8259A 应用于 PC/AT 机,主从式级联工作,主片和从片都必须有初始化程序,主片和从片初始化程序如下:

（1）主片初始化程序段

```
        MOV     AL,11H      ;00011001B,写入 ICW₁
        OUT     20H,AL
        MOV     AL,08H      ;00001000B,写入 ICW₂
        OUT     21H,AL
        MOV     AL,04H      ;00001000B,写入 ICW₃,在 IR₂ 引脚上接有从片
        OUT     21H,AL
```

```
    MOV    AL,11H      ;00010001B,写入 ICW_4
    OUT    21H,AL
```

（2）从片初始化程序段
```
    MOV    AL,11H      ;00011001B,写入 ICW_1
    OUT    0A0H,AL
    MOV    AL,70H      ;01110000B,写入 ICW_2
    OUT    0A1H,AL
    MOV    AL,02H      ;00000011B,写入 ICW_3,本从片的识别码为 02H
    OUT    0A1H,AL
    MOV    AL,01H      ;00000001B,写入 ICW_4
    OUT    0A1H,AL
```

（3）屏蔽软磁盘中断程序段
```
    MOV    AL,40H      ;01000000B
    OUT    21H,AL      ;屏蔽软磁盘中断
```

（4）屏蔽实时时钟中断程序段
```
    MOV    AL,01H      ;00000001B
    OUT    0A1H,AL     ;屏蔽实时时钟中断
```

习　题

8.1　什么叫中断？采用中断有哪些优点？

8.2　什么叫中断源？微型计算机中一般有哪几种中断源？

8.3　中断分为哪几种类型？它们的特点是什么？

8.4　什么叫中断向量、中断优先级和中断嵌套？

8.5　CPU 响应中断的条件是什么？CPU 如何响应中断？

8.6　中断向量表的功能是什么？如何利用中断向量表获得中断服务程序的入口地址？已知中断向量表中,001C4H 中存放 2200H,001C6H 中存放 3040H,计算其中断类型码和中断服务程序的入口地址。

8.7　中断服务程序应包含哪几部分？保存和恢复现场有何意义？

8.8　某 8259A 初始化时,$ICW_1 = 1BH$,$ICW_2 = 30H$,$ICW_4 = 01H$,试说明 8259A 的工作情况。

8.9　设 8259A 级联应用于 8086 系统,从片的中断请求线接于主片的 IR_7 输入端,主片端口地址为 64H 和 66H,从片端口地址为 60H 和 62H,主片 IR_0 的中断向量号为 50H,从片 IR_0 的中断向量号为 58H,主片工作方式采用电平触发,普通全嵌套,普通 EOI,非缓冲工作方式,从片工作方式采用默认工作方式,编写初始化程序,并画出硬件连接电路图。

第 9 章 微型计算机并行接口技术

9.1 概 述

并行通信就是在多条数据线上同时进行信息传输。因此,并行通信的传输速度快、信息率高,但比串行通信需要的通信电缆数量多,随着距离的增加,成本也会很高。并行通信适用于数据传输速率要求较高、传输距离较短的场合。

能实现并行传输的接口称为并行接口,并行接口分为不可编程与可编程两种。不可编程并行接口通常由三态缓冲器及数据锁存器等搭建而成,这种接口的控制比较简单,但要改变其功能就必须改变硬件电路。可编程接口的最大特点是其功能可通过编程设置和改变,因而具有极大的灵活性。

并行接口一般具有如下特点:

(1) 并行接口最基本的特点就是在多条数据线上以字节或字为单位同时传送信息。

(2) 在并行接口中,除了并行数据线之外,一般都要求在接口与外设之间至少要设置两条联络信号线,以便以查询或中断方式进行通信。在有些芯片中,这些联络信号是固定的,而在有些芯片中,这些联络信号是通过软件编程指定的。

(3) 在并行接口中,并行传送的信息不需要固定的格式,与串行通信相比,信息率较高。

(4) 在并行通信中,即使只需要并行数据其中的一位,也是一次传输 8 位或 16 位。

9.2 可编程并行接口芯片 8255A

Intel 8255A 是一个通用的可编程 8 位并行接口芯片,它可为 80x86CPU 与外部设备之间提供并行输入/输出通道。由于 8255A 是可编程的,可以通过软件来设置芯片的工作方式,用它连接外部设备时,通常不用再附加外部电路,因此,8255A 使用灵活、功能强大,是应用最广泛的典型可编程并行接口芯片。

8255A 的特点:

(1) 具有 3 个 8 位端口,其中 C 口能作为 2 个 4 位端口使用。

(2) 8255A 设置了方式 0、方式 1、方式 2 这 3 种工作方式,能适应 CPU 与外设之间的多种数据传送方式的要求,如无条件传送、条件(查询)传送、中断传送等。

(3) 8255A 有两类控制字,为组建微机应用系统提供了灵活方便的编程环境。

(4) 8255A 的 C 口使用比较特殊。做数据口时可分为两个 4 位端口;在方式 1 和方式 2 时,可做联络信号;C 口可按位控制;C 口可以作为状态口等。

9.2.1 8255A 的引脚定义与功能

8255A 芯片是一个 40 引脚双列直插式（DIP）封装组件，其引脚排列如图 9-1 所示。

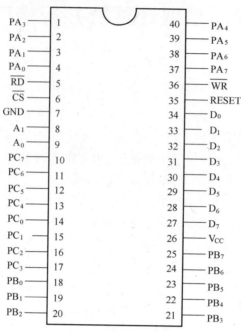

图 9-1 8255A 引脚排列

1. 8255A 的引脚定义

1）与微处理器连接的信号线

$D_7 \sim D_0$：数据线，双向、三态，与系统的数据总线相连。

$\overline{CS}$：片选信号线，输入，低电平有效，通常接 CPU 高位地址总线或地址译码器的输出。

$\overline{RD}$、$\overline{WR}$：读、写信号线，输入，低电平有效，与 PC 总线的读、写信号相连。

RESET：复位信号线，输入，高电平有效。为高电平时，8255A 所有的寄存器清 0，所有的输入/输出引脚均呈高阻态，3 个数据端口置为方式 0 下的输入端口。

A_1，A_0：地址线，输入。用于选择 8255A 的 3 个数据端口和一个控制端口。

由端口地址 A_1A_0 和相应控制信号组合起来可定义各端口的操作方式，8255A 的读写操作控制如表 9-1 所列。

表 9-1 8255A 的读写操作控制

A_1	A_0	$\overline{RD}$	$\overline{WR}$	$\overline{CS}$	操作
0	0	0	1	0	读端口 A
0	1	0	1	0	读端口 B
1	0	0	1	0	读端口 C
0	0	1	0	0	写端口 A

(续)

A_1	A_0	$\overline{RD}$	$\overline{WR}$	$\overline{CS}$	操作
0	1	1	0	0	写端口 B
1	0	1	0	0	写端口 C
1	1	1	0	0	写控制字寄存器
1	1	0	1	0	非法操作
×	×	×	×	1	无操作,$D_7 \sim D_0$ 处于高阻态
×	×	1	1	0	无操作,$D_7 \sim D_0$ 处于高阻态

2) 与外部设备连接的信号线

$PA_7 \sim PA_0$：A 口的 8 位数据线,由 A 口的工作方式决定这些引脚用作输入/输出或双向。

$PB_7 \sim PB_0$：B 口的 8 位数据线,由 B 口的工作方式决定这些引脚用作输入/输出。

$PC_7 \sim PC_0$：C 口的 8 位数据线,可分别设置高 4 位和低 4 位进行输入/输出。

2. 8255A 内部结构

8255A 内部结构如图 9-2 所示,由以下几部分组成：

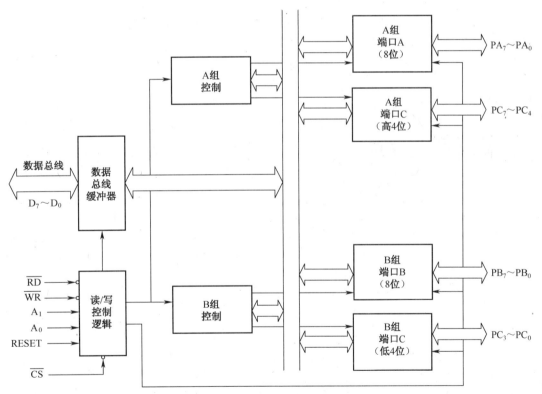

图 9-2　8255A 内部结构图

1) 数据总线缓冲器

该缓冲器为 8 位、双向、三态的缓冲器,与系统数据总线相连,是 CPU 与 8255A 间传送数据的必经之路。各种命令字的写入及状态字的读取,也是通过该数据总线缓冲器进行的。

2）读/写控制逻辑

CPU 通过输入和输出指令,将地址信息和控制信息送至该部件,由该部件形成对端口的读/写控制,并通过 A 组控制和 B 组控制电路实现对数据、状态和控制信息的传输。

3）数据端口 A、B、C

8255A 有 3 个 8 位数据端口,这 3 个端口均可作为独立的输入端口或输出端口使用。其中,C 口的 8 位可分为 2 个 4 位端口使用。

4）A 组和 B 组控制

这两组控制部件是 8255A 的内部控制逻辑,其内部有控制寄存器与状态寄存器,它们完成两个功能:一是接收来自 CPU 通过内部数据总线送来的控制字,以选择两组端口的工作方式;二是接收来自读/写控制逻辑电路的读/写命令,以决定两组端口的读/写操作。

A 组控制端口 A 和端口 C 的高 4 位($PC_7 \sim PC_4$),B 组控制端口 B 和端口 C 的低 4 位($PC_3 \sim PC_0$)。

9.2.2 8255A 的控制字

8255A 的编程命令包括方式选择控制字和 C 口置位/复位控制字。由于这两类控制字写入同一端口($A_1A_0=11$),为了进行区分,采用控制字的 D_7 位作为标志位,$D_7=1$ 表示是方式选择控制字;$D_7=0$ 表示是 C 口置位/复位控制字。

1. 方式选择控制字

8255A 各数据端口的工作方式由方式选择控制字进行设置。对 8255A 进行初始化编程时,通过向控制寄存器写入方式选择控制字,可以使 3 个数据端口按需要的方式工作。8255A 方式控制字格式如图 9-3 所示。

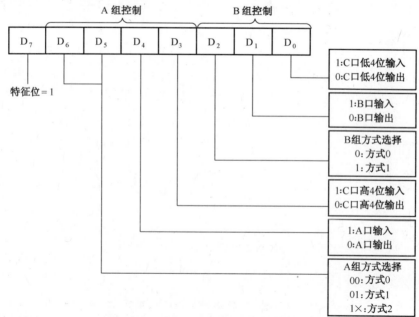

图 9-3 8255A 方式选择控制字格式

【例 9.1】 设 8255A 的端口地址为 60H~63H,要求设置 A 组工作在方式 0,A 口输出,C 口高 4 位输入;B 组工作在方式 1,B 口输出,C 口低 4 位输入。写出初始化程序段。

解:根据题目要求设置方式控制方式字为 10001101B 或 8DH。

初始化程序段如下:

```
MOV    AL,8DH        ;设置方式选择控制字
OUT    63H,AL        ;送到 8255A 控制字寄存器中
```

2. C 口置位/复位控制字

C 口置位/复位控制字的作用是使 C 口的某一引脚输出特定的电平状态(高电平或低电平),控制字的格式如图 9-4 所示。

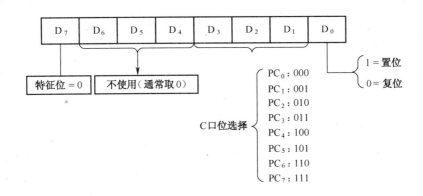

图 9-4　C 口置位/复位控制字的格式

使用 C 口置位/复位控制字时应注意以下几点:

(1) 仅 C 口可按位置位/复位,且只对 C 口的输出状态进行控制,对输入状态无作用。

(2) 一次只能设置 C 口一位的状态。

(3) 该控制字写入控制口,而不是 C 口。

【例 9.2】 设 8255A 的地址为 320H~323H,要使 PC5 置 1,PC2 清 0,编写程序段。

解:
```
MOV    AL,00001011B      ;PC_5 置 1 的控制字
MOV    DX,323H
OUT    DX,AL             ;输出到控制口
MOV    AL,00000100B      ;PC_2 清 0 的控制字
OUT    DX,AL             ;输出到控制口
```

【例 9.3】 设 8255A 控制端口地址为 037FH,若要使 8255A 的 PC_7 产生一个负脉冲,用作打印机接口的选通信号,编写程序段。

解:
```
MOV    DX,037FH          ;8255A 控制口地址
MOV    AL,00001111B      ;由 C 口置位/复位控制字设定 PC_7=1
OUT    DX,AL             ;送控制字到控制口
MOV    AL,00001110B      ;由 C 口置位/复位控制字设定 PC_7=0
OUT    DX,AL             ;送控制字到控制口
```

```
    NOP                    ;延长负脉冲宽度
    NOP
    MOV  AL,00001111B      ;由 C 口置位/复位控制字设定 PC_7 = 1
    OUT  DX,AL
```

9.2.3 8255A 的工作方式

8255A 有 3 种工作方式:方式 0、方式 1 和方式 2,这些工作方式由初始化编程时通过设置方式选择控制字来实现。

A 口可工作在方式 0、方式 1 和方式 2;B 口可工作在方式 0 和方式 1;C 口只能以方式 0 工作。当 A 口选择方式 1/方式 2 或 B 口选择方式 1 时,C 口某些位配合 A 口或 B 口工作,作为 A 口/B 口与外设联络用的输出控制信号或输入状态信号,而 C 口的其余各位仍可以工作在方式 0。

1. 方式 0

这是 8255A 中各端口的基本输入/输出方式,它只完成简单的并行输入/输出操作。

8255A 工作在方式 0 时,具有以下特点:

(1) 没有固定的联络信号,一般采用无条件传送或查询方式传送与 CPU 交换数据。输出具有锁存能力,输入只有缓冲能力,而无锁存功能。

(2) 有 4 个独立的并口,即 A 口、B 口、C 口低 4 位和 C 口高 4 位,16 种不同的输入/输出组合。要注意的是,C 口的高 4 位或低 4 位只能作为一组来动作,不能再把 4 位中的一部分作输入而另一部分作输出。

(3) 所有端口都是单向传输端口。

(4) 方式 0 不设置专用联络线,在需要联络线时,可由用户指定 C 口中的部分位来完成联络功能。

2. 方式 1

方式 1 称为选通输入/输出方式或应答方式,它在使用端口 A 和端口 B 进行输入/输出时,一定要利用端口 C 所提供的选通信号和应答信号来配合输入/输出操作。方式 1 时数据的输入/输出都有锁存能力。

8255A 工作在方式 1 时,具有以下特点:

(1) 需要 C 口的部分位作为固定的联络线(联络信号)配合 A 口和 B 口使用,这种占用关系是固定的并且有着固定的时序关系,被占用的位不能再指定其他用途,但 C 口的其他位仍可作为输入或输出线使用。

(2) 联络信号可供 CPU 查询或向 CPU 申请中断。

(3) 所有端口都是单向传输端口,在输入/输出时均有锁存功能。

方式 1 需要配备专用的联络线,这些联络线在输入和输出时各不相同,A 口和 B 口的也不相同,下面将分别讨论。

1) 输入时的联络信号线及时序

输入时数据的流向是由 I/O 设备到 8255A,因此 I/O 设备应先把数据准备好,并送到 8255A,然后 CPU 再从 8255A 读取数据。这个传输过程需要一些联络信号线,所以当 A 口和 B 口作为输入时,各指定了 C 口的 3 条线作为联络信号,其控制字和联络信号如图

9-5 所示。

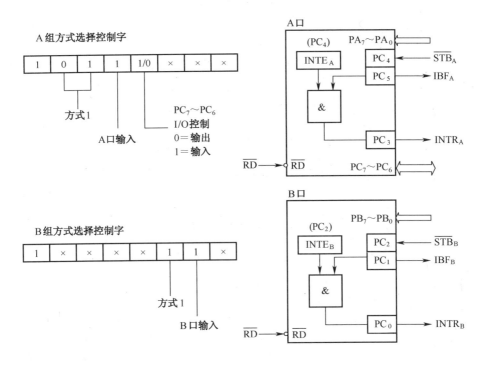

图 9-5 8255A 方式 1 输入的控制字和联络信号

当 A 口设定为方式 1 输入时，A 口所用 3 条联络信号线是 C 口的 PC_3、PC_4、PC_5，B 口则用了 C 口的 PC_0、PC_1、PC_2 作为联络信号。各联络线的定义如下：

$\overline{STB}$：外设给 8255A 的输入选通信号，低电平有效。有效时，表示外设的数据已准备好，同时将外设送来的数据锁存到 8255A 端口的数据输入缓冲器中。

IBF：8255A 给外设的输入缓冲器满信号，高电平有效。有效时，说明外设数据已送到输入缓冲器中，但尚未被 CPU 取走。该信号一方面可供微处理器查询用，另一方面送给外设，阻止外设发送新的数据。IBF 由 $\overline{STB}$ 信号置位，由读信号的后沿将其复位。

INTR：8255A 送到 CPU 的中断请求信号，高电平有效。当外设要向 CPU 传送数据或请求服务时，8255A 用 INTR 端的高电平向 CPU 提出中断请求。INTR 变高的条件是输入选通信号变高，即 $\overline{STB}=1$，表示数据已送入 8255A；当输入缓冲器满信号变为高，即 IBF=1 时，表示 8255A 已收到来自外部的数据；中断请求被允许，即 INTE=1。3 个条件都具备时，才能使 INTR 变高，向 CPU 发出中断请求。

INTE：中断允许触发器，A 口的 INTE 由对 PC_4 的置位/复位设置，B 口的 INTE 由对 PC_2 的置位/复位设置。只有当对应位为 1 时，才允许对应的端口发出中断请求。

方式 1 的输入时序如图 9-6 所示，表 9-2 所列为方式 1 输入时序参数的说明。

数据输入时，外设处于主动地位，当外设准备好数据并放到数据线上后，首先发 $\overline{STB}$ 信号，由它把数据输入到 8255A。选通脉冲的宽度至少持续 500ns。

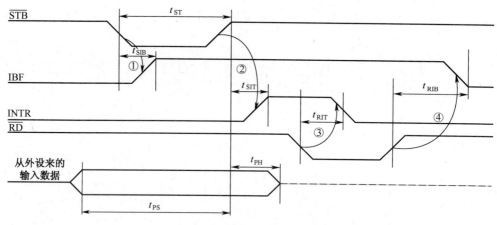

图 9-6 方式 1 的输入时序图

表 9-2 方式 1 输入时序参数的说明

参数	说明	8255A	
		最小时间/ns	最大时间/ns
t_{ST}	选通脉冲的宽度	500	
t_{SIB}	选通脉冲有效到 IBF 有效之间的时间		300
t_{SIT}	$\overline{STB}=1$ 到中断请求 INTR 有效之间的时间		300
t_{PH}	数据保持时间	180	
t_{PS}	数据有效到$\overline{STB}$无效之间的时间	0	
t_{RIT}	$\overline{RD}$有效到中断请求信号撤除之间的时间		400
t_{RIB}	$\overline{RD}$为 1 到 IBF 为 0 之间的时间		300

在$\overline{STB}$的下降沿约 300ns, 数据已锁存到 8255A 的缓冲器中, 引起 IBF 变高, 表示 8255A 的输入缓冲器满, 禁止输入新数据。

在$\overline{STB}$的上升沿约 300ns 后, 在中断允许(INTE=1)的情况下产生中断请求, 使 INTR 变高, 向 CPU 请求中断, CPU 接收中断请求后, 转到相应的中断子程序, 读取数据。若采用查询方式, 则通过查询状态字中的 INTR 位或 IBF 位是否置位来判断有无数据可读。

CPU 得知 INTR 信号有效之后, 执行读操作时, $\overline{RD}$信号的下降沿使 INTR 复位, 撤销中断请求, 为下一次中断请求做好准备。$\overline{RD}$信号的上升沿延时一段时间后清除 IBF 使其变低, IBF=0, 表示接口的输入缓冲器变空, 允许外设输入新数据。

2) 输出时的联络信号线及时序

输出是 8255A 把数据送到 I/O 设备去, 所以 CPU 要先准备好数据并写到 8255A, 然后再从 8255A 输出到外设。这个传输过程需要一些联络信号线, 所以当 A 口和 B 口作为输出时, 各指定了 C 口的 3 条线作为联络信号, 其控制字和联络信号如图 9-7 所示。

当 A 口与 B 口设为方式 1 输出时, A 口所用 3 条联络信号线是 C 口的 PC_3、PC_6、PC_7, B 口则用了 PC_0、PC_1、PC_2。各联络线的定义如下:

$\overline{OBF}$: 该信号是 8255A 输出给外设的输出缓冲器满信号, 低电平有效。当有效时, 表

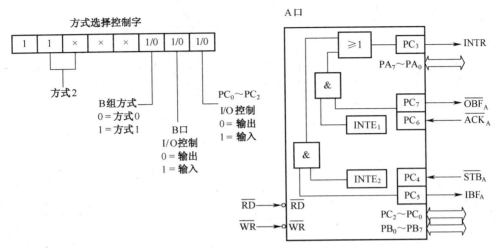

图 9-7　8255A 方式 1 输出的控制字和联系信号

示 CPU 已将数据写到 8255A 的输出端口,等待外设取走数据。

$\overline{ACK}$:响应信号,低电平有效,由外设送来。当有效时,表示 8255A 的数据已被外设取走,$\overline{ACK}$ 是对 $\overline{OBF}$ 的应答信号。

INTR:中断请求信号,高电平有效。当外设取走数据后,8255A 用 INTR 端向 CPU 发中断请求,请求 CPU 输出后面的数据。只有当 $\overline{ACK}$、$\overline{OBF}$ 和 INTE 都为高电平时,INTR 引脚上才能发出中断请求,该请求信号由 CPU 写操作时的 $\overline{WR}$ 复位。

INTE:中断允许触发器,A 口的 INTE 由对 PC_6 的置位/复位设置,B 口的 INTE 由对 PC_2 的置位/复位设置。只有当对应位为 1 时,才允许对应的端口发出中断请求。

方式 1 的输出时序如图 9-8 所示,表 9-3 所列为方式 1 输出时序参数说明。

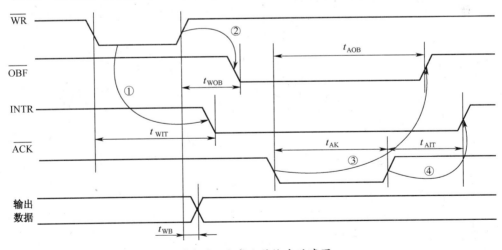

图 9-8　方式 1 的输出时序图

数据输出时,CPU 应先准备好数据,并把数据写到 8255A 输出数据寄存器。当 CPU 向 8255A 写数据时,$\overline{WR}$ 有效使 INTR 变低,封锁中断请求。写完一个数据后,$\overline{WR}$ 的上升沿使 $\overline{OBF}$ 有效,表示 8255A 输出缓冲器已满,通知外设读取数据。

表 9-3　方式 1 输出时序参数说明

参数	说明	8255A	
		最小时间/ns	最大时间/ns
t_{WOB}	$\overline{WR}$ 为 1 到 $\overline{OBF}$ 有效之间的时间		650
t_{WIT}	$\overline{WR}$ 有效到 INTR 为 0 之间的时间		850
t_{AOB}	$\overline{ACK}$ 有效到 $\overline{OBF}$ 为 1 之间的时间		350
t_{AK}	$\overline{ACK}$ 脉冲宽度	300	
t_{AIT}	$\overline{ACK}$ 为 1 到 INTR 有效之间的时间		350
t_{WB}	$\overline{WR}$ 为 1 到数据输出的时间	0	350

外设得到 $\overline{OBF}$ 有效的通知后，开始读取数据。当外设读取数据后，用 $\overline{ACK}$ 引脚回答 8255A，表示数据已收到。

$\overline{ACK}$ 的下降沿将 $\overline{OBF}$ 置高，表示输出缓冲器为空，为下一次输出做好准备。在中断允许的情况下，$\overline{ACK}$ 的上升沿使 INTR 变高，产生中断请求。CPU 响应中断后，在中断服务程序中，执行 OUT 指令，使 $\overline{WR}$ 有效，向 8255A 写下一个数据。

3. 方式 2

方式 2 为双向输入/输出选通方式，只适用于 A 口。双向输入/输出指的是 A 口既可输入又可输出。方式 2 也需要由 C 口提供联络信号。

8255A 工作在方式 2 时，具有以下特点：

（1）一次初始化可指定 A 口既作输入口又作输出口。而在方式 0 或方式 1 下，虽然 A 口、B 口也可以输入或输出，但一次只能设置为输入或输出一种状态，而不能既输入又输出，这是方式 2 与前两种方式的主要区别。

（2）方式 2 下 C 口的 5 条线（$PC_7 \sim PC_3$）作为 A 口的联络线，CPU 可采用中断方式或查询方式与 8255A 交换数据。此时，B 口可工作在方式 0 或方式 1 下。若 B 口工作在方式 1 下，C 口的 3 位（$PC_2 \sim PC_0$）作为其联络线；若 B 口工作在方式 0 下，$PC_2 \sim PC_0$ 可作为输入/输出线。

（3）各联络信号的定义及其时序关系基本上是方式 1 下输入和输出两种操作的组合。

8255A 工作在方式 2 时其控制字和联络信号如图 9-9 所示。

当 A 口设置为方式 2 时，指定 C 口的 5 条线为联络信号，分别是 PC_3、PC_4、PC_5、PC_6、PC_7，各联络线的定义如下：

$\overline{STB}$：来自外设的选通输入，低电平有效。其作用等同于方式 1 输入时的 $\overline{STB}$。

IBF：输入缓冲器满，高电平有效。其作用等同于方式 1 输入时的 IBF。

$\overline{OBF}$：输出缓冲器满，低电平有效。其作用等同于方式 1 输出时的 $\overline{OBF}$。

$\overline{ACK}$：来自外设的响应信号，低电平有效。其作用等同于方式 1 输出时的 $\overline{ACK}$。

INTR：中断请求信号，高电平有效。不管是输入还是输出，都由这个信号向 CPU 发中断申请。

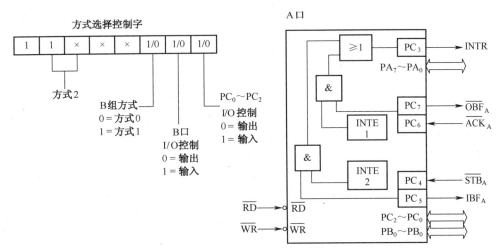

图 9-9　8255A 方式 2 控制字和联络信号

$INTE_1$：A 口输出中断允许，由 PC_6 置位/复位。当 $INTE_1$ 为 1 时，如 8255A 输出缓冲器为空，通过 INTR 向微处理器发出输出中断请求信号；当 $INTE_1$ 为 0 时，屏蔽输出中断。

$INTE_2$：A 口输入中断允许，由 PC_4 置位/复位。当 $INTE_2$ 为 1 时，如 8255A 输入缓冲器满，通过 INTR 向微处理器发出输入中断请求信号；当 $INTE_2$ 为 0 时，屏蔽输入中断。

以上介绍了 8255A 的 3 种工作方式，它们分别应用于不同的场合。方式 0 可用于无条件输入或输出的场合，如读取开关量、控制 LED 显示等。方式 1 提供了联络信号，可用于查询或中断方式输入或输出的场合。方式 2 是一种双向工作方式，如果一个外设既是输入设备，又是输出设备，并且输入和输出是分时进行的，那么将此设备与 8255A 的 A 口相连，并使 A 口工作在方式 2 就非常方便，如磁盘就是一种这样的双向设备。微处理器既能对磁盘读，又能对磁盘写，并且读和写在时间上是不重合的。

9.3　8255A 应用举例

【例 9.4】 设 8255A 端口地址为 280H~283H，要求读入开关的状态，若断开，则使发光二极管熄灭；若闭合，则使发光二极管点亮。如图 9-10 所示。

解：根据题意可知，8255A 工作于方式 0，B 口输出，C 口高 4 位输入，其控制字为 88H（未用位写 0），则程序段如下：

```
MOV   AL,88H
MOV   DX,283H
OUT   DX,AL
MOV   DX,282H
IN    AL,DX
TEST  AL,20H
JZ    L1        ;条件成立时 PC5=0,开关闭合
MOV   AL,0      ;熄灭发光二极管
JMP   L2
```

```
L1: MOV    AL,40H         ;点亮发光二极管
L2: MOV    DX,281H
    OUT    DX,AL
END1:…
```

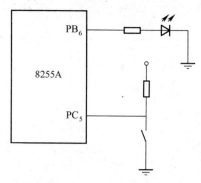

图 9-10 例 9.4 电路图

【例 9.5】 设 8255A 的端口地址 80H~83H,打印机与 8255A 的连接如图 9-11 所示。试编写打印一个字符的程序段。

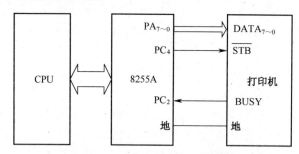

图 9-11 打印机与 8255A 的连接

解: 打印机内有一个以 8 位专用微处理器为核心的打印机控制器,负责打印功能的处理,以及打印机本身的管理,并通过机内一个标准接口(Centronics 并行接口)与主机进行通信,接收主机送来的打印数据和控制命令。标准接口位于打印机内,采用多芯电缆与主机内的打印机接口电路(打印机适配器)相连。多芯电缆上的信号有数据信号、CPU 的命令信号和打印机状态信号等,打印机的主要接口信号如表 9-4 所列。

表 9-4 打印机的主要接口信号

信号	含义	方向	说明
$DATA_{7\sim0}$	数据线	输入	主机送给打印机的 8 位数据
$\overline{STB}$	选通脉冲	输入	负极性脉冲,主机发出,用于将 $DATA_7 \sim DATA_0$ 上的数据写入打印机的缓冲器
BUSY	忙	输出	若为高电平,表示打印机忙,不能接收数据
$\overline{ACK}$	应答	输出	负脉冲,宽度约为 $5\mu s$,作为打印已接收到一个数据的应答信号,并准备好接收下一个数据

当主机需要打印一个数据时,打印机接收传送数据的过程如下:

(1) 首先查询 BUSY 信号。若 BUSY=1(忙),则等待;当 BUSY=0(空闲)时,才能送

出数据。

(2) 将数据送到数据线上,但此时数据并未自动进入打印机。

(3) 再送一个数据选通信号$\overline{STB}$给打印机,此后数据线上的数据将进入打印机的内部缓冲器。

(4) 打印机发出"忙"信号,即置 BUSY=1,表明打印机正在处理输入的数据。等到输入的数据处理完毕,打印机撤销"忙"信号,即置 BUSY=0。

(5) 打印机送出一个回答信号$\overline{ACK}$给主机,表示上一个字符已经处理完毕。

本例采用查询方式传送数据。若采用中断方式传送数据,可利用$\overline{ACK}$信号来产生中断请求,在中断服务程序中送出下一个打印数据。如此重复工作,就可以正确无误地将全部字符打印出来。

由图 9-11 可知,8255A 的 A 口和 C 口工作于方式 0,A 口用来输出 8 位打印数据,C 口的 PC_4 引脚用来产生$\overline{STB}$信号,PC_2 引脚用来接收 BUSY 信号。

打印一个字符的程序段如下:

```
        MOV     AL,81H
        OUT     83H,AL       ;8255A 工作方式控制字
        MOV     AL,09H
        OUT     83H,AL       ;置 PC₄ 为 1,即使STB=1
BUSY:
        IN      AL,82H       ;读 C 口
        AND     AL,4         ;查询 PC₂ 是否为 0
        JNZ     BUSY         ;忙则继续查询,不忙则向 A 口发送数据
        MOV     AL,'A'       ;被打印字符为'A'
        OUT     80H,AL       ;送出打印数据
        MOV     AL,8
        OUT     83H,AL       ;置 PC₄ 为低
        NOP
        MOV     AL,9
        OUT     83H,AL       ;使 PC₄ 为高,形成负脉冲
```

【**例 9.6**】 8255A 的 A 口和 B 口工作在方式 0,A 口接有 4 个开关;B 口接一个 7 段数码管(共阳极),其电路结构如图 9-12 所示,8255A 的端口地址范围为 208H~20BH。试编写程序,要求 7 段数码管显示开关所拨通的数字(开关断开或闭合所组成的十六进制数)。图 9-13 所示为 7 段数码管结构图。

解: 7 段数码管是一种很普遍的显示器件,主要部分是 7 段发光二极管,它们分别称为 a、b、c、d、e、f、g,构成字形"8",有的产品还附有一个小数点 DP。在某段发光二极管施加一定的电压时,段被点亮发光,不加电压则暗。

本题中 A 口接 4 个开关,因此开关所拨通的数字为 0~F。B 口采用共阳极数码管,要使数码管显示"0",需要 a、b、c、d、e、f 点亮,因此 B 口需要输出 3FH,由此可知其他字符的字形码,如表 9-5 所列。

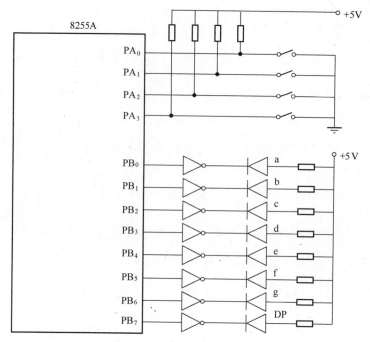

图 9-12 例 9.6 电路结构图

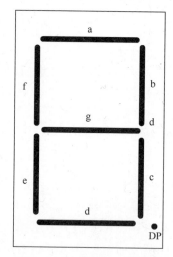

图 9-13 7 段数码管结构图

表 9-5 例 9.6 字形码表

显示数字	字形码
0	3FH
1	06H
2	5BH
3	4FH
4	66H

(续)

显示数字	字形码
5	6DH
6	7DH
7	07H
8	7FH
9	6FH
A	77H
B	7CH
C	39H
D	5EH
E	79H
F	71H

源程序如下：

```
DATA    SEGMENT
TAB1    DB 3FH,06H,5BH,4FH,66H,6DH,7DH,07H,7FH,6FH
        DB  77H,7CH,39H,5EH,79H,71H    ;定义字形码表
DATA    ENDS
CODE    SEGMENT
    ASSUME CS:CODE,DS:DATA
START:
    MOV AX,DATA
    MOV DS,AX
    MOV AL,90H
    MOV DX,20BH
    OUT DX,AL         ;8255初始化
    LEA BX,TAB1       ;BX获得字形码表的首地址
    MOV DX,208H
    IN  AL,DX         ;读取开关状态
    XLAT              ;根据开关状态取得字形码
    MOV DX,209H
    OUT DX,AL         ;将字形码通过B口输出,点亮数码管
    MOV AH,4CH
    INT 21H
CODE    ENDS
    ENDSTART
```

【例 9.7】 扫描键盘,读取按键,将按键在显示器上输出。键盘接口如图 9-14 所示,设 8255A 的端口地址为 200H~203H。

解： 扫描键盘的方法有行扫描法和行反转法两种。

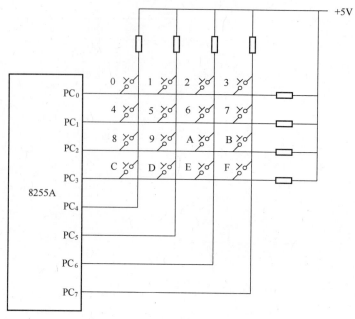

图 9-14　例 9.7 键盘接口图

1. 行扫描法

(1) 检查是否有键按下。使所有行线输出 0,然后读入列线状态,检查是否有列线为 0。若有,则表明有行线与列线接通,即有键按下。

(2) 去抖动。每个按键按下或释放时,都会产生短时间的抖动,一般为 5~20ms。去抖动是指避开抖动状态,一般可采用软件延时或硬件电路解决。

(3) 按键识别。从第 0 行开始,依次扫描每一行,即令该行输出 0,其余行线为 1,然后读取列线状态,检查列线是否为 0。若有,则通过该列和正在扫描的行即可确定按键;若没有,则顺序扫描下一行。

(4) 产生键码。根据扫描得到的编号查找键盘编码表即可获得该按键。

2. 行反转法

行反转法与行扫描法只在第(3)步不同,行反转法是将第(1)步列线读入的数据重新通过列线输出,行线读入,即可得到相应的按键编码。

本例采用行扫描法。先计算各按键编码,当 PC_0 输出 0 时,其余行线输出 1。若此时列线读入时 PC_4 为 0,其余列线为 1,表明"0"键被按下,其编码为 11101110B,即 0EEH。以此类推可得到其他按键的编码。在数据段中定义所有的按键编码。

源程序如下:

```
DATA    SEGMENT
    KEYTABLE DB 0EEH,0DEH,0BEH,7EH,0EDH,0DDH,BDH,7DH
          DB 0EBH,0DBH,0BBH,7BH,0E7H,0D7H,0B7H,77H
DATA    ENDS
CODE    SEGMENT
    ASSUME CS:CODE,DS:DATA
START:
```

```
            MOV     AX,DATA
            MOV     DS,AX
            MOV     AL,10001001B    ;方式0,C口低4位输出,C口高4位输入
            MOV     DX,203H
            OUT     DX,AL           ;8255初始化
    BEGIN:                          ;检查是否有键按下
            MOV     AL,0
            MOV     DX,202H
            OUT     DX,AL           ;C口低4位输出0
    WAIT:
            IN      AL,DX           ;C口高4位读入
            AND     AL,0F0H
            CMP     AL,0F0H
            JZ      WAIT            ;检查C口高4位,若有0表明有按键,否则没有
            MOV     CX,800H
    L0:LOOP L0                      ;延时去抖动
            MOV     BL,0FEH         ;行扫描法识别按键
            MOV     CX,4
    L1:MOV  AL,BL
            OUT     DX,AL           ;PC0输出0
            IN      AL,DX           ;读取C口高4位状态
            AND     AL,0F0H
            CMP     AL,0F0H
            JNZ     L2              ;C口高4位全为1,表明无按键,否则表明有按键
            ROL     BL
            LOOP    L1
    L2:AND  BL,0FH                  ;清除BL高4位,获得按键的行编码
            AND     AL,0F0H         ;清除AL低4位,获得按键的列编码
            ADD     AL,BL           ;获得按键的编码
            MOV     CX,16
            LEA     BX,KEYTABLE
    L3:CMP  AL,[BX]                 ;在编码表中查找按键,BX指向单元内容即为该按键
            INC     BX
            JZ      L4
            LOOP    L3
    L4:ADD  BX,30H                  ;将该按键输出
            MOV     DL,BL
            MOV     AH,2
            INT     21H
            MOV     AH,4CH
            INT     21H
    CODE    ENDS
            ENDSTART
```

习 题

9.1 8255A 有哪几种工作方式？每种工作方式有何特点？

9.2 8255A 中，端口 C 有哪些独特的用法？

9.3 假定 8255A 的地址为 60H~63H，A 口工作在方式 2，B 口工作在方式 1 输入，请写出初始化程序。

9.4 编程使 8255A 的 PC_5 端输出一个负跳变。如果要求 PC_5 端输出一个负脉冲，则程序又如何编写？

9.5 利用 8255A 模拟交通灯的控制：在十字路口的纵横两个方向上均有红、黄、绿 3 色交通灯（用 3 种颜色的发光二极管模拟），要求两个方向上的交通灯能按正常规律亮灭，画出硬件连线图并写出相应的控制程序。设 8255A 的端口地址为 60H~63H。

9.6 试用 8255A 设计一个并行接口，实现主机与打印机的连接，并给出以中断方式实现与打印机通信的程序。设 8255A 的端口地址为 60H~63H。

第 10 章 可编程定时器/计数器

定时与计数技术在计算机系统中具有极其重要的作用。微机系统需要为 CPU 和外围设备提供定时控制或对外部事件进行计数。本章首先简要介绍微机系统中实现定时控制的主要方法,然后以 8253 为例,介绍可编程定时器/计数器芯片的功能和应用。

10.1 定时/计数的基本概念

定时和计数的本质均是对脉冲信号的计数,二者的差别仅在于用途的不同。如果以标准的时钟信号作为计数的对象,由于其周期恒定,一定的计数值就对应于一定的时间,这一过程即为定时。如果以外部事件产生的脉冲信号作为计数的对象,即为计数。

实现定时的方法主要有 3 种:软件定时、硬件定时和采用可编程定时器/计数器芯片。

软件定时是通过设计一个延时子程序,使 CPU 循环执行若干条指令来实现定时的目的。这种方法简单、方便,不需要专门的硬件设备。但这种方法的定时精确性稍差,定时时间的长短随主机频率的不同而不同,最主要的是 CPU 执行延时程序时不能执行其他程序,降低了 CPU 的效率。

硬件定时采用硬件电路实现定时,比较精确,且不占用 CPU 的时间。这种方法的缺点是要改变定时时间就必须修改硬件电路,不灵活,使用不方便。

采用可编程定时器/计数器芯片可以解决以上两种定时方法存在的问题。可编程定时器/计数器是一种软硬件结合的定时器/计数器,可以通过编程改变定时时间或工作方式,在定时期间不占用 CPU 资源。可编程定时器/计数器芯片不但显著提高了 CPU 的利用率,而且定时时间由软件设置,十分灵活,且定时时间精确,使用十分广泛,如 Intel 系列的定时器/计数器芯片 8253 及其改进型 8254。

10.2 可编程定时器/计数器 8253

10.2.1 8253 的主要性能

可编程定时器/计数器芯片 8253 是 Intel 公司生产的微机通用外围芯片之一,双列直插式封装,共 24 个引脚,其主要性能如下。

(1) 每片 8253 内部有 3 个独立的 16 位的减法计数器(也称通道),计数范围为 0~65535。

(2) 每个计数器(通道)的内部结构相同,可通过编程设置 6 种不同的工作方式。

(3) 每个计数器(通道)都有两种计数方式:二进制计数或 BCD 码计数。

(4) 每个计数器(通道)计数脉冲的频率可达 2MHz。
(5) 使用单一的+5V 电源。
(6) 全部输入输出与 TTL 电平兼容。

10.2.2　8253 的内部结构

8253 的内部结构如图 10-1 所示。由图 10-1 可知，8253 由数据总线缓冲器、读/写逻辑、控制字寄存器和 3 个计数器等组成。

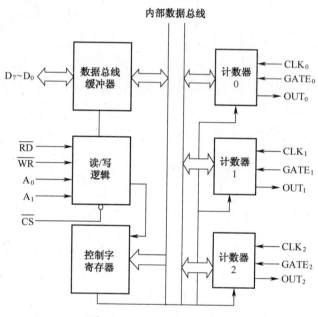

图 10-1　8253 的内部结构

1. 数据总线缓冲器

数据总线缓冲器是 8 位双向三态缓冲器，通过数据线 $D_7 \sim D_0$ 接收 CPU 写入控制字寄存器的控制字和装入计数器的计数初值，CPU 也可以通过它读取计数器当前的计数值。

2. 读/写逻辑

读/写逻辑电路从系统总线接收读/写、片选信号（$\overline{RD}$、$\overline{WR}$、$\overline{CS}$）及端口选择信号 A_1、A_0，经过译码，产生对 8253 各部分的控制信号。

3. 控制字寄存器

控制字寄存器用于存放来自 CPU 的控制字，以控制每个计数器的工作方式。控制字寄存器的内容只能写入，不能读出。

4. 计数器

8253 有 3 个结构相同、相互独立的计数器，分别称为计数器 0、计数器 1 和计数器 2。

每个计数器有一个 8 位的控制字寄存器，存放计数器的工作方式控制字；一个 16 位的计数初值寄存器 CR(Count Register)，保存计数初值；一个 16 位的计数执行部件 CE(Counting Element)，执行减 1 计数；一个 16 位的输出锁存器 OL(Output Latch)，锁存 CE 中的内容，使 CPU 读取一个稳定的计数值。计数器的内部结构如图 10-2 所示。

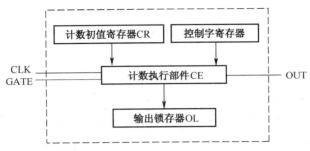

图 10-2 计数器的内部结构

每个计数器有 3 个输入/输出信号：输入时钟信号 CLK 和门控信号 GATE，输出信号 OUT。计数执行部件 CE 从计数初值寄存器 CR 获得计数初值后，在门控信号 GATE 有效时，每经过一个时钟脉冲信号 CLK 的下降沿进行一次减 1 计数。在计数过程中，输出锁存器 OL 的值跟随计数执行部件 CE 的值变化，即输出锁存器的内容和减 1 计数器的内容保持一致。当收到锁存命令时，输出锁存器的值不再随计数执行部件的值变化，即锁存当前计数值供 CPU 读取，此时计数执行部件依然计数。当 CPU 读取当前计数值后，输出锁存器 OL 的值将再跟随计数执行部件 CE 的值变化。当计数结束时，OUT 输出相应工作方式时的输出波形。

10.2.3 8253 的引脚

8253 有 24 个引脚，采用双列直插式封装，引脚信号如图 10-3 所示。

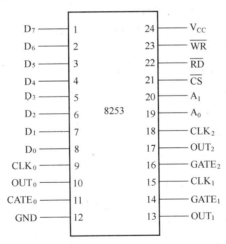

图 10-3 8253 引脚信号

8253 的引脚分为两组，一组面向 CPU，一组面向外部设备。

1. 8253 与 CPU 连接的引脚

$D_7 \sim D_0$：数据线，双向，三态，用于传递 CPU 与 8253 之间的数据信息、控制信息和状态信息。

$\overline{CS}$：片选信号，输入，低电平有效。它有效时表示 8253 被选中。

$\overline{RD}$：读信号，输入，低电平有效。用于控制 CPU 对 8253 的读操作。

$\overline{WR}$:写信号,输入,低电平有效。用于控制 CPU 对 8253 的写操作。

A_0,A_1:端口选择信号,输入。用于寻址 8253 内部的 4 个端口,即 3 个计数器和 1 个控制字寄存器。

A_0、A_1、$\overline{RD}$、$\overline{WR}$ 和 $\overline{CS}$ 组合起来控制 8253 的计数器 0、计数器 1、计数器 2 和控制字寄存器的读或写,如表 10-1 所列。

表 10-1　8253 寄存器选择及其读写操作

$\overline{CS}$	$\overline{RD}$	$\overline{WR}$	A_1	A_0	操作
0	1	0	0	0	对计数器 0 写初值
0	1	0	0	1	对计数器 1 写初值
0	1	0	1	0	对计数器 2 写初值
0	1	0	1	1	写控制字到控制字寄存器
0	0	1	0	0	读计数器 0 当前计数值
0	0	1	0	1	读计数器 1 当前计数值
0	0	1	1	0	读计数器 2 当前计数值
其　　他					无操作

2. 8253 与外部设备连接的引脚

$CLK_0 \sim CLK_2$:计数器 0、1、2 的时钟输入。用于输入定时或计数的脉冲信号,此信号可以是系统时钟脉冲,也可以由系统时钟分频或是其他脉冲源提供。

$GATE_0 \sim GATE_2$:计数器 0、1、2 的门控输入。常用于外部控制计数器的启动或停止。

$OUT_0 \sim OUT_2$:计数器 0、1、2 的输出。当计数结束时,此引脚产生一个输出信号,其波形取决于工作方式。

10.2.4　8253 的工作方式

8253 的每个计数器有 6 种不同的工作方式。在不同的工作方式下,计数器的启动方式、门控信号 GATE 对计数操作的作用以及 OUT 端输出的波形都是不同的。

1. 方式 0——计数结束产生中断方式

方式 0 的工作过程为控制字写入计数器设定工作方式 0 后,OUT 端变为低电平,并且在计数过程中一直保持低电平。计数初值写入计数初值寄存器后,经过 CLK 的一个上升沿和下降沿后,写入计数执行部件,随后每一个 CLK 的下降沿减 1 计数。计数到 0 时,计数过程结束,OUT 端变为高电平,此输出信号可作为中断请求信号。方式 0 时序波形图如图 10-4 所示。

方式 0 的工作特点:

(1) 计数器不会自动重装计数初值,计数结束后,OUT 端保持高电平,直至写入新的控制字或计数初值。

(2) 计数过程中,GATE=1,允许计数;GATE=0,暂停计数;当再次 GATE=1 后,延续暂停时的计数值继续减 1 计数。

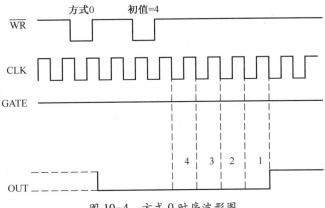

图 10-4　方式 0 时序波形图

（3）在计数过程中如果改变计数初值，则按新的计数初值重新开始计数。如果是 8 位计数，则写入新的初值后，计数器按新的初值重新开始减 1 计数；如果是 16 位计数，则在写入第一个字节后，计数器停止计数，在写入第二个字节后，按新的初值重新减 1 计数。

2. 方式 1——可重复触发的单稳态触发器

方式 1 的工作过程为控制字写入计数器设定工作方式 1 后，OUT 端变为高电平。计数初值写入计数初值寄存器后并不马上开始计数，直到 GATE 信号上升沿到，计数初值才能装入计数执行部件，OUT 端变为低电平，随后在 CLK 下降沿的作用下开始减 1 计数。计数到 0 时，计数过程结束，OUT 端变为高电平，此方式输出一个宽度为 N 个时钟周期 T_{CLK} 的负脉冲。方式 1 时序波形图如图 10-5 所示。

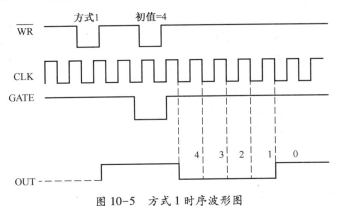

图 10-5　方式 1 时序波形图

方式 1 的工作特点：

（1）当计数到 0 后，只要 GATE 端再给一个触发脉冲，则会自动重新装入初值，开始减 1 计数，并在计数到 0 后又产生一个负脉冲。因此，方式 1 是可重复触发的可编程单稳态脉冲触发器方式。

（2）在计数过程中，当 GATE 端又来了触发脉冲时，OUT 端低电平保持不变，同时经过一个 CLK 脉冲后计数器从初值重新开始减 1 计数，直到计数值为 0 停止计数，OUT 端变为高电平。这种情况下，OUT 端输出的负脉冲宽度加宽了。

（3）在计数过程中改变初值，不影响当前计数过程和 OUT 端当前输出。只有 GATE 端又来了触发脉冲时，才会以新的计数初值开始计数。

3. 方式2——分频器

方式2的工作过程为控制字写入计数器设定工作方式2后,OUT端变为高电平。计数初值写入计数初值寄存器后的下一个时钟,开始减1计数。计数到1时,OUT端由高变低,经过一个时钟周期,OUT端又变为高电平,同时自动装入计数初值重新开始计数过程。如此周而复始,OUT端输出的是一个连续的周期脉冲信号,频率为输入时钟 CLK 的 N(计数初值)分频,负脉冲宽度为一个 CLK 周期,因此方式2可作为 N 分频器。方式2时序波形图如图10-6所示。

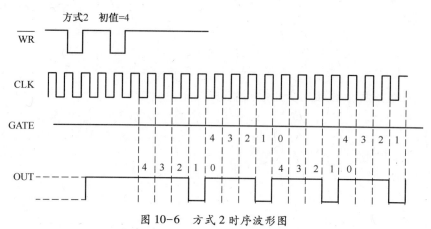

图10-6 方式2时序波形图

方式2的工作特点:

(1) 具有计数初值自动重装功能。当计数到0后,计数器自动重新装入原计数初值并开始计数。

(2) 计数过程可以由门控信号 GATE 控制。当 GATE=0,停止计数;GATE 变为高电平后,经过一个时钟周期,计数器重新从计数初值开始计数。

(3) 在计数过程中改变计数初值,不影响当前计数过程,下一个计数过程会按新的计数初值计数。

4. 方式3——方波发生器

方式3的工作过程与方式2相似,但输出的波形是对称或近似对称方波脉冲。

方式3的工作过程为设初值为 N,控制字写入计数器设定工作方式3后,OUT 端变为高电平。装入初值后开始减1计数,若 N 为偶数(N 为奇数时,则先减1变偶数),计数到 $N/2$(奇数到$(N-1)/2$),OUT 端变为低电平。计数到0后,OUT 端变为高电平,并自动装入计数初值重新开始计数过程。这样周而复始,输出周期为 N 倍时钟周期的方波。方式3时序波形图如图10-7所示。

方式3的工作特点:

(1) 当计数初值为偶数时,输出波形对称,是真正的方波;计数初值为奇数时,正脉冲比负脉冲多一个时钟周期的宽度,输出波形不对称,当计数初值 N 较大时,近似为方波。

(2) 门控信号 GATE 可使计数过程重新开始。如果 OUT=0,则 GATE=0 使 OUT=1,停止计数;当 GATE 变为高电平后,经过一个时钟周期,计数器重新从计数初值开始计数。

(3) 在计数过程中改变计数初值,不影响当前计数过程,下一个计数过程会按新的计数初值计数。

第 10 章 可编程定时器/计数器

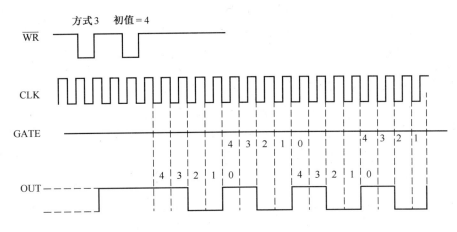

图 10-7 方式 3 时序波形图

5. 方式 4——软件触发的选通信号发生器

方式 4 的工作过程为当 GATE=1,控制字写入计数器设定工作方式 4 后,OUT 端变为高电平。写入初值后的下一个时钟开始减 1 计数,计数到 0 时 OUT 变为低电平,经过一个时钟周期后又变为高电平,于是产生了一个时钟周期宽度的负脉冲。此负脉冲可作为选通信号使用。方式 4 时序波形图如图 10-8 所示。

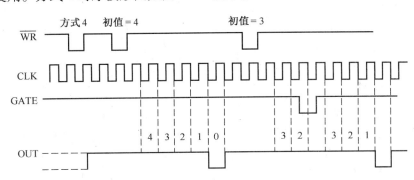

图 10-8 方式 4 时序波形图

方式 4 的工作特点:

(1) 计数是一次性的,只有写入新的计数初值才重新开始计数。

(2) 计数过程中,GATE=1,允许计数。GATE=0,停止计数,输出保持当时的电平(只有计数为 0 时,OUT 端电平才发生变化);当 GATE 变为高电平后,经过一个时钟周期,计数器重新从计数初值开始计数。

(3) 计数过程中改变计数初值,则计数器在写入新初值后的下一个时钟的下降沿按新的初值重新开始计数(当 GATE=1),即新初值立即有效,所以称为软件触发。

6. 方式 5——硬件触发的选通信号发生器

方式 5 和方式 4 相似,不同的是计数启动采用硬件触发方式,即由门控信号 GATE 触发启动计数。

方式 5 的工作过程为控制字写入计数器设定工作方式 5 后,OUT 端变为高电平。计数初值写入计数初值寄存器后并不开始计数,直到 GATE 信号上升沿到达,然后从下一个

CLK 时钟开始减 1 计数。计数到 0 时，OUT 变为低电平，经过一个时钟周期后又变为高电平，从而产生一个时钟周期宽度的负脉冲。方式 5 时序波形图如图 10-9 所示。

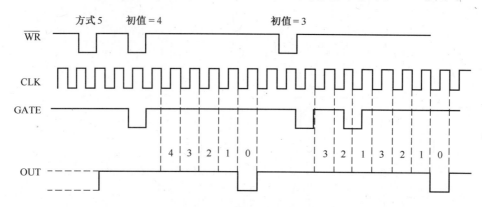

图 10-9　方式 5 时序波形图

方式 5 的工作特点：

（1）当计数到 0 后，只要 GATE 端给一个触发脉冲，就会自动重新装入初值并开始计数，可重复触发。

（2）在计数过程中，当 GATE 端又来了触发脉冲时，经过一个 CLK 脉冲后计数器从初值重新开始计数。

（3）在计数过程中改变初值，不影响当前计数过程，只有 GATE 端再次触发，才会按新的计数初值计数。但若在写入新的计数初值后，计数未到 0 之前有 GATE 端触发脉冲，则立即按新的计数初值重新开始计数。

10.3　8253 的编程及应用

10.3.1　8253 的控制字

在使用 8253 时，首先必须确定每个计数器的工作方式和预置的初值。8253 的控制字用于选定计数器，并规定计数器的工作方式、读写方式和计数方式。8253 控制字格式如图 10-10 所示。

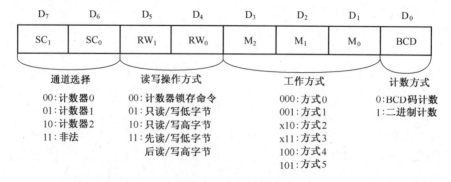

图 10-10　8253 控制字格式

8253 控制字各位的含义如下。

1. SC_1、SC_0：选择计数器

8253 的 3 个计数器是互相独立的，这两位的不同组合用来选中不同的计数器，以确定相应计数器的工作方式。

2. RW_1、RW_0：选择读写操作方式

RW_1、RW_0 = 00，计数器锁存命令。将当前计数值锁存到输出锁存器 OL 中，以供 CPU 读取。

RW_1、RW_0 = 01，8 位计数，只读/写低位字节，高位字节自动置为 0。

RW_1、RW_0 = 10，16 位计数，只读/写高位字节，低位字节自动置为 0。

RW_1、RW_0 = 11，16 位计数，先读/写低位字节，后读/写高位字节。

3. M_2、M_1、M_0：选择计数器工作方式

8253 的每个计数器都有 6 种工作方式可以选择，即方式 0～方式 5，由这 3 位的组合来选择是哪种工作方式。

4. BCD：选择计数方式

BCD = 0，二进制计数，当初值为 0000H 时代表最大计数值 65536。

BCD = 1，BCD 码计数，当初值为 0000H 时代表最大计数值 10000。

10.3.2 8253 的编程

8253 的 3 个计数器可独立工作，在应用之前要对 8253 初始化，规定所用到的每个计数器的工作方式及计数初值。另外，在计数过程中，还可以锁定指定计数器的当前计数值，以便随时了解计数过程。

1. 8253 初始化编程

使用 8253 之前，必须对其进行初始化编程。初始化编程包括两个步骤：

（1）写控制字。控制字格式如图 10-10 所示，每个计数器的控制字都必须写入控制字寄存器对应的端口。

（2）写计数初值。写初值时，要与控制字要求的读写操作方式一致，并且写入相应计数器对应的端口。

通常，计数器的计数初值与其使用要求有关。设计数器 CLK 端输入的脉冲频率为 f_{CLK}，周期为 T_{CLK}，计数器 OUT 端输出的信号频率为 f，周期为 T（或定时时间为 T），则计数初值 N 可以计算得到：

$$N = \frac{T}{T_{CLK}} = \frac{f_{CLK}}{f} = f_{CLK} \times T$$

【例 10.1】 已知 8253 的端口地址为 40H～43H，用 8253 的计数器 0，每隔 2ms 输出一个负脉冲，设 CLK_0 为 2MHz，完成软件设计。

解：

（1）确定工作方式

计数器 0 每隔 2ms 输出一个负脉冲，工作方式选择方式 2。

（2）计算计数初值 N

$$N = T \times f_{CLK} = 2 \times 10^{-3} \times 2 \times 10^6 = 4000$$

（3）确定控制字

如果采用二进制计数,计数初值为4000(0FA0H),高低字节都不为0,先写低字节,后写高字节,读写操作方式选择11,即控制字为00110100B=34H；

如果采用BCD码计数,计数初值为4000H,低字节为0,可只写高字节,读写操作方式选择10,即控制字为00100101B=25H。

（4）确定端口地址

计数器0、计数器1、计数器2、控制寄存器对应的端口地址分别为40H、41H、42H、43H。

（5）初始化程序。具体如下。

采用二进制计数：

```
MOV    AL , 34H         ;计数器0控制字
OUT    43H , AL         ;控制字写到控制端口
MOV    AX , 4000        ;计数器0初值
OUT    40H , AL         ;先写初值低8位到计数器0
MOV    AL , AH
OUT    40H , AL         ;再写初值高8位到计数器0
```

采用BCD码计数：

```
MOV    AL , 25H         ;计数器0控制字
OUT    43H , AL         ;控制字写到控制端口
MOV    AL , 40H         ;计数器0初值高8位
OUT    40H , AL         ;写初值高8位到计数器0,低字节自动为0
```

2. 8253当前计数值读取

在8253的工作过程中,可以随时读取计数器的当前计数值,以便对计数器的计数值进行实时显示、检测等。为了得到稳定准确的计数值,通常采用以下两种方法读取计数值。

（1）读取计数值前先停止计数。利用GATE信号使计数过程停止,然后用IN指令读取计数值,读取方式取决于控制字中的$D_5 D_4$位。

（2）读取计数值前先发锁存命令。先用OUT指令将锁存命令字写入控制字寄存器,即令控制字中的$D_5 D_4 = 00$,使相应计数器的当前计数值锁存在其内部的输出锁存器中。然后,用IN指令读取当前计数值,读取方式取决于控制字中的$D_5 D_4$位。在CPU读取计数值后,输出锁存器解除锁存状态,又重新随计数器的内容变化。这种方法不影响计数过程,也称为"飞读"。8253锁存命令字格式如图10-11所示。

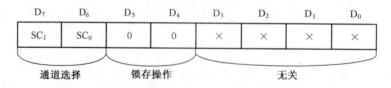

图10-11　8253锁存命令字格式

【例10.2】　设某系统中8253的端口地址为280H~283H,采用锁存方式读取计数器1的16位当前计数值。

解：

```
MOV    AL, 40H            ;锁存命令字 01000000B
MOV    DX, 283H
OUT    DX, AL             ;命令字写入控制端口
MOV    DX, 281H
IN     AL, DX             ;读取计数器 1 的低 8 位
MOV    AH, AL             ;暂存 AH 中
IN     AL, DX             ;读取计数器 1 的高 8 位
XCHG   AH, AL             ;AX 中为计数器 1 的 16 位当前计数值
```

10.3.3 8253 的应用

1.【例 10.3】 某 8086 系统中有一片 8253 芯片，端口地址为 500H、502H、504H、506H，各通道均接 6MHz 的时钟信号。要求计数器 0 输出一个最大宽度的负脉冲；计数器 1 输出一个方波信号，周期为 10μs；计数器 2 输出一个定时中断信号，定时时间为 0.2ms。写出其初始化程序。

解：

1) 确定工作方式

计数器 0 输出最大宽度的负脉冲，工作方式选择方式 1。

计数器 1 输出一个方波，工作方式选择方式 3。

计数器 2 输出一个定时中断信号，工作方式选择方式 0。

2) 计算计数初值 N

计数器 0 必须采用二进制，计数器初值为 0（最大计数初值 65536）。

计数器 1 方波信号周期为 10μs，$N = T \times f_{CLK} = 10\mu s \times 6MHz = 60$。

计数器 2 定时 0.2ms，$N = T \times f_{CLK} = 0.2ms \times 6MHz = 1200$。

3) 确定控制字

计数器 0 采用二进制计数，计数初值为 0，读写操作方式选择 11，即控制字为 00110010B = 32H。

计数器 1 可采用二进制或 BCD 码计数，只写低字节，读写操作方式选择 01，采用 BCD 码计数时控制字为 01010111B = 57H。

计数器 2 可采用二进制或 BCD 码计数，采用二进制计数时控制字为 10110000B = 0B0H。

4) 确定端口地址

8253 的地址线 A_1A_0 与 8086 地址总线的 A_2A_1 相连，计数器 0、计数器 1、计数器 2 的地址分别为 500H、502H、504H，控制端口的地址为 506H。

5) 初始化程序

计数器 0：

```
MOV    DX, 506H           ;控制端口地址
MOV    AL, 32H            ;计数器 0 控制字,高低字节都写,方式 1,二进制计数
OUT    DX, AL
MOV    DX, 500H           ;计数器 0 地址
MOV    AL, 0              ;计数器 0 初值
```

```
        OUT     DX, AL
        OUT     DX, AL
```

计数器1：

```
        MOV     DX, 506H        ;控制端口地址
        MOV     AL, 57H         ;计数器1控制字,只写低字节,方式3,BCD码计数
        OUT     DX, AL
        MOV     DX, 502H        ;计数器1地址
        MOV     AL, 60H         ;计数器1初值
        OUT     DX, AL
```

计数器2：

```
        MOV     DX, 506H        ;控制端口地址
        MOV     AL, 0B0H        ;计数器2控制字,高低字节都写,方式0,二进制计数
        OUT     DX, AL
        MOV     DX, 504H        ;计数器2地址
        MOV     AX, 1200        ;计数器2初值,1200自动分离出高低字节
        OUT     DX, AL          ;写低字节到计数器2
        MOV     AL, AH
        OUT     DX, AL          ;写高字节到计数器2
```

2.【例10.4】 某8088系统中有一片8253芯片,端口地址为150H～153H,计数器0的输出作为计数器1的计数脉冲,利用计数器1控制发光二极管,使发光二极管持续闪烁,亮2s,灭2s,利用计数器2完成对外部事件计数,计满200次向CPU发出中断申请。试编写8253的初始化程序,硬件电路如图10-12所示。

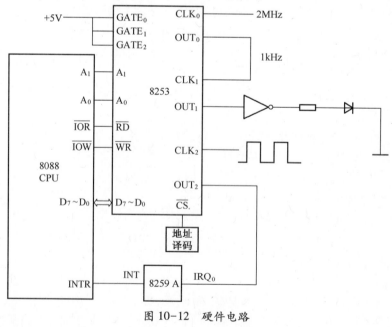

图10-12 硬件电路

解：

1）计数器0

计数器0的输出作为计数器1的计数脉冲,工作方式选择方式3。计数初值 $N=$

2MHz/1KHz=2000,若采用二进制计数,读写操作方式选择 11(2000=07D0H,高低字节都写),控制字为 00110110B=36H。初始化程序如下:

```
MOV     AL,36H          ;计数器0控制字
MOV     DX,153H         ;控制端口地址
OUT     DX,AL           ;控制字写到控制端口
MOV     AX,2000         ;计数器0初值,2000自动分离出高低字节
MOV     DX,150H         ;计数器0地址
OUT     DX,AL           ;写计数器0初值低字节
MOV     AL,AH
OUT     DX,AL           ;写计数器0初值高字节
```

2) 计数器 1

输出周期为 4s 的方波,工作方式选择方式 3。计数初值 $N=4s×1KHz=4000$,若采用二进制计数,读写操作方式选择 11,控制字为 01110110B=76H。初始化程序如下:

```
MOV     AL,76H          ;计数器1控制字
MOV     DX,153H         ;控制端口地址
OUT     DX,AL           ;控制字写到控制端口
MOV     AX,4000         ;计数器1初值,4000自动分离出高低字节
MOV     DX,151H         ;计数器1地址
OUT     DX,AL           ;写计数器1初值低字节
MOV     AL,AH
OUT     DX,AL           ;写计数器1初值高字节
```

3) 计数器 2

输出中断请求信号,工作方式选择方式 0。计数初值为 200,若采用二进制计数,200<256,只写低字节,读写操作方式选择 01,控制字为 10010000B=90H。初始化程序如下:

```
MOV     AL,90H          ;计数器2控制字
MOV     DX,153H         ;控制端口地址
OUT     DX,AL           ;控制字写到控制端口
MOV     AL,200          ;计数器2初值
MOV     DX,152H         ;计数器2地址
OUT     DX,AL           ;写计数器2初值
```

说明:若 CLK_1 直接输入系统时钟 2MHz,而 OUT_1 输出为亮 2s 灭 2s 的方波,即输出为周期 4s(0.25Hz)的方波信号,则计数初值 $N=4s×2MHz=8000000$,计数初值超过最大计数值 65536。此时,必须考虑用两个计数器级连,即将第一级的 OUT 输出作为第二级的 CLK 输入,取第二级的 OUT 输出为最后结果,依此类推。

习 题

10.1 可编程定时器/计数器 8253 有哪几种工作方式?各有何特点?其用途如何?

10.2 对 8253 进行初始化编程分哪几步进行?

10.3 可编程定时器/计数器8253选用二进制计数与BCD码计数的区别是什么？每种计数方式的最大计数值分别为多少？

10.4 在某微机系统中，8253的3个计数器的端口地址分别为60H、61H和62H，控制字寄存器的端口地址为63H，要求计数器0工作于方式3，并已知其计数初值$N=1234H$，编写初始化程序。

10.5 某微机系统中8253的端口地址分别为220H、221H、222H和223H。

（1）计数器0低8位计数，计数值为128，二进制计数，选用方式3工作，编程初始化。

（2）计数器1高、低8位计数，计数值为1000，BCD码计数，选用方式2工作，编程初始化。

10.6 设8253的端口地址分别为120H~123H，分别写出如下情况的计数初值，并写出对应的初始化程序：

（1）计数器0工作在方式3，输入脉冲频率为2MHz，输出方波的频率为1kHz的，采用BCD码计数。

（2）计数器1产生一个最大宽度的负脉冲。

（3）计数器2的在定时3ms后，产生中断请求信号。设输入计数脉冲为2MHz。

10.7 在某微机系统中使用了一块8253芯片，其端口地址分别为220H、221H、222H和223H，所用的时钟频率为1MHz。

（1）通道0工作于方式3，输出频率为2kHz的方波，编程初始化。

（2）通道1产生宽度为480μs的单脉冲，编程初始化。

（3）通道2采用硬件方式触发，输出单脉冲，时间常数（计数初值）为26，编程初始化。

10.8 已知加在8253上的计数时钟频率为2MHz，试说明在不增加硬件芯片的情况下，要使8253产生周期为2s的方波，应如何实现？编写初始化程序。

第 11 章 微型计算机串行接口技术

微型计算机与外部设备之间基本的通信方式有两种:并行通信和串行通信。并行通信传输数据时将一个字符的各位同时进行传输。串行通信传输数据时一位一位按顺序传输。由于串行通信时,传输双方之间只需要一对数据线,因此,串行通信比并行通信速率低,但串行通信节省传输导线,在长距离通信时,更加经济合理。串行通信常用于计算机主机与外设之间以及主机与主机之间数据的远距离传输。

本章从串行通信的基本概念出发,介绍几种常用的串行通信接口标准,并详细介绍常用的可编程串行通信接口芯片 8251A。要求掌握 8251A 的结构、功能以及编程和使用方法。

11.1 串行通信的基本概念

11.1.1 串行通信涉及的常用术语

串行通信时,数据、控制和状态信息都使用同一根信号线传输。所以收发双方必须遵守共同的通信协议,才能解决数据传输速率、信息格式、位同步、字符同步和数据校验等问题。

1. 数据传输速率和波特率

数据传输速率是指单位时间内通信线路上传输的数据量,常用的单位是 b/s,即每秒钟传输的比特数。计算数据传输速率通常是先测量一定时间间隔在通信线路上传输的数据总量,再除以传输时间来获取。由于异步串行通信中帧与帧之间存在间隔,用数据传输速率难以衡量实际的传输速度,因此在异步串行通信中多以波特率来表示传输速度。波特率是指在一个信息帧内,传输的二进制信息的位数与所需的传输时间的比。波特率的单位也是 b/s,又称为波特,1 波特 = 1 位/秒(1bit/s)。由于波特率不将帧间隔时间计算在内,因此能更好地衡量异步串行通信的传输速度。

尽管波特率在理论上可以是任意值,但考虑到接口的标准性,国际上规定了一个标准波特率系列:50、110、300、600、1200、2400、4800、9600 和 115200(单位 b/s)。如 CRT 终端能处理 9600b/s 的传输,而点阵打印机通常以 2400b/s 来接收信号。大多数接口的接收波特率可以由编程来分别设置。串行通信双方使用相同的波特率。虽然收发双方的时钟不可能完全一样,但由于每帧的位数最多只有 12 位,因此时钟的微小误差不会影响接收数据的正确性。

2. 发送时钟和接收时钟

在串行通信中,二进制数据以数字信号的形式出现,不论是发送还是接收,都必须有时钟信号对传送的数据进行定位。在 TTL 标准表示的二进制数中,传输线上高电平表示二进制 1,低电平表示二进制 0,且每一位持续时间都是固定的,由发送时钟和接收时钟的频率决定。

1)发送时钟

发送数据时,先将要发送的数据送入移位寄存器。然后在发送时钟的控制下,将该数据逐位移位输出。通常是在发送时钟的下降沿将移位寄存器中的数据串行输出,每个数据位的时间间隔由发送时钟的周期来划分,如图 11-1 所示。

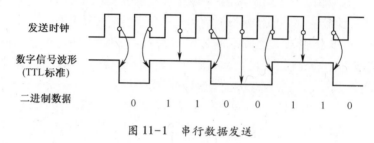

图 11-1 串行数据发送

2)接收时钟

在接收串行数据时,接收时钟的上升沿对接收数据采样,进行数据位检测,并将其移入接收器的移位寄存器中,最后输出数据,如图 11-2 所示。

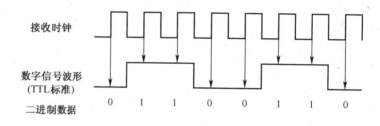

图 11-2 串行数据接收

3)波特率因子

发送时钟和接收时钟是对数据信号进行同步的,其频率直接影响设备发送和接收数据的速度。发送时钟和接收时钟的频率一般是发送和接收波特率的 n 倍,n 称为波特率因子,在实际串行通信中,波特率因子 n 可以设定。在异步串行通信时 $n=1、16、64$,实际常采用 $n=16$,即发送时钟和接收时钟的频率要比数据传送的波特率高 16 倍,如图 11-3 所示。在同步串行通信时,波特率因子必须等于 1。

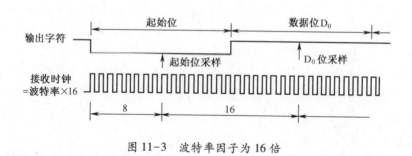

图 11-3 波特率因子为 16 倍

当 $n=16$ 时,开始通信时信号线为 1(空闲),当检测到由 1 跳变到 0 时,开始对接收时钟计数。当计到 8 个时钟时,对输入信号进行检测,若仍为低电平,则确认这是起始位。接收端检测到起始位后,每隔 16 个时钟,对输入信号检测一次,把对应的值作为数据位,直到全部数据位都输入。

11.1.2 串行通信数据的传送方式

串行通信时,数据在两个站(或设备)A 与 B 之间传送,按数据流方向的不同可分为单工、半双工、全双工和多工等几种传送方式,如图 11-4 所示。

单工方式只允许数据沿着一个方向传送。采用这种方式时,就已经确定了通信双方中的一方为接收端,另一方为发送端,且不可以改变。如事先规定为由 A 到 B,则 A 为发送方,B 为接收方,如图 11-4(a)所示。现在把这种单工通信方式称为单向通信。

半双工通信是指信息的发送和接收要共用一条线,数据既可以由 A 到 B,也可以由 B 到 A,但不能同时进行收发,因此在通信换向时接口部分要靠电路转换,如图 11-4(b)所示。无线电对讲机就是半双工通信的一个例子。

全双工通信是对接收和发送的信息用不同的通道,因此信息的发送和接收可同时进行,这就意味着工作于全双工的系统可以同时发送和接收数据,如图 11-4(c)所示。电话系统就是全双工通信的例子。

多工方式下采用的多路复用技术主要有时分复用(TDM)和频分复用(FDM)两种,如图 11-4(d)所示。前者将共用的物理线路分成若干时间片,轮流为各信号占用,其特点是电路简单,抗干扰性强;后者利用频率调制原理将要发送的信号搬移到不同频段后同时或不同时地发送,其特点是效率高,但电路复杂,抗干扰能力弱。

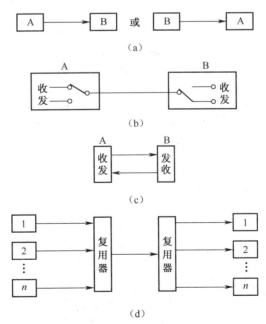

图 11-4 串行通信的单工、半双工、全双工及多工传送方式
(a)单工方式;(b)半双工方式;(c)全双工方式;(d)多工方式。

在计算机串行通信中主要使用半双工和全双工方式。

11.1.3 串行通信的种类

为了使接收方和发送方能步调一致地收发数据,需要对数据传送进行同步控制。根据同步控制方式的不同,将串行通信分为两类:异步串行通信和同步串行通信。

1. 异步串行通信

异步串行通信以字符为单位进行传输,每个字符由若干位组成。异步串行通信是指通信中字符与字符之间的时间间隔是不固定的,是异步的,各字符可以连续传送,也可以断续传送,但字符的位与位之间是同步的,即收发双方接收和发送每一位用的时间(1/波特率)是相等的。为了正确接收信号,接收方必须确切知道信号应当何时接收和如何处理,所以收发双方要设定异步通信的字符格式,并以起始位通知对方,数据即将到来,此外还要约定波特率,进而确定每位数据的传送时间。

异步串行通信的一个字符通常由起始位、数据位、奇偶校验位、停止位和空闲位组成。

起始位:1 位,低电平,表示一个字符的开始,接收方可用起始位使自己的接收时钟与数据同步。传输线上没有数据的时候,一直处于逻辑 1 的状态,一旦有一个低电平的到来,则意味着一个字符数据的开始。

数据位:5~8 位,位数由收发双方约定,紧跟在起始位之后,由最低位 D_0 开始,由低到高依次发送。

奇偶校验位:1 位或者无校验,奇校验要求数据位和校验位中 1 的总个数为奇数,偶校验要求数据位和校验位中 1 的总个数为偶数,据此来决定奇偶校验位填 1 还是 0。奇偶校验并不是必不可少的,如果不需要校验,则无此位。

停止位:1 位、1.5 位或 2 位,高电平,标志着一个字符的结束。

空闲位:停止位结束到下一个字符的起始位之间由高电平来填充(只要不发送下一个字符,线路上就始终为空闲位)。

异步串行通信中典型的字符格式如图 11-5 所示。

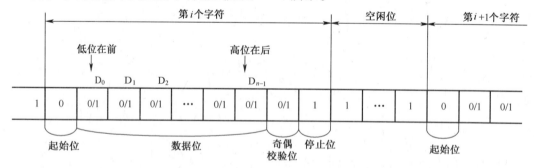

图 11-5 异步串行通信中典型的字符格式

在异步串行通信中,发送方和接收方的时钟信号可能会出现一些偏差(漂移),但由于接收方对异步串行通信每一帧字符信息的起始位都会重新校准时钟,所以不会因累积效应而导致传输错位。由于异步串行通信对时钟信号漂移的要求较低,硬件成本也相应降低,且通信方式简单可靠,容易实现,所以,它在微机系统中有着广泛的应用。但是异步串行通信要求每个字符都有附加起始位和停止位来使通信双方同步,使得附加控制信息较多,所以异步串行通信效率较低。异步串行通信适合于信息量不太大,要求传输速度不太高的场合。

【例 11.1】 设采用异步串行通信协议,如果发送的数据为 89H,1 位停止位,奇校验,则发送方发送的二进制序列是什么?

解:根据异步传输协议,起始位为低电平"0",数据 89H=10001001B,先发送低位 D_0,后发送高位 D_7,奇校验(奇偶校验位填 0,以保证数据位和奇偶校验位中 1 的总个数为奇数),停止位为 1 位高电平"1",所以,发送的二进制序列为 01001000101。

2. 同步串行通信

同步串行通信是以数据块(字符块)为信息单位传送的,每个字符块包括成百上千个字符。在每个数据块传送开始时,采用一个或两个同步字符作为起始标志,使收发双方同步;字符与字符之间不允许留空,最后是校验字符。同步串行通信中每个字符长度也由双方共同约定。同步串行通信数据格式如图 11-6 所示。

图 11-6 同步串行通信数据格式

同步串行通信的传送速度高于异步串行通信。但在同步串行通信中,传送一旦开始,要求每帧信息内部的每一位都要同步,即同步通信不仅要求字符内部的位传送是同步的,字符与字符之间的传送也应该是同步的,这样才能保证收发双方对每一位都同步,这种通信方式对通信双方的时钟同步要求比较高,必须配备专用的硬件电路获得同步时钟。同步串行通信一般用于传送信息量大、速度要求高的场合。

11.2 串行通信接口标准

串行通信可以在两台微型计算机间进行,也可以在微型计算机与外设,或是外设与外设间进行。完成串行通信任务的接口称为串行通信接口。计算机在处理数据时总是以并行方式进行数据处理,而外部设备如果是串行通信方式,那么就需要将串行信息转换为并行信息,而计算机想要将信息传送给外设也必须将并行数据转换成串行数据。一台微型计算机要接入一个串行通信系统,通常采用图 11-7 所示的结构。以标有"接口线"的点划线为界分为左右两侧。右侧为通信系统,数据通信设备(DCE)是通信线路末端设备,用于与用户设备相连。左侧数据终端设备(DTE)属于用户,包括微型计算机主机和串行接口板,它们之间通过系统总线相连接。

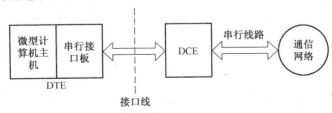

图 11-7 微型计算机接入通信系统的结构

为了使数据终端设备与数据通信设备之间的连接有章可循,需要对串行通信接口的机械、电气以及功能等特性进行定义。目前使用广泛的串行通信接口标准是 RS-232C,而 RS-449/422/423/485 标准是在 RS-232C 基础上经过改进而形成的,下面分别介绍。

11.2.1 RS-232C 接口标准

RS-232C 是一种设备间数据通信标准,是由美国电子工业协会(EIA)在 1969 年公布的串行数据通信的接口标准。它最初主要用于近距离的 DTE 和 DCE 设备之间的通信,后来被广泛用于计算机的串行接口(COM1、COM2 等)与终端或外设之间的近地连接标准。

RS-232C 标准提供了一个利用公用电话网作为传输媒体,通过调制解调器将远程设备连接起来的技术规定。RS-232C 标准接口也可以用于直接连接两台距离较近的设备,此时既不使用电话网,也不使用调制解调器。

RS-232C 具有如下 4 个特性。

1. 机械特性

如图 11-8 所示,RS-232C 的机械特性规定使用一个 25 芯的标准连接器,并对该连接器的尺寸及针或孔芯的排列位置等都做了详细说明,但实际的用户并不一定需要用 RS-232C 标准的全集,因此一些生产厂家为 RS-232C 标准的机械特性做了变通的简化,使用了一个 9 芯标准连接器,将不常用的信号线舍弃。

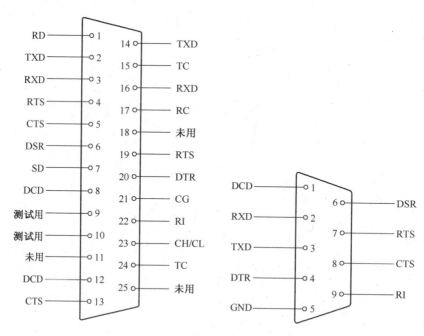

图 11-8 RS-232 连接器(25 芯和 9 芯)

2. 电气特性

微机中的信号电平一般为 TTL 电平,即大于 2.0V 为高电平,低于 0.8V 为低电平。如果在长距离通信时仍采用 TTL 电平,则很难保证通信的可靠性。因此,RS-232 的逻辑电平与 TTL 不同。RS-232C 的电气特性规定采用"负逻辑",即发送时,将+5V~+15V 规定为逻辑 0,-5V~-15V 规定为逻辑 1,噪声容限为 2V;接收端,将+3V~+15V 规定为逻辑 0,-3V~-15V 规定为逻辑 1,如图 11-9 所示。

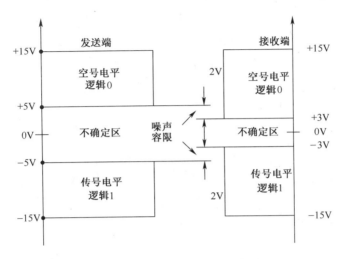

图 11-9 RS-232 电平信号

值得注意的是,由于 RS-232C 的逻辑电平与计算机的逻辑电平(CMOS 或 TTL)不兼容,所以计算机与 232 接口相连时,要用电平转换芯片进行转换,如 MC1488、MC1489、MAX232 等。

当连接电缆的长度不超过 15m 时,允许数据传输速率不超过 20kbit/s。但是当连接电缆长度较短时,数据传输速率可以大大提高。

3. 功能特性

RS-232C 对 25 脚 D 型连接器的各个引脚、名称及功能均做了明确的规定,将其中的 21 个引脚分为两个通信信道,即主信道和辅助信道,另有 4 个引脚未定义。辅助信道的传输速率比较低,几乎没有使用。主信道中有 9 根信号线是远距离串行通信接口标准中的基本信号线,使用时,只需掌握好这 9 根信号线的功能和连接方法基本就可以了,这 9 个信号的引脚号、名称及功能定义如下。

DSR 数据装置就绪(Data Set Ready):有效时,表明 MODEM 处于可以使用状态。

DTR 数据终端就绪(Data Terminal Ready):有效时,表明数据终端可以使用。

RTS 请求发送(Request to Send):当终端要发送数据时,使该信号有效,向 MODEM 请求发送。

CTS 允许发送(Clear to Send):用来表示 DCE 准备好接收 DTE 发来的数据,是对请求发送信号 RTS 的响应信号。当 MODEM 已准备好接收终端传来的数据,并向外发送时,使该信号有效,通知终端开始沿发送数据线 TXD 发送数据。

DCD 数据载波检测(Data Carrier Detect):当 MODEM 或外设正在接收由通信链路另一端的 MODEM 送来的载波信号时,使 DCD 信号有效,通知终端准备接收。

RI 振铃指示(Ring Indicator):当 MODEM 收到送来的振铃呼叫信号时,该信号有效,通知终端已被呼叫。

TXD 发送数据(Transmit Data):通过 TXD 终端将串行数据发送到 MODEM 或外设。

RXD 接收数据(Received Data):通过 RXD 终端接收从 MODEM 或外设发来的串行数据。

GND 地线:信号地。

RS-232C 接口的信号线连接与通信的距离有关,一般从远、近两方面考虑。

1) 远距离时的连接

当通信距离较远时,两个设备通信需要借助于 DCE(MODEM 或其他远传设备)和电话线,如图 11-10 所示。

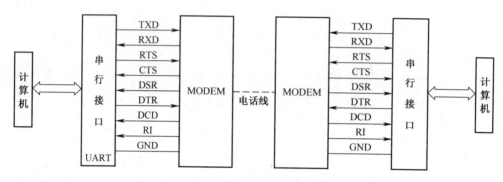

图 11-10 采用 MODEM 时 RS-232C 的接口方式

2) 近距离时的连接

近距离(少于 15m)通信时,可不采用 MODEM(也称为零 MODEM 方式),通信双方可以直接连接,利用 RS-232C 接口,最简单的情况下,只要用 3 根线即可实现双向异步通信,如图 11-11(a)所示。若为了适应那些需要检测"CTS""DCD""DSR"等通信程序,则可采用图 11-11(b)所示方式。

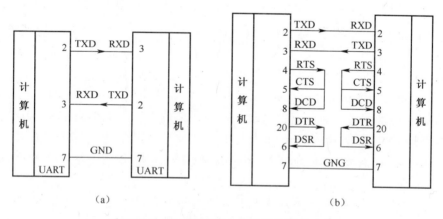

图 11-11 零 MODEM 方式时的最简单连接

在图 11-11 所示的零 MODEM 方式下,请注意通信双方的 RS-232C 接口的 2、3 脚相互交叉连接,而在图 11-10 所示的连接方式中,串行接口与 MODEM 之间的 RS-232C 引脚是相同引脚号一一对应直接连接的。

4. 规程特性

规程特性就是规定使用交换电路进行数据交换时应遵循的控制步骤,即完成连接的建立、维持、拆除时,DTE 和 DCE 双方在各线路上的动作序列或动作规则。如怎样建立和拆除物理线路的连接,信号的传输采用单工、半双工还是全双工方式等。

11.2.2 RS-449/422/423 与 RS-485 接口标准

RS-232C 虽然是目前应用较广泛的一种串行通信接口,但其最大的缺点是不能进行远距离传输,且采用单端驱动单端接收电路,即公共地线的方式(多根信号线共地)。这种共地线方式的缺点是不能区分由驱动电路产生的有用信号和外部引入的干扰信号,两地之间的电位差(如果存在的话)将成为通信错误的根源。为了弥补 RS-232C 的不足,需要制定新的串行通信接口标准。

1. RS-449/422/423 接口标准

美国电子工业协会(EIA)于 1977 年制定了 RS-449。它除了保留与 RS-232C 兼容的特点外,还在提高传输速率、增加传输距离及改进电气特性等方面做了很大努力,并增加了 10 个控制信号。而 RS-422A 和 RS-423 是 RS-449 电气特性不同的两个标准子集,它们的机械特性和引脚功能均相同。

为了有所比较,图 11-12 所示为 RS-422 与 RS-232C 两种 RS 接口标准电路。

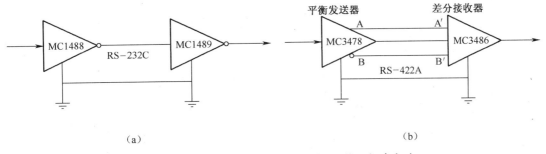

图 11-12 RS-422 与 RS-232C 两种 RS 接口标准电路
(a)RS-232C;(b)RS-422A。

由图 11-12 可见,RS-232C 收发之间有公共信号地线,则共模干扰信号(对地干扰电压信号)不可避免地要进入信号传输系统,这是 RS-232C 要用大幅度的电压摆动来避开干扰信号的原因。RS-422A 采用的平衡驱动、差分接收电路,抗共模干扰信号能力很强,其对逻辑电平的定义是根据两条传输线 A、B 之间的电位差值来决定的,如当 AA' 线的电平比 BB' 线的电平低于 0.2V 时表示逻辑"0"。RS-422A 电气特性优于 RS-232C 的另一标志是,当传输距离为 15m 时,前者最大传输速率为 10Mbit/s,后者最大传输速率为 20kbit/s。当传输速率为 90kbit/s 时,RS-422A 最大传输距离可达 1200m。由此也可看出,在串行通信中,为了保证波形不发生畸变的最大传输距离和最大传输速率这两项性能是相互矛盾且又相互制约的,即可靠的最大传输距离将随着传输速率的增大而减小,而可靠的最大传输速率也会随着传输距离的加大而减小。

RS-422A 的另一特点是允许驱动器输出电压为+2~+6V,输出信号线间的电压为±2V,接收器输入电平灵敏度为+0.2V,共模范围为±25V。采用 4 根线传输信号(2 根用于发送,2 根用于接收),可以实现多站互联通信,但标准规定电路中只有一个发送器,可以有多达 10 个接收器。在高速传输信号时,应该考虑到通信线路的阻抗匹配,一般在接收端加终端电阻以吸收掉放射波。电阻网络也应该是平衡的,如图 11-13 所示。

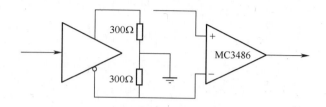

图 11-13 平衡驱动差分接收电路

2. RS-485 接口标准

在许多应用环境中,要求用较少的信号线来实现通信,或者要求在同一通信网络中能允许有多个发送器,由此导致了目前应用广泛的 RS-485 串行接口总线的产生。它实际上是 RS-422A 的变形,即 RS-422A 为全双工模式,而 RS-485 为半双工模式,这一改动对实现多站互连提供了很大的方便。图 11-14 所示为点对点通信时,RS-485 与 RS-422A 的连接形式比较。这个电路既可以构成 RS-422A 电气接口(按图 11-14 中虚线连接,即采用 4 线传输信号),也可以构成 RS-485 电气接口(按 11-14 图中实线连接,即采用 2 线传输信号)。此外,在 RS-485 互连中,因是半双工方式,某一时刻只能有一个站发送数据,另一个站接收数据,因此,RS-485 的发送端必须由使能端加以控制,一般情况下,此端应为"无效",以禁止发送。只有在本站需要发送时,才将使能端变为有效,由 TXD 端将数据发出,且发送完后,应将使能端关闭,以便接收对方来的数据。

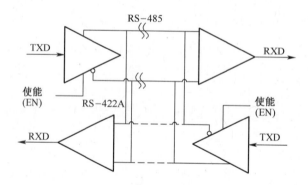

图 11-14 RS-485 与 RS-422 的连接形式比较

RS-485 适用于收发双方共用一对线进行通信,也适用于多个点之间共用一对线路进行总线方式联网,通信只能是半双工的,图 11-15 所示为使用 RS-485 多个点,之间共用一对线路进行总线方式联网。

典型的 RS-232C 到 RS-422A/485 转换芯片有 MAX481/483/485/487/488/489/490/491,以及 SN75175/176/184 等,它们均只需要一+5V 电源供电即可工作。具体使用方法可查阅有关技术手册。

RS-485 尽管推出较晚,但由于其能实现多点对多点的半双工通信,在同一网络中的平衡电缆线上,最多可连接 32 个发送器/接收器,再加上抗干扰能力、最大传输距离和最大传输速率方面均大大地优于 RS-232C,因而在许多场合,特别是实时控制、微型计算机检测、控制网络等领域得到了广泛的应用。

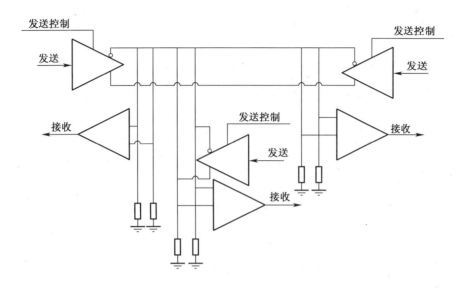

图 11-15 使用 RS-485 多个点之间共用一对线路进行总线方式联网

11.3 串行通信接口芯片 8251A

8251A 是一个通用串行输入/输出接口芯片，可用来为 8086/8088 CPU 提供同步和异步串行通信接口，因此也称为通用同步/异步接收发送器。它能将并行输入的 8 位数据转换成逐位输出的串行信号，也能将串行信号输入数据转换成并行数据，一次传送给处理器。

11.3.1 8251A 的结构和引脚功能

1. 8251A 的特点

Intel 8251A 是可编程的串行通信接口芯片，它的主要特点如下：

（1）可用于串行异步通信，也可用于串行同步通信。

（2）对于异步通信，可设定停止位 1 位、1.5 位或 2 位，数据位可在 5~8 位之间选择。

（3）对于同步通信，可设为单同步、双同步或者外同步，同步字符可由用户自己设定。

（4）异步通信的时钟频率可设为波特率的 1 倍、16 倍或 64 倍。

（5）可以设定为奇偶校验的方式，也可以不校验。校验位的插入、检出及检错都由芯片本身完成。

（6）在异步通信时，波特率的可选范围为 0~19.2 千波特；在同步通信时，波特率的可选范围为 0~64 千波特。

（7）提供与外部设备特别是调制解调器的联络信号，便于直接和通信线路相连接。

（8）接收、发送数据分别有各自的缓冲器，可以进行全双工通信。

2. 8251A 内部结构

图 11-16 所示为 8251A 的结构框图。它由数据总线缓冲器、读/写控制电路、接收

器、发送器和调制解调控制电路 5 个部分构成,对外有 28 条引脚。

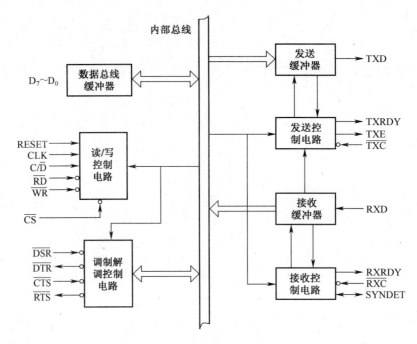

图 11-16　8251A 的结构框图

8251A 各组成模块的功能如下:

1) 数据总线缓冲器

数据总线缓冲器是 8251A 和 CPU 之间的数据接口。$D_7 \sim D_0$:8 位双向、三态的数据线,和 CPU 的数据总线相连。CPU 与 8251A 之间的命令、数据以及状态信息都是通过这组线传送的。数据总线缓冲器内部包含 3 个双向、三态、8 位缓冲器,分别称为状态缓冲器、接收数据缓冲器和发送数据/命令缓冲器。前两个缓冲器用来存放 8251A 的状态信息和它所接收的数据,后一个用来存放 CPU 向 8251A 写入的数据或命令字。

2) 读/写控制电路

本模块功能是接收 CPU 的控制信号,控制数据传送方向。读/写控制电路用来配合数据总线缓冲器的工作。功能如下:①接收写信号 $\overline{WR}$,并将来自数据总线的数据和控制字写入 8251A;②接收读信号 $\overline{RD}$,并将数据或状态字从 8251A 送往数据总线;③接送控制/数据信号 $C/\overline{D}$,高电平时为控制字或状态字,低电平时为数据;④接收时钟信号 CLK,完成 8251A 的内部定时;⑤接收复位信号 RESET,使 8251A 处于空闲状态。

3) 接收器

接收器由接收缓冲器和接收控制电路两部分组成。接收器从 RXD 引脚上接收串行数据转换成并行数据后存入接收缓冲器。串行口收到的数据变成并行字符后,存放在这里,以供 CPU 读取。

4) 发送器

发送器由发送缓冲器和发送控制电路两部分组成。这是一个分时使用的双功能缓冲器,CPU 送来的并行数据存放在这里,准备由串行接口向外发送。另外,CPU 送来的命令字也存放在这里,以指挥串行接口的工作。由于命令一输入就马上执行,不必长期存放,所以不会影响存放发送数据。

5) 调制解调控制电路

调制解调控制电路提供与调制解调器的联络信号,用来简化 8251A 和调制解调器的连接。

3. 8251A 的引脚功能

8251A 是一个采用 NMOS 工艺制造的 28 脚双列直插式封装的器件,其引脚图如图 11-17 所示。

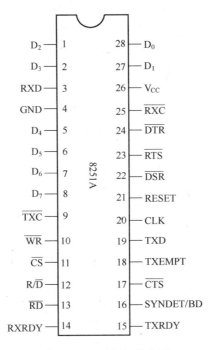

图 11-17 8251A 引脚图

1) 8251A 和 CPU 之间的连接信号

8251A 和 CPU 之间的连接信号可以分为 4 类。

(1) 片选信号。具体如下。

$\overline{CS}$:片选信号,输入线,低电平有效。它由 CPU 的地址信号通过译码后得到。仅当 $\overline{CS}$ 为低电平时,CPU 才能对 8251A 操作。

(2) 数据信号。具体如下。

$D_7 \sim D_0$:8 位,三态,双向数据线,与系统数据总线相连。传输 CPU 对 8251A 的编程命令字和 8251A 送往 CPU 的状态信息及数据。

(3) 读/写控制信号。具体如下。

$\overline{RD}$:读信号输入线,低电平有效,CPU 从 8251A 读取数据或者状态信息。

$\overline{WR}$:写信号输入线,低电平有效,CPU 向 8251A 写入数据或者控制信息。

$C/\overline{D}$:控制/数据信号,信息类型信号输入线。用来区分当前读/写的是数据还是控制信息或状态信息。为0时传输的是数据,为1时传输的是控制字或状态信息。该信号也可看作是8251A数据口/控制口的选择信号。

8251A与CPU之间的连接电路如图11-18所示。

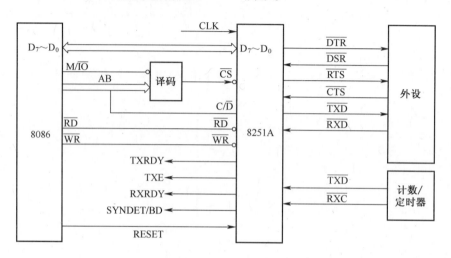

图 11-18 8251A与CPU之间的连接电路

由此可见,$\overline{RD}$、$\overline{WR}$、$C/\overline{D}$这3个信号的组合,决定了8251A的具体操作。8251A读/写操作如表11-1所列。

注:数据输入端口和数据输出端口合用同一个偶地址,而状态端口和控制端口合用同一个奇地址。

表 11-1 8251A 读/写操作

$C/\overline{D}$	$\overline{RD}$	$\overline{WR}$	操作
0	0	1	读数据
1	0	1	读状态
0	1	0	写数据
1	1	0	写控制字
×	1	1	8251A数据总线悬空

(4) 收发联络信号。具体如下。

TXRDY:发送器准备好信号,用来通知CPU,8251A已准备好发送一个字符。

TXE:发送器空信号,TXE为高电平时有效,用来表示此时8251A发送器中并行到串行转换器空,说明一个发送动作已完成。

RXRDY:接收器准备好信号,用来表示当前8251A已经从外部设备或调制解调器接收到一个字符,等待CPU来取走。因此,在中断方式时,RXRDY可用来作为中断请求信号;在查询方式时,RXRDY可用来作为查询信号。

SYNDET:同步检测信号,只用于同步方式。

2) 8251A 与外部设备之间的连接信号

8251A 与外部设备之间的连接信号分为 3 类：

(1) 收发联络信号。具体如下。

$\overline{\text{DTR}}$：数据终端准备好信号,通知外部设备,CPU 当前已经准备就绪。

$\overline{\text{DSR}}$：数据设备准备信号,表示当前外设已经准备好。

$\overline{\text{RTS}}$：请求发送信息,表示 CPU 已经准备好发送。

$\overline{\text{CTS}}$：允许发送信号,是对 $\overline{\text{RTS}}$ 的响应,由外设送往 8251A。

实际使用时,这 4 个信号中通常只有 $\overline{\text{CTS}}$ 必须为低电平,其他 3 个信号可以悬空。

(2) 数据信号。具体如下。

TXD：发送器数据输出信号。当 CPU 送往 8251A 的并行数据被转变为串行数据后,通过 TXD 送往外设。

RXD：接收器数据输入信号。用来接收外设送来的串行数据,数据进入 8251A 后被转变为并行方式。

(3) 时钟、复位、电源和地。具体如下。

CLK：时钟信号输入线,用来产生 8251A 器件的内部时序。CLK 的周期为 0.42~1.35us。同步方式下,大于接收数据或发送数据的波特率的 30 倍;异步方式下,则要大于数据波特率的 4.5 倍。

RESET：复位信号输入线,高电平有效。复位后 8251A 处于空闲状态直至被初始化编程。

TXC：发送器时钟输入,用来控制发送字符的速度。同步方式下,TXC 的频率等于字符传输的波特率;异步方式下,TXC 的频率可以为字符传输波特率的 1 倍、16 倍或者 64 倍。

RXC：接收器时钟输入,用来控制接收字符的速度,和 TXC 一样。在实际使用时,RXC 和 TXC 往往连在一起,由同一个外部时钟来提供,CLK 则由另一个频率较高的外部时钟来提供。

V_{CC}：电源输入。

GND：地。

3) 工作过程

(1) 接收器的工作过程。在异步方式中,当接收器收到有效的起始位后,便接收数据位、奇偶校验位和停止位。然后将数据送入寄存器,此时 RXRDY 输出高电平,表示已收到 1 个字符,CPU 可以来读取。

在同步方式中,若程序设定 8251A 为外同步接收,则 SYNDET/BD 引脚用于输入外同步信号,SYNDET/BD 引脚上的电平正跳变启动接收数据。若程序设定 8251A 内同步接收,则 8251A 先搜索同步字(同步字事先由程序装在同步字符寄存器中)。每当 RXD 线上收到一位信息就移入接收寄存器并和同步字符寄存器内容比较,若不相等则再收一位再比较,直到两者相等。此时,SYNDET/BD 输出高电平,表示已搜索到同步字,接下来便把接收到的数据逐个地装入接收数据寄存器。

(2) 发送器的工作过程。在异步方式中,发送器在数据前加上起始位,并根据程序的设定在数据后加上校验位和停止位,然后作为一帧信息从 TXD 引脚逐位发送数据。

在同步方式中,发送器先送同步字符,然后逐位地发送数据。若 CPU 没有及时把数据写入发送缓冲器,则 8251A 用同步字符填充,直至 CPU 写入新的数据。

如果 CPU 与 8251A 之间采用中断方式交换信息,那么 TXRDY 可以作为向 CPU 发出的中断请求信号。当发送器中的 8 位数据串行发送完毕时,由发送控制电路向 CPU 发出 TXE 有效信号,表示发送器中移位寄存器已空。

11.3.2　8251A 的应用

1. 8251A 的编程

8251A 是一个可编程的通用串行接口芯片,具体使用时,用户必须对它进行编程。8251A 的编程内容涉及 3 个字:方式选择控制字(也称为模式字)、操作命令控制字(也称为控制字)和状态字。方式选择控制字和操作命令控制字本身无特征标志,也没有独立的端口地址,8251A 是根据写入先后次序来区分这两者的:先写入者为方式选择控制字,后写入者为操作命令控制字。所以 CPU 在对 8251A 初始化编程时必须按一定的先后顺序写入方式选择控制字和操作命令控制字。下面分别加以说明。

1) 方式选择控制字(模式字)

方式选择控制字要写入控制端口,用来确定 8251A 的工作方式、数据格式、校验方法等,方式选择控制字的格式如图 11-19 所示。

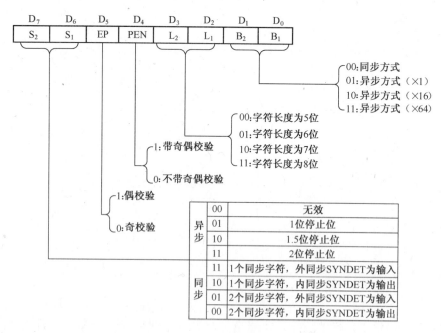

图 11-19　方式选择控制字的格式

D_1、D_0:用来确定 8251A 是工作于同步方式还是异步方式,如果是异步方式则可由 D_1D_0 的取值来确定传输速率,×1 表示输入的时钟频率与波特率相同,×16 表示时钟频率是波特率的 16 倍,×64 表示时钟频率是波特率的 64 倍。因此,通常称 1、16、64 为波特率因子,它们之间存在着如下关系。

发送/接收时钟频率=发送/接收波特率×波特率因子

D_3、D_2:用来定义数据字符的长度,每个字符可为 5、6、7 或 8 位。

D_4:用来定义是否允许带奇偶校验。当 $D_4=1$ 时,由 D_5 位定义是采用奇校验还是偶校验。

D_5:用来定义是采用奇校验还是偶校验,$D_5=1$ 时,采用偶校验,$D_5=0$ 时,采用奇校验。

D_7、D_6:这两位在同步方式和异步方式时的定义是不相同的。异步方式时,通过它们的不同编码来定义停止位的长度(1 位、1.5 位或 2 位);而同步方式时,则通过它们的不同编码来定义是外/内同步,是单/双同步。

【例 11.2】 某异步通信系统中,数据格式采用 8 位数据位,1 位起始位,2 位停止位,奇校验,波特率因子为 16,确定方式选择控制字。

分析:方式选择控制字为 11011110B,即 DEH。

2) 操作命令控制字(控制字)

操作命令控制字也要写入控制端口,其作用是使 8251A 处于某种工作状态,以便接收或发送数据。操作命令控制字的格式如图 11-20 所示。

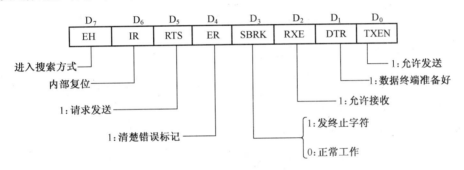

图 11-20 操作命令控制字的格式

D_0(TXEN):允许发送。$D_0=1$ 允许发送,反之则不允许发送。8251A 规定,只有当 TXEN=1 时,发送器才能通过 TXD 线向外部发送数据。

D_1(DTR):数据终端准备就绪。$D_1=1$ 表示终端设备已准备好,反之表示终端设备未准备好。

D_2(RXE):允许接收。$D_2=1$ 允许接收,反之则不允许接收。8251A 规定,只有当 RXE=1 时,接收器才能通过 RXD 线从外部接收数据。

D_3(SBRK):发送终止字符。$D_3=1$,强迫 TXD 为低电平,输出连续的"0"信号。

D_4(ER):错误标志复位。$D_4=1$,使状态寄存器中的错误标志(PE/OE/FE)复位。

D_5(RTS):请求发送。$D_5=1$,使 8251A 的 $\overline{RTS}$ 输出引脚有效,表示 CPU 已做好发送数据准备,请求向调制解调器或外设发送数据。

D_6(IR):内部复位。$D_6=1$,迫使 8251A 内部复位重新进入初始化。

D_7(EH):外部搜索方式。该位只对同步方式有效。$D_7=1$,表示开始搜索同步字符。

【例 11.3】 若 8251A 允许接收,又允许发送,内同步方式,则操作命令控制字是什么?

分析：若 8251A 仅允许接收，应该要求 RXE 有效，则操作命令控制字为 00000100B，即 04H。

若 8251A 仅允许发送，应该要求 TXEN、ER 位有效，则操作命令控制字为 00010001B，即 11H。

3) 状态字

8251A 执行命令进行数据报送后的状态存放在状态寄存器中，通常称其为状态字。CPU 通过读控制口就可读入状态字进行分析和判断，了解 8251A 的工作状况，以便决定下一步该怎么做。状态字的格式如图 11-21 所示。

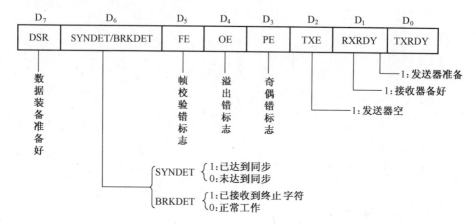

图 11-21 状态字的格式

D_0(TXRDY)：发送准备好标志，它与引脚 TXRDY 的含义有些区别。TXRDY 状态标志为"1"只反映当前发送器已空，而 TXRDY 引脚为"1"的条件，除发送数据缓冲器已空外，还要求 $\overline{CTS} = 0$ 和 TXEN = 1，即它们存在下列关系：

TXRDY 引脚端 =（TXRDY 状态位 = 1）且（$\overline{CTS} = 0$）且（TXEN = 1）

D_3(PE)：奇偶错标志位。PE = 1，表示产生了奇偶错，但它不中止 8251A 的工作。

D_4(OE)：溢出错标志位。OE = 1，表示当前产生了溢出错，即 CPU 还没来得及将上一个字符取走，下一个字符又来了。虽然它不中止 8251A 继续接收下一个字符，但上一个字符将丢失。

D_5(FE)：帧校验错标志位，只对异步方式有效。FE = 1，表示未校验到停止位，但它不中止 8251A 的工作。

上述 3 个标志允许用操作命令控制字中的 ER = 1 进行复位。在传输过程中，由 8251A 根据传输情况自动设置。尤其是在进行接收操作时，如果查询到有错误出现，则该数据应放弃。

状态字中的其余几个标志，如 RXRDY、TXE、SYNDET、DSR，各位的状态与芯片相应引脚的状态相同，这里不再重复讲述。

需要指出的是，CPU 可在任何时刻用 IN 指令读 8251A 的控制口获得状态字，在 CPU 读状态期间，8251A 将自动禁止改变状态位。

【例 11.4】 若要采用查询方式从 8251A 接收器输入数据，则可用下列程序段完成（设控制口地址和数据口地址分别为 0FFF1H、0FFF0H）。

```
        MOV     DX,0FFF1H       ;控制口地址送 DX
L:      IN      AL,DX           ;读控制口取出状态字
        TEST    AL,02H          ;查 D1=1?
        JZ      L               ;未准备好,则等待
        TEST    AL,38H          ;数据已准备好,但有错误吗
        JNZ     ERR             ;有错,则转出错处理
        MOV     DX,0FFF0H       ;无错,数据口地址送 DX
        IN      AL,DX           ;输入数据
        ……
ERR:    ……                      ;出错处理
```

2. 8251A 的初始化

由于 8251A 仅有一个控制端口,而 8251A 的初始化要写入至少两个不同的控制字,因此必须对 8251A 的初始化过程进行约定。

(1) 芯片复位后,第一次往奇地址控制端口写入的是方式选择控制字即模式字。

(2) 如果模式字中规定了 8251A 工作在同步方式,那么,CPU 接着往控制端口输出的 1 个或 2 个字节就是同步字符,同步字符被写入同步字符寄存器。

(3) 由 CPU 用奇地址端口写入的值将作为控制字送到控制字寄存器,而用偶地址端口写入的值将作为数据送到数据输出缓冲寄存器。不管是在同步方式还是异步方式下,接下来由 CPU 往控制端口写入的是操作命令控制字即控制字,如果规定是内部复位命令,则转去对芯片复位,重新初始化。否则,进入应用程序,通过数据端口传输数据。

8251A 初始化流程图如图 11-22 所示。

3. 8251A 初始化举例

1) 异步模式下的初始化程序举例

【例 11.5】 设 8251A 工作在异步模式,波特率因子(系数)为 16,7 个数据位,偶校验,2 个停止位,发送、接收允许,设端口地址为 7FF1H 和 7FF0H。完成初始化程序。

分析:根据题目要求,可以确定模式字为 11111010B,即 0FAH;而控制字为 00110111B,即 37H。

初始化程序如下:
```
MOV     AL,0FAH             ;送模式字
MOV     DX,7FF1H
OUT     DX,AL               ;异步方式,7 位/字符,偶校验,2 个停止位
MOV     AL,37H              ;设置控制字,使发送、接收允许,清出错标志
OUT     DX,AL
```

2) 同步模式下初始化程序举例

【例 11.6】 设 8251A 的端口地址为 81H 和 80H,采用内同步方式,全双工方式,2 个同步字符(设同步字符为 16H),偶校验,7 位数据。试完成初始化程序。

分析:根据题目要求,可以确定模式字为 00111000B,即 38H;而控制字为 10010111B,即 97H,它使 8251A 对同步字符进行检索,同时使状态寄存器中的 3 个出错标志复位;此外,使 8251A 的发送器启动,接收器也启动;控制字还通知 8251A,CPU 当前已经准备好进行数据检索。具体程序如下:

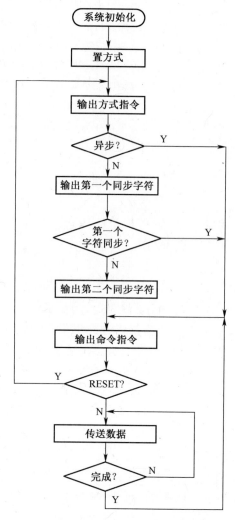

图 11-22 8251A 初始化流程图

MOV	AL,38H	;设置模式字,8251A处于同步模式,用2个同步字符
OUT	81H,AL	;用7个数据位,偶校验
MOV	AL,16H	
OUT	81H,AL	;送同步字符16H
OUT	81H,AL	
MOV	AL,97H	;设置控制字,启动发送器和接收器,启动搜索同步字符
OUT	81H,AL	

4. 8251A 应用举例

1) 利用状态字进行编程的举例

【例 11.7】 下面的程序段先对 8251A 进行初始化,然后对状态字进行测试,以便输入字符。本程序段可用来输入 80 个字符。

分析:设 8251A 的控制和状态端口地址为 81H,数据输入和输出端口地址为 80H。字符输入后,放在 BUFFER 标号所指的内存缓冲区中。具体的程序段如下:

```
        MOV    AL,0FAH         ;设置模式字,异步方式,波特率因子为16
        OUT    81H,AL          ;用7个数据位,2个停止位,偶校验
        MOV    AL,35H          ;设置控制字,启动发送器和接收器
        OUT    81H,AL          ;清除出错指示位
        MOV    DI,0            ;变址寄存器初始化
        MOV    CX,       80
        MOV    BX,       OFFSET BUFFER
BEGIN:  IN     AL,81H          ;读取状态字,测试RXRDY位
        TEST   AL,02H
        JZ     BEGIN
        IN     AL,80H          ;读取字符
        MOV    [BX+DI],AL
        INC    DI              ;修改缓冲区指针
        IN     AL,81H          ;测试有无帧校验错,奇偶校验错和溢出错
        TEST   AL,38H
        JNZ    ERROR
        LOOP   BEGIN           ;如没有错,则再收下一个字符
        JMP    EXIT            ;如输入满足80个字符,则结束
ERROR:  CALL   ERROUT          ;调出错处理
EXIT:   ……
```

2) 两台微型计算机通过8251A相互通信的举例

【例11.8】 通过8251A实现相距较远的两台微型计算机相互通信的系统连接简化框图如图11-23所示。利用两片8251A通过串行接口RS-232C实现两台8086之间的连接,采用异步工作方式,实现半双工的串行通信(注意,一方的TXD和RXD分别与另一方的RXD和TXD相连,一方的$\overline{RTS}$和$\overline{CTS}$分别与另一方的$\overline{CTS}$和$\overline{RTS}$相连)。

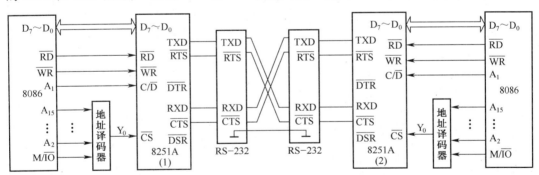

图11-23 两台微型计算机相互通信的系统连接简化框图

分析:设系统采用查询方式控制传输过程。可将一方定义为发送方(如8251A(1)),另一方定义为接收方(如8251A(2))。发送端的CPU每查询到TXRDY有效,则向8251A并行输出一个字符数据;接收端的CPU每查询到RXRDY有效,则从8251A并行输入一个字节数据并检测是否正确。在半双工的情况下,如果允许发送方接收数据、接收方发送数据,则对发送方来讲可在查询过TXRDY(发送数据)后再查询RXRDY(接收数据),而对接收方来讲,则要在查询过RXRDY(接收数据)后再查询TXRDY(发送数据)。这样一

个发送和接收的过程一直进行到全部数据传送完毕为止。

假设 A_0 为 0,两片 8251A 的端口地址都是 8000H、8002H。采用异步方式,8 位数据,1 位停止位,偶校验,波特率因子为 64。8251A(1)定义为发送方,8251A(2)定义为接收方。

发送方:确定模式字为 01111111B,确定控制字为 00000001B。

接收方:确定模式字为 01111111B,确定控制字为 00110100B(要求 RTS 位为 1)。

发送端程序如下:

```
STT:   MOV    DX,8002H
       MOV    AL,7FH           ;写模式字
       OUT    DX,AL            ;异步方式,8 位数据,1 位停止位,偶校验
       MOV    AL,01H           ;波特率因子为 64
       OUT    DX,AL            ;写控制字,允许发送
       MOV    DI,发送缓冲区首地址
       MOV    CX,发送数据块字节数
NEXT:  IN     AL,DX            ;读状态设置
       TEST   AL,01H           ;查询 TXRDY
       JZ     NEXT             ;无效等待
       MOV    DX,8000H
       MOV    AL,[DI]          ;有效时,向 8251A 输出一个字节数据
       OUT    DX,AL
       INC    DI               ;修改地址指针
       MOV    DX,8002H
       LOOP   NEXT             ;未传输完,则继续下一个
       HLT
```

接收端程序如下:

```
SRR:   MOV    DX,8002H
       MOV    AL,7FH           ;写模式字,异步方式,8 位数据,1 位停止位
       OUT    DX,AL            ;偶校验,波特率因子为 64
       MOV    AL,34H           ;写控制字,允许接收,使 RTS 有效
       OUT    DX,AL
       MOV    DI,接收缓冲区首地址
       MOV    CX,接收数据块字节数
CONT:  IN     AL,DX            ;读状态字
       TEST   AL,02H           ;查询 RXRDY
       JZ     CONT             ;无效等待
       TEST   AL,38H           ;有效时,进一步查询是否有奇偶校验等错误
       JNZ    ERR
       MOV    DX,8000H
       IN     AL,DX            ;无错时,输入一个字节到接收数据块
       MOV    [DI],AL
       INC    DI               ;修改地址指针
       MOV    DX,8002H         ;修改端口地址
```

```
        LOOP    CONT
                HLT
ERR:    CALLERR OUT                    ;调用出错处理子程序
        ……
```

值得注意的是,发送程序是在与 8251A(1)相连的计算机上执行,而接收程序是在与 8251A(2)相连的计算机上执行的。

习　题

11.1　串行通信和并行通信有什么异同? 它们各自的特点是什么?

11.2　什么是异步串行通信? 什么是同步串行通信?

11.3　设异步串行通信方式下,1 个起始位、8 个数据位、奇校验和 2 个停止位,画出传送 56H 的波形。

11.4　RS-232C 最基本数据传送引脚是哪几根? RS-232C 在串行通信中起什么作用?

11.5　RS-485 标准和 RS-232C 标准主要的差别有哪些?

11.6　8251A 内部有哪些寄存器? 有几个端口? 它们的作用分别是什么?

11.7　利用 8251A 进行异步串行通信,当设定传输速率为 2400 波特,传输格式为 1 个起始位,1 个校验位,2 个停止位时,每秒最多可传送多少个字节?

11.8　设某系统中 8251A 工作在异步方式,7 位数据位,偶校验,1 位停止位,波特率为 115200,允许接收中断。已知串口基地址为 3F8H,写出初始化程序。

11.9　若 8251A 的收、发时钟频率为 38.4kHz,它的 $\overline{RTS}$ 和 $\overline{CTS}$ 引脚相连,试完成满足以下要求的初始化程序(设 8251A 的地址为 0230H 和 0231H):

(1) 半双工异步通信:7 位数据,1 位停止位,偶检验,波特率为 600 波特,允许发送。

(2) 半双工同步通信:8 位数据,无校验,内同步方式,双同步字符,同步字符为 16H,接收允许。

11.10　甲乙两台微机通过 8251A 实现异步串行通信,甲机发送,乙机接收。设系统工作过程中甲机以查询方式发送数据,乙机以中断方式接收数据,传送的数据格式为 8 位数据位,偶校验,2 位停止位,波特率为 4800bit/s。试写出两台主机中 8251A 的初始化程序。

第 12 章 模拟输入输出技术

12.1 概 述

在自动化控制领域中,常常采用微型计算机进行实时控制和数据处理。当用微型计算机构成一个测控系统时,所采集的信号或测控对象的参数都是模拟量,如温度、压力、声音、速度、电压、电流等。模拟量是指在时间和数值上都连续变化的量。而目前的微型计算机属于数字电子计算机范畴,要处理这些模拟量就要有模拟接口,通过模拟接口,将模拟量转换成数字量,以供计算机处理,这个过程称为模数(Digital to Analog,D/A)转换,进行模数转换的器件称为模数转换器(ADC)。然后,再把计算机处理过的数字量转换成模拟量信息,以实现对被控对象的控制,这个过程称为数模(Analog to Digital,A/D)转换,进行数模转换的器件称为数模转换器(DAC)。

模数转换是数模转换的逆过程,这两个互逆的过程经常会出现在一个控制系统中。典型的微型计算机测控系统简图如图 12-1 所示。

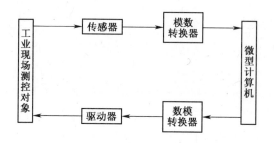

图 12-1 典型的微型计算机测控系统简图

12.2 数模转换及应用

DAC 是将数字量转换为模拟量的电子器件,它将输入的二进制数字量转换成模拟量,以电压或电流的形式输出,用于驱动外部执行机构。

DAC 一般由基准电压源、电阻解码网络、运算放大器和数据缓冲寄存器等部件组成,其中,电阻解码网络是其核心部件。电阻解码网络主要有权电阻网络、T 型电阻网络、倒 T 型电阻网络等。其中,权电阻网络要求电阻的种类比较多,制作工艺复杂,从而制约了 DAC 位数的增加;T 型电阻网络中电阻种类比较少,因此易于实现,应用较广泛,但在数字量发生变化时,容易产生毛刺和影响工作速度;倒 T 型电阻网络克服了 T 型电阻网络的缺点,提高了转换速度,因此应用也很广泛。

12.2.1 DAC 主要参数

1. 分辨率

分辨率是指 DAC 能够转换的二进制数的位数。位数越多，分辨率越高。例如，某 DAC 为 8 位，转换后的满量程是 5V，则它能分辨的最小电压是 $5V/2^8 \approx 20mV$。

2. 转换时间

转换时间是指数字量从输入到转换结束、输出达到最终值并稳定为止所需的时间。电流型 DAC 转换较快，转换时间一般在几百纳秒到几微秒之内。电压型 DAC 转换较慢，转换时间往往取决于运算放大器的响应时间。

3. 精度

精度是指 DAC 实际输出电压与理论值之间的误差。一般采用数字量的最低有效位作为衡量单位。如分辨率为 8 位，则它的精度为 $\pm(1/2) \times (1/256) = \pm 1/512$。

4. 线性度

线性度是指当数字量变化时，DAC 输出的模拟量按比例关系变化的程度。理想的 DAC 是线性变化的，但实际上有误差，模拟输出偏离理想输出的最大值称为线性误差。

12.2.2 DAC 连接特性

DAC 的连接特性包括以下几个方面。

1. 输入缓冲能力

由于微机的数据总线不能长时间保持数据，因此 DAC 是否带有三态输入缓冲器或锁存器就十分重要。带有三态输入锁存器的 DAC 的输入数据线才能与微机系统的数据总线直接连接。否则，不能直接连接，需外加三态缓冲器。

2. 输入数据的宽度（分辨率）

DAC 有 8 位、10 位、12 位等，当 DAC 的分辨率高于微机系统的数据总线宽度时，需分多次输入数字量。

3. 输出模拟量的类型

DAC 的输出可以是电流也可以是电压，即电流型 DAC 或电压型 DAC。电压型 DAC，其输出电压一般为 5V~10V 之间；电流型 DAC，其输出电流在几到几十毫安。若需将电流输出转换成电压输出，可采用外接运算放大器进行转换。

4. 输出模拟量的极性

DAC 的输出有单极性输出和双极性输出。对于一些需要正负电压控制的设备，就要使用双极性输出 DAC。

12.2.3 典型 DAC 芯片 DAC0832

DAC0832 是一种常用的 8 位 DAC 芯片，20 脚 DIP 封装。DAC0832 由一个 8 位输入锁存器、一个 8 位 D/A 锁存器和一个 8 位 D/A 转换器 3 个部分组成，D/A 转换结果以电流形式输出。该器件不仅可用于一般数字系统和模拟系统之间的接口电路，而且可以直接作为微型计算机模拟接口，是目前使用较为广泛的一种集成 DAC 器件。

1. DAC0832 引脚功能

DAC0832 的引脚功能框图如图 12-2 所示。

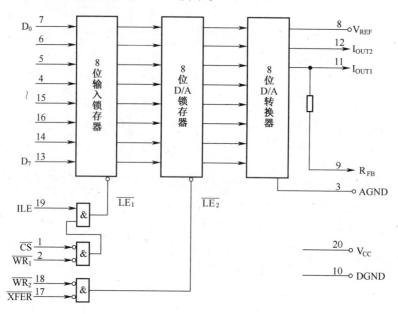

图 12-2　DAC0832 的引脚功能框图

$\overline{CS}$:片选信号,低电平有效。它与 ILE 结合起来用以控制 $\overline{WR_1}$ 是否起作用。

ILE:锁存允许信号,输入,高电平有效。

$\overline{WR_1}$:写信号 1,输入,低电平有效。在 $\overline{CS}$ 和 ILE 有效时,使输入数据进入输入锁存器。

$\overline{WR_2}$:写信号 2,输入,低电平有效。在 $\overline{XFER}$ 有效时,使输入锁存器中的数据传送到 D/A 锁存器中。

$\overline{XFER}$:传送控制信号,输入,低电平有效。用它来控制 $\overline{WR_2}$ 是否起作用。

$D_7 \sim D_0$:数据线,输入。

I_{OUT1}:模拟电流输出 1,为得到电压输出,一般将其接至运放的反向输入端。

I_{OUT2}:模拟电流输出 2,为得到电压输出,一般将其接至运放的正向输入端。

R_{FB}:内部反馈电阻。

V_{REF}:参考电压,输入,范围在 $-10 \sim +10V$ 之间。

V_{CC}:供电电压,输入,可接 $+5 \sim +15V$ 之间的电压,最佳为 $+15V$。

AGND:模拟地。

DGND:数字地。

数字电路的信号是高频率的脉冲信号,而模拟电路中传输的常是低速变化的信号。在二者并存的系统中,如果数字地和模拟地随意相连,高频数字信号很容易通过地线干扰模拟信号。为此,应该把整个系统中所有模拟地连接在一起,所有数字地连接在一起,然后整个系统在一处把模拟地和数字地连起来。

2. DAC0832 工作方式

DAC0832 内部有两个输入锁存器,有 5 个信号控制这两个锁存器进行数据的锁存。

其中,片选信号$\overline{CS}$、输入锁存允许信号 ILE 和写信号$\overline{WR_1}$组合控制输入锁存器的锁存;写信号$\overline{WR_2}$和传送控制信号$\overline{XFER}$控制 D/A 锁存器的锁存。图 12-2 中,$\overline{LE}$是锁存控制信号,当$\overline{LE}=1$时,锁存器的输出随输入变化;当$\overline{LE}=0$时,数据锁存在锁存器中,不再随数据总线上的变化而变化。

当 ILE 接高电平,CPU 执行 OUT 指令时,$\overline{CS}$和$\overline{WR_1}$为低电平,使$\overline{LE_1}=1$,输入数据送到输入锁存器。OUT 指令执行结束时,$\overline{CS}$和$\overline{WR_1}$变为高电平,使$\overline{LE_1}=0$,对输入数据进行锁存,实现第一级缓冲。

当$\overline{WR_2}$和$\overline{XFER}$同时有效时,使$\overline{LE_2}=1$,数据从输入锁存器送到 D/A 锁存器。OUT 指令执行结束时,$\overline{WR_2}$和$\overline{XFER}$变为高电平,使$\overline{LE_2}=0$,对输入数据进行锁存,实现第二级缓冲,数据送到 D/A 转换器开始转换。

DAC0832 在这几个控制信号的作用下可实现直通、单缓冲和双缓冲 3 种工作方式。

1) 直通工作方式

直通就是不进行缓冲,此时$\overline{CS}$、$\overline{WR_1}$、$\overline{WR_2}$和$\overline{XFER}$接低电平,ILE 接高电平,两级锁存器均处于直通状态,输入的数据可以直接送至 D/A 转换器进行转换并输出。

2) 单缓冲工作方式

单缓冲是只进行一级缓冲,具体可用第一组或第二组控制信号控制第一级或第二级锁存器,另一级锁存器直通。

3) 双缓冲工作方式

双缓冲就是进行两级缓冲,用两组控制信号分别进行控制。该工作方式适合多片 DAC 同时进行转换的系统,此时将各片的$\overline{WR_2}$和$\overline{XFER}$接在一起。首先,利用各芯片不同的片选信号$\overline{CS}$和$\overline{WR_1}$先单独将不同的数据分别输入到各 DAC0832 的输入锁存器中;然后把各片接在一起的$\overline{WR_2}$和$\overline{XFER}$同时触发,在同一时刻将各 DAC0832 输入锁存器的数据传送到 D/A 锁存器中,从而使多个芯片同时转换。

3. DAC0832 的模拟输出方式

1) 单极性输出

数字量经过 DAC0832 转换之后直接得到的输出信号是模拟电流I_{OUT1}和I_{OUT2}。若要得到电压输出,应加一级运算放大器,此时是单极性的电压输出,即输出电压为 0~-5V(V_{REF}接+5V)或 0~-10V(V_{REF}接 10V)。电压输出为$V_{OUT1}=-D/2^n\times V_{REF}$,$D$为输入的数字量。若要形成正电压输出,则$V_{REF}$需接负电压。DAC0832 单极性电压输出示意图如图 12-3 所示。

2) 双极性输出

若要进一步得到双极性的电压输出,即输出电压为$-V_{REF}\sim +V_{REF}$,还应引入电压偏移电路,DAC0832 双极性电压输出示意图如图 12-4 所示。

若选择$R_2=R_3=2R_1$,则电压输出为$V_{OUT2}=(D-2^{n-1})/2^{n-1}\times V_{REF}$,$D$为输入的数字量。

12.2.4 D/A 转换接口应用

利用 DAC 的模拟输出和输入数字量存在比例关系的特性,通过软件控制输入数字量

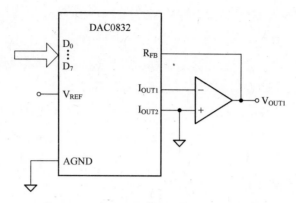

图 12-3 DAC0832 单极性电压输出示意图

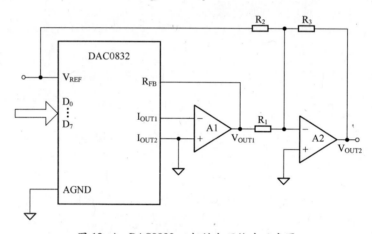

图 12-4 DAC0832 双极性电压输出示意图

的变化,就可以产生各种形式的模拟电流或电压波形。

【例 12.1】 某 DAC0832 与微机连接示意图如图 12-5 所示。由图 12-5 可知,DAC0832 工作在单缓冲方式,单极性输出。设译码器输出端口地址为 80H,现通过该 DAC0832 产生一个图 12-6 所示的三角波。

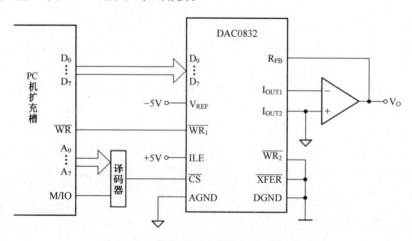

图 12-5 某 DAC0832 与微机连接示意图

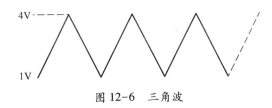

图 12-6 三角波

解: 首先确定上、下限所对应的数字量。

上限:$4\times 2^8/5 \approx 205$

下限:$1\times 2^8/5 \approx 51$

采用从下限值开始逐次加 1,直到上限值,然后再将上限值逐次减 1,直到下限值,如此重复,D/A 转换器输出的就是一个三角波。程序段如下:

```
         MOV    AL,51
L0:      OUT    80H,AL      ;送 DAC 转换
         CALL   DELAY       ;调用延时子程序,也可用几条 NOP 指令
         INC    AL
         CMP    AL,205      ;形成上升斜坡
         JB     L0
L1:      OUT    80H,AL      ;输出下降斜坡
         CALL   DELAY
         DEC    AL
         CMP    AL,51
         JA     L1
         JMP    L0
DELAY:   MOV    CX,20       ;延时子程序
L2:      LOOP   L2
         RET
```

输出三角波的周期与 DELAY 子程序的延时时间有关。采用类似的方法,可以利用 DAC0832 产生如方波、梯形波、锯齿波等周期性波形。

12.3 模数转换及应用

ADC 是将模拟量转换为数字量的电子器件,它将模拟量转换为数字量,以供其他数字设备使用。

ADC 按转换原理可分为直接 ADC 和间接 ADC。直接 ADC 就是直接将模拟信号转换成数字信号,如逐次比较型、并联比较型等。其中,逐次比较型 ADC 易于实现,且能达到较高的分辨率和速度,因此目前集成 ADC 采用逐次比较法的较多。间接 ADC 是先把模拟量转换成中间量再转换成数字量,如电压/时间转换型(双积分型)、电压/频率型等。其中,双积分型 ADC 电路简单、抗干扰能力强、分辨率高,但转换速度较慢。

12.3.1 ADC 主要参数

1. 分辨率

分辨率是指 ADC 能够转换成二进制的位数,ADC 的输出位数越多,其分辨率就越

高。如一个 10 位的 ADC 去转换一个满量程为 5V 的电压,则它能分辨的最小电压为 5V/$2^{10} \approx 5mV$。这表明,若模拟输入的变化小于 5mV 时,则 ADC 无反应,输出保持不变。

2. 转换时间

转换时间是指从输入启动转换信号开始到转换结束,得到稳定的数字量输出的时间,即 ADC 完成一次转换所需的时间。

12.3.2 ADC 连接特性

一般 ADC 具有以下输入输出信号线。

1. 模拟输入信号

接收被转换对象,有单通道模拟量输入与多通道模拟量输入之分。对于单通道输入,不需要进行通道寻址;对于多通道输入,还应该设置通道地址线,以便进行通道选择。模拟量通道可以由数据线或地址线发出。

2. 数字输出信号

将转换后的数字量输出的信号线,它也表示 ADC 的分辨率。若分辨率的位数高于数据总线宽度则需要分多次读取。对于内部有三态数据输出锁存器 ADC 芯片,其数据输出信号可直接与 CPU 数据总线连接,否则需要外加三态锁存器。

3. 启动转换信号

ADC 不会自动开始转换,需要由外部输入启动转换信号才开始转换,并且是一次启动信号只能转换一次。该启动转换信号有电平启动和脉冲启动之分,如 AD570 是低电平启动,AD574 为脉冲启动。对于电平启动的 ADC,其启动电平要在整个转换过程中维持不变,直到转换结束为止,如果在转换结束之前撤销该信号就会中止转换过程,从而无法得到转换结果。由于当前计算机时钟频率较高,读写信号的脉冲宽度可能满足不了要求,一般应附加逻辑电路延长启动脉冲的宽度。对于脉冲启动的 ADC,只要转换启动以后就可以撤销启动信号。

4. 转换结束信号

它是一个状态信号,是在 A/D 转换结束时由 ADC 发出的。这个信号可作为外部查询的依据,也可用它作为中断请求,CPU 可以以查询或中断的方式读取转换后的数字量。

12.3.3 典型 ADC 芯片 ADC0809

ADC0809 是采用 CMOS 工艺制成的 8 位逐次比较式 ADC,其内部包括 8 路模拟开关,并由地址锁存及译码器选择其中一路进行 A/D 转换。ADC0809 引脚功能如图 12-7 所示。

1. ADC0809 引脚功能

$IN_7 \sim IN_0$:8 路模拟量信号,输入。

ADDA~ADDC:模拟量通道地址信号,输入。ADC0809 每次只能转换一路模拟量,由地址信号通过译码器选择。其中,ADDC 为高位,ADDA 为低位。它们的状态 111~000 分别对应选择模拟输入 $IN_7 \sim IN_0$。

ALE:地址锁存信号,输入,高电平有效。只有当该信号有效时,能将模拟通道地址信号锁存,并经译码选中某一通道。

第 12 章 模拟输入输出技术

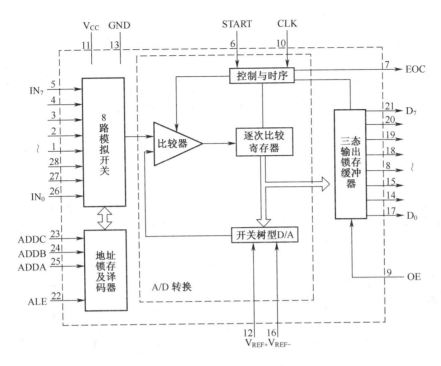

图 12-7 ADC0809 引脚功能

START：A/D 转换启动信号，输入。该信号上升沿清除 ADC 内部寄存器，下降沿启动内部控制逻辑，开始 A/D 转换。

CLK：时钟信号，输入。频率范围是 10~1280kHz，典型值为 640kHz，此时转换时间约为 100μs。

V_{REF+}、V_{REF-}：参考电压正、负端。要求它们满足 $0 \leq V_{REF-} < V_{REF+} \leq V_{CC}$。

$D_7 \sim D_0$：数字量输出信号。

OE：输出允许信号，输入，高电平有效。当 OE=1 时，三态输出锁存缓冲器中所存储的转换结果送到数据输出线上。

EOC：转换结束信号，输出，高电平有效。当一次 A/D 转换结束时，该引脚输出高电平，而在转换过程中保持为低电平。

2. ADC0809 工作时序

ADC0809 的工作时序如图 12-8 所示。

ADC 对某一通道采集数据的过程如下：

(1) 首先输入 3 位通道号编码到 ADDA、ADDB、ADDC 引脚。

(2) 在 START 和 ALE 引脚上加一正脉冲信号，将通道号编码锁存并启动转换。

(3) 转换开始后 EOC 变为低电平，转换时间一般为 64 个时钟周期，转换结束后变为高电平，该信号可作为转换结束标志来查询或进行中断申请。

(4) 转换结束后，使 OE 引脚产生一个正脉冲打开输出缓冲器三态门，让转换后的数字量出现在总线上，以供 CPU 读取。

CPU 可以采用多种方式获得转换结束信号 EOC，然后读取数据。

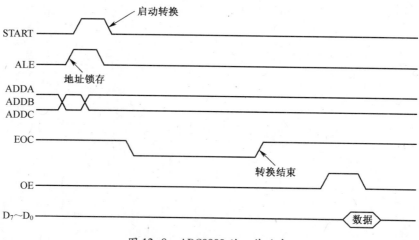

图 12-8 ADC0809 的工作时序

1) 延时方式

在这种方式下,不需要使用 EOC 信号,在输入时钟信号固定的情况下,转换时间可以计算得知。当启动 A/D 转换后,执行一段略大于 A/D 转换时间的延时程序后即可读取数据。采用延时方式节省硬件连线,但要占用 CPU 时间,多用于 CPU 任务较少的场合。

2) 查询方式

在这种方式下,将 EOC 信号作为状态信号,将其经三态缓冲器送到数据总线的某一位上。CPU 在启动转换后开始查询是否转换结束,一旦 EOC=1 则表示转换结束,此时再读取转换后的数字量。这种方式程序设计较简单,实用性也较强,是比较常用的一种方式。

3) 中断方式

在这种方式下,将 EOC 信号作为中断请求信号接到系统的中断控制器。当转换结束时,向 CPU 申请中断,CPU 响应中断后,在中断服务程序中读取转换后的数字量。在这种方式中,ADC0809 与 CPU 同时工作,效率较高,适用于实时性要求比较高的场合。

4) DMA 方式

在这种方式下,将 EOC 信号作为 DMA 请求信号接到系统的 DMA 控制器。转换结束时,申请 DMA 传输,通过 DMA 控制器直接将转换后的数字量送入内存。这种方式不需要 CPU 参与,适用于高速采集大量数据的场合。

12.3.4 A/D 转换接口应用

由于 ADC0809 内部自带输出数据锁存器,因此可以将 ADC0809 的 8 位数据线与 CPU 的数据总线低 8 位相连,也可以通过 I/O 接口芯片与 CPU 连接。

【例 12.2】 ADC0809 与 CPU 的连接示意图如图 12-9 所示。要求对 IN_4 输入的模拟量进行采集,将采集到的数据保存到 BUF 单元。

解:通过地址译码后的输出信号 Y_0 的地址为 340H~347H,因此 8 个模拟输入通道的地址依次为 $IN_0=340H$,$IN_1=341H$,$IN_2=342H$,$\cdots$,$IN_7=347H$。如果采用查询方式,则读取 EOC 状态的端口为 348H~34FH 中的任何一个,假设只有 IN_4 接一个模拟量输入通道,

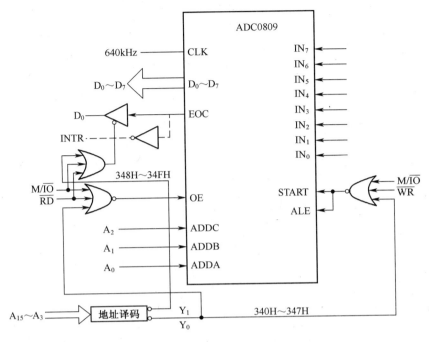

图 12-9 ADC0809 与 CPU 的连接示意图

下面给出查询方式下的 A/D 转换程序段。

```
        MOV    DX,344H
        OUT    DX,AL        ;选通 IN4 并启动 A/D 转换
        MOV    DX,348H
TWAIT:  IN     AL,DX        ;查询 EOC
        TEST   AL,01H
        JZ     TWAIT        ;EOC=0 继续查询,否则读取数据
        MOV    DX,344H
        IN     AL,DX
        MOV    BUF,AL       ;采集到数据保存到 BUF 单元
```

图 12-9 中的虚线部分为采用中断传送方式,则 EOC 信号作为中断请求信号,在中断服务程序中直接读取转换后的数据。

【例 12.3】 ADC0809 与 8255A 的连接示意图如图 12-10 所示。要求以查询方式对 $IN_7 \sim IN_0$ 输入的模拟量依次采集一次,将采集到的数据保存到 BUF 开始的缓冲区。设 8255A 的端口地址范围为 200H~203H。

解:由题意可知,8255A 工作于方式 0,A 口输入,B 口输出,C 口低 4 位输入,C 口高 4 位输出。程序段如下:

```
        MOV    AL,10010001B
        MOV    DX,203H
        OUT    DX,AL        ;8255A 初始化
        MOV    AL,0EH
        MOV    DX,203H
        OUT    DX,AL        ;PC7 输出 0,START、ALE=0
```

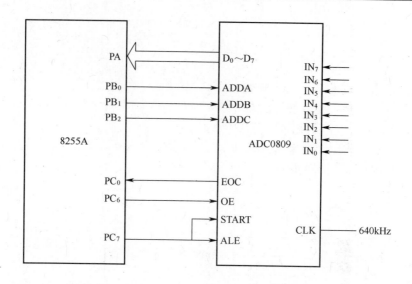

图 12-10　ADC0809 与 8255A 的连接示意图

```
        LEA    BX,BUF          ;设置 BX 作为指针,指向该缓冲区
        MOV    CL,0            ;保存通道信息,同时作为循环控制
AGAIN:
        MOV    AL,CL
        MOV    DX,201H
        OUT    DX,AL           ;PB2~PB0 选中通道,从 IN0 开始
        MOV    AL,0FH
        MOV    DX,203H
        OUT    DX,AL           ;PC7 输出 1,使 START、ALE=1
        MOV    AL,0EH
        MOV    DX,203H
        OUT    DX,AL           ;PC7 输出 0,START、ALE=0
        MOV    DX,202H
WAIT0:
        IN     AL,DX           ;读入 PC0 状态
        TEST   AL,1
        JZ     WAIT0           ;若 EOC 为高,则转换结束,可以读取数据
        MOV    AL,0DH
        MOV    DX,203H
        OUT    DX,AL           ;PC6 输出 1,使 OE=1
        MOV    DX,200H
        IN     AL,DX           ;通过 A 口读取数据
        MOV    [BX],AL         ;存入内存
        INC    BX              ;调整地址信息
        INC    CL              ;调整通道信息
        CMP    CL,8
        JNZ    AGAIN           ;未到次数继续采集下一通道
```

第12章 模拟输入输出技术

习 题

12.1 数字量和模拟量有何区别？DAC 和 ADC 在数字系统中有何重要作用？

12.2 简述 DAC 和 ADC 的主要性能指标。

12.3 假设一8位T型电阻网络式DAC，其参考电压为-5V，$R_F=R$，则将输出的数字量为21H时，输出电压为多少？当获得的输出电压为3V时，应该向DAC送入的数字量是多少？

12.4 D/A 转换电路的输出一般用于控制。作为一种简单的应用，可以将其变成一个函数波形发生器。如果 DAC0832 的地址为 3A9H，试写出产生以下波形的程序片断。

(1) 产生最低点为 1V、最高点为 4V 的矩形波程序片断。

(2) 产生最低点为-3V、最高点为 2V 的梯形波程序片断。

12.5 某数据采集与处理系统原理示意图如图 12-11 所示。已知 8255 的 PA 口作为 A/D 转换器 ADC0809 的接口，ADC0809 的 500kHzCLK 时钟由 8254OUT1 产生。已知 8254 的 CLK_1 端接 2MHz 的时钟信号，$GATE_1$ 接 8255 的 PC_7，DAC0832 作为后向输出通道，各地址关系及系统总线连接如图 12-11 所示。系统工作过程为采集 ADC0809 的压力 1，将其转换后的数字量一方面存放到内存缓冲区（由 DATABUF 指示，假设 DATABUF 变量已定义），另一方面变换后的数字量通过逻辑取反后由 DAC0832 变换成模拟量输出。如果采集到的数据对应的模拟量超过 4V，则通过 DAC0832 输出三角波；如果低于 1V，则让 DAC0832 产生倒锯齿波。

试按以下要求编写有关程序片断：

(1) 写出 8255 在本应用系统中的初始化程序片断。

(2) 写出供 ADC0809 的 CLK 端 500kHz 方波的程序片断。

(3) 根据系统工作过程写出满足要求的程序片断。

(4) 该电路还可扩展应用，请自行设计应用，说明要求，并给出参考答案。

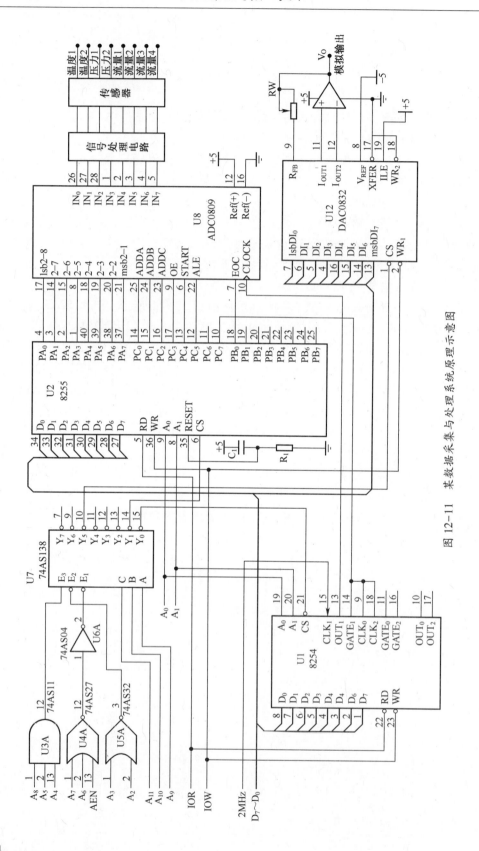

图 12-11 某数据采集与处理系统原理示意图

附 录

附录一 ASCⅡ码字符表

编码	字符	符号说明	编码	字符	编码	字符	编码	字符
00	NUL	空	20	SPACE	40	@	60	`
01	SOH	标题开始	21	!	41	A	61	a
02	STX	正文开始	22	"	42	B	62	b
03	ETX	正文结束	23	#	43	C	63	c
04	EOT	传输结束	24	$	44	D	64	d
05	ENQ	询问	25	%	45	E	65	e
06	ACK	应答	26	&	46	F	66	f
07	BEL	报警	27	'	47	G	67	g
08	BS	退一格	28	(	48	H	68	h
09	HT	横向列表	29	)	49	I	69	i
0A	LF	换行	2A	*	4A	J	6A	j
0B	VT	垂直制表	2B	+	4B	K	6B	k
0C	FF	走纸控制	2C	,	4C	L	6C	l
0D	CR	回车	2D	-	4D	M	6D	m
0E	SO	移位输出	2E	.	4E	N	6E	n
0F	SI	移位输入	2F	/	4F	O	6F	o
10	DLE	数据链换码	30	0	50	P	70	p
11	DC1	设备控制1	31	1	51	Q	71	q
12	DC2	设备控制2	32	2	52	R	72	r
13	DC3	设备控制3	33	3	53	X	73	s
14	DC4	设备控制4	34	4	54	T	74	t
15	NAK	未应答	35	5	55	U	75	u
16	SYN	空转同步	36	6	56	V	76	v
17	ETB	传输块结束	37	7	57	W	77	w
18	CAN	作废	38	8	58	X	78	x
19	EM	载终	39	9	59	Y	79	y
1A	SUB	取代	3A	:	5A	Z	7A	z
1B	ESC	换码	3B	;	5B	[	7B	{
1C	FS	域分隔符	3C	<	5C	\	7C	|
1D	GS	组分隔符	3D	=	5D	]	7D	}
1E	RS	记录分隔符	3E	>	5E	^	7E	~
1F	US	单元分隔符	3F	?	5F	—	7F	DEL

注:1."ASCII 码值"是十六进制数;
2. SPACE 是空格,DEL 表示删除

附录二 8086/8088 指令系统简表

类型	汇编指令格式	功 能	操作数说明	时钟周期数	字节数
数据传送类	MOV dst, src	(dst) ← (src)	mem, reg	9+EA	2~4
			reg, mem	8+EA	2~4
			reg, reg	2	2
			reg, imm	4	2~3
			mem, imm	10+EA	3~6
			seg, reg	2	2
			seg, mem	8+EA	2~4
			mem, seg	9+EA	2~4
			reg, seg	2	2
			mem, acc	10	3
			acc, mem	10	3
	PUSH src	(SP) ← (SP)-2 ((SP)+1, (SP)) ← (src)	reg	11	1
			seg	10	1
			mem	16+EA	2~4
	POP dst	(dst) ← ((SP)+1, (SP)) (SP) ← (SP)+2	reg	8	1
			seg	8	1
			mem	17+EA	2~4
	XCHG op1, op2	(op1) ⟷ (op2)	reg, mem	17+EA	2~4
			reg, reg	4	2
			reg, acc	3	1
	IN acc, port	(acc) ← (port)		10	2
	IN acc, DX	(acc) ← ((DX))		8	1
	OUT port, acc	(port) ← (acc)		10	2
	OUT DX, acc	((DX)) ← (acc)		8	1
	XLAT			11	1
	LEA reg, src	(reg) ← src	reg, mem	2+EA	2~4
	LDS reg, src	(reg) ← src (DS) ← (src+2)	reg, mem	16+EA	2~4
	LES reg, src	(reg) ← src (ES) ← (src+2)	reg, mem	16+EA	2~4
	LAHF	(AH) ← (FR 低字节)		4	1
	SAHF	(FR 低字节) ← (AH)		4	1
	PUSHF	(SP) ← (SP)-2 ((SP)+1, (SP)) ← (FR 低字节)		10	1
	POPF	(FR 低字节) ← ((SP)+1, (SP)) (SP) ← (SP)+2		8	1

(续)

类型	汇编指令格式	功能	操作数说明	时钟周期数	字节数
算术运算类	ADD dst, src	(dst) ← (src) + (dst)	mem, reg	16+EA	2~4
			reg, mem	9+EA	2~4
			reg, reg	3	2
			reg, imm	4	3~4
			mem, imm	17+EA	3~6
			acc, imm	4	2~3
	ADC dst, src	(dst) ← (src) + (dst) + CF	mem, reg	16+EA	2~4
			reg, mem	9+EA	2~4
			reg, reg	3	2
			reg, imm	4	3~4
			mem, imm	17+EA	3~6
			acc, imm	4	2~3
	INC op1	(op1) ← (op1)+1	reg	2~3	1~2
			mem	15+EA	2~4
	SUB dst, src	(dst) ← (src)−(dst)	mem, reg	16+EA	2~4
			reg, mem	9+EA	2~4
			reg, reg	3	2
			reg, imm	4	3~4
			mem, imm	17+EA	3~6
			acc, imm	4	2~3
	SBB dst, src	(dst) ← (src)−(dst)−CF	mem, reg	16+EA	2~4
			reg, mem	9+EA	2~4
			reg, reg	3	2
			reg, imm	4	3~4
			mem, imm	17+EA	3~6
			acc, imm	4	2~3
	DEC op1	(op1) ← (op1) − 1	reg	2~3	1~2
			mem	15+EA	2~4
	NEG op1	(op1) ← 0 − (op1)	reg	3	2
			mem	16+EA	2~4
	CMP op1, op2	(op1)−(op2)	mem, reg	9+EA	2~4
			reg, mem	9+EA	2~4
			reg, reg	3	2
			reg, imm	4	3~4
			mem, imm	10+EA	3~6
			acc, imm	4	2~3
	MUL src	(AX) ← (AL) * (src) (DX, AX) ← (AX) * (src)	8 位 reg	70~77	2
			8 位 mem	(76~83)+EA	2~4
			16 位 reg	118~133	2
			16 位 mem	(124~139)+EA	2~4

267

(续)

类型	汇编指令格式	功　　能	操作数说明	时钟周期数	字节数
算术运算类	IMUL src	(AX) ← (AL) * (src) (DX, AX) ← (AX) * (src)	8位 reg 8位 mem 16位 reg 16位 mem	80~98 (86~104)+EA 128~154 (134~160)+EA	2 2~4 2 2~4
	DIV src	(AL) ← (AX)/(src)的商 (AH) ← (AX)/(src)的余数 (AX) ← (DX,AX)/(src)的商 (DX) ← (DX,AX)/(src)的余数	8位 reg 8位 mem 16位 reg 16位 mem	80~90 (86~96)+EA 144~162 (150~168)+EA	2 2~4 2 2~4
	IDIV src	(AL) ← (AX)/(src)的商 (AH) ← (AX)/(src)的余数 (AX) ← (DX,AX)/(src)的商 (DX) ← (DX,AX)/(src)的余数	8位 reg 8位 mem 16位 reg 16位 mem	101~112 (107~118)+EA 165~184 (171~190)+EA	2 2~4 2 2~4
	DAA	(AL) ← AL中的和调整为组合BCD		4	1
	DAS	(AL) ← AL中的差调整为组合BCD		4	1
	AAA	(AL) ← AL中的和调整为非组合BCD (AH) ← (AH)+调整产生的进位值		4	1
	AAS	(AL) ← AL中的差调整为非组合BCD (AH) ← (AH)-调整产生的进位值		4	1
	AAM	(AX) ← AX中的积调整为非组合BCD		83	2
	AAD	(AL) ← (AH) * 10 + (AL) (AH) ← 0 (注意是除法进行前调整被除数)		60	2
逻辑运算类	AND dst, src	(dst) ← (dst) ∧ (src)	mem, reg reg, mem reg, reg reg, imm mem, imm acc, imm	16+EA 9+EA 3 4 17+EA 4	2~4 2~4 2 3~4 3~6 2~3
	OR dst, src	(dst) ← (dst) ∨ (src)	mem, reg reg, mem reg, reg reg, imm mem, imm acc, imm	16+EA 9+EA 3 4 17+EA 4	2~4 2~4 2 3~4 3~6 2~3
	NOT op1	(op1) ← ($\overline{op1}$)	reg mem	3 16+EA	2 2~4
	XOR dst, src	(dst) ← (dst) ⊕ (src)	mem, reg reg, mem reg, reg reg, imm mem, imm acc, imm	16+EA 9+EA 3 4 17+EA 4	2~4 2~4 2 3~4 3~6 2~3

(续)

类型	汇编指令格式	功 能	操作数说明	时钟周期数	字节数
逻辑运算类	TEST op1, op2	(op1) ∧ (op2)	reg, mem reg, reg reg, imm mem, imm acc, imm	9+EA 3 5 11+EA 4	2~4 2 3~4 3~6 2~3
	SHL op1, 1 SHL op1, CL	逻辑左移	reg mem reg mem	2 15+EA 8+4/bit 20+EA+ 4/bit	2 2~4 2 2~4
	SAL op1, 1 SAL op1, CL	算术左移	reg mem reg mem	2 15+EA 8 + 4/bit 20+EA+ 4/bit	2 2~4 2 2~4
	SHR op1, 1 SHR op1, CL	逻辑右移	reg mem reg mem	2 15+EA 8 + 4/bit 20+EA+ 4/bit	2 2~4 2 2~4
	SAR op1, 1 SAR op1, CL	算术右移	reg mem reg mem	2 15+EA 8 + 4/bit 20+EA+ 4/bit	2 2~4 2 2~4
	ROL op1, 1 ROL op1, CL	循环左移	reg mem reg mem	2 15+EA 8 + 4/bit 20+EA+ 4/bit	2 2~4 2 2~4
	ROR op1, 1 ROR op1, CL	循环右移	reg mem reg mem	2 15+EA 8 + 4/bit 20+EA+ 4/bit	2 2~4 2 2~4
	RCL op1, 1 RCL op1, CL	带进位的循环左移	reg mem reg mem	2 15+EA 8 + 4/bit 20+EA+ 4/bit	2 2~4 2 2~4
	RCR op1, 1 RCR op1, CL	带进位的循环右移	reg mem reg mem	2 15+EA 8 + 4/bit 20+EA+ 4/bit	2 2~4 2 2~4
串操作类	MOVSB	((DI)) ← ((SI)) (SI) ← (SI)±1, (DI) ← (DI)±1		不重复:18 重复:9+17/rep	1
	MOVSW	((DI)) ← ((SI)) (SI) ← (SI)±2, (DI) ← (DI)±2		不重复:18 重复:9+17/rep	1

(续)

类型	汇编指令格式	功 能	操作数说明	时钟周期数	字节数
串操作类	STOSB	((DI))←(AL) (DI)←(DI)±1		不重复:11 重复:9+10/rep	1
	STOSW	((DI))←(AX) (DI)←(DI)±2		不重复:11 重复:9+10/rep	1
	LODSB	(AL)←((SI)) (SI)←(SI)±1		不重复:12 重复:9+13/rep	1
	LODSW	(AX)←((SI)) (SI)←(SI)±2		不重复:12 重复:9+13/rep	1
	CMPSB	((SI))-((DI)) (SI)←(SI)±1,(DI)←(DI)±1		不重复:22 重复:9+22/rep	1
	CMPSW	((SI))-((DI)) (SI)←(SI)±2,(DI)←(DI)±2		不重复:22 重复:9+22/rep	1
	SCASB	(AL)-((DI)) (DI)←(DI)±1		不重复:15 重复:9+15/rep	1
	SCASW	(AX)-((DI)) (DI)←(DI)±2		不重复:15 重复:9+15/rep	1
	REP string_instruc	(CX)=0 退出重复,否则(CX)←(CX)-1 并执行其后的串指令		2	1
	REPE/REPZ string_instruc	(CX)=0 或(ZF)=0 退出重复,否则(CX)←(CX)-1 并执行其后的串指令		2	1
	REPNE/REPNZ string_instruc	(CX)=0 或(ZF)=1 退出重复,否则(CX)←(CX)-1 并执行其后的串指令		2	1
控制转移类	JMP SHORT op1 JMP NEAR PTR op1 JMP FAR PTR op1 JMP WORD PTR op1 JMP DWORD PTR op1	无条件转移	reg mem	15 15 15 11 18+EA 24+EA	2 3 5 2 2~4 2~4
	JZ/JE op1	ZF=1 则转移		16/4	2
	JNZ/JNE op1	ZF=0 则转移		16/4	2
	JS op1	SF=1 则转移		16/4	2
	JNS op1	SF=0 则转移		16/4	2
	JP/JPE op1	PF=1 则转移		16/4	2
	JNP/JPO op1	PF=0 则转移		16/4	2
	JC op1	CF=1 则转移		16/4	2
	JNC op1	CF=0 则转移		16/4	2

（续）

类型	汇编指令格式	功　　能	操作数说明	时钟周期数	字节数
控制转移类	JO op1	OF=1 则转移		16/4	2
	JNO op1	OF=0 则转移		16/4	2
	JB/JNAE op1	CF=1 且 ZF=0 则转移		16/4	2
	JNB/JAE op1	CF=0 或 ZF=1 则转移		16/4	2
	JBE/JNA op1	CF=1 或 ZF=1 则转移		16/4	2
	JNBE/JA op1	CF=0 且 ZF=0 则转移		16/4	2
	JL/JNGE op1	SF⊕OF=1 则转移		16/4	2
	JNL/JGE op1	SF⊕OF=0 则转移		16/4	2
	JLE/JNG op1	SF⊕OF=1 或 ZF=1 则转移		16/4	2
	JNLE/JG op1	SF⊕OF=0 且 ZF=0 则转移		16/4	2
	JCXZ op1	(CX)=0 则转移		18/6	2
	LOOP op1	(CX)≠0 则循环		17/5	2
	LOOPZ/LOOPE op1	(CX)≠0 且 ZF=1 则循环		18/6	2
	LOOPNZ/LOOPNE op1	(CX)≠0 且 ZF=0 则循环		19/5	2
	CALL dst	段内直接:(SP)←(SP)−2 　　　　((SP)+1,(SP))←(IP) 　　　　(IP)←(IP)+D16 段内间接:(SP)←(SP)−2 　　　　((SP)+1,(SP))←(IP) 　　　　(IP)←EA 段间直接:(SP)←(SP)−2 　　　　((SP)+1,(SP))←(CS) 　　　　(SP)←(SP)−2 　　　　((SP)+1,(SP))←(IP) 　　　　(IP)←目的偏移地址 　　　　(CS)←目的段基址 段间间接:(SP)←(SP)−2 　　　　((SP)+1,(SP))←(CS) 　　　　(SP)←(SP)−2 　　　　((SP)+1,(SP))←(IP) 　　　　(IP)←(EA) 　　　　(CS)←(EA+2)	reg mem	19 16 21+EA 28 37+EA	3 2 2~4 5 2~4
	RET	段内:(IP)←((SP)+1,(SP)) 　　　(SP)←(SP)+2 段间:(IP)←((SP)+1,(SP)) 　　　(SP)←(SP)+2 　　　(CS)←((SP)+1,(SP)) 　　　(SP)←(SP)+2		16 24	1 1

（续）

类型	汇编指令格式	功　　能	操作数说明	时钟周期数	字节数
控制转移类	RET exp	段内：(IP)←((SP)+1,(SP)) 　　　(SP)←(SP)+2 　　　(SP)←(SP)+D16 段间：(IP)←((SP)+1,(SP)) 　　　(SP)←(SP)+2 　　　(CS)←((SP)+1,(SP)) 　　　(SP)←(SP)+2 　　　(SP)←(SP)+D16		20 23	3 3
	INT N INT	(SP)←(SP)-2 ((SP)+1,(SP))←(FR) (SP)←(SP)-2 ((SP)+1,(SP))←(CS) (SP)←(SP)-2 ((SP)+1,(SP))←(IP) (IP)←(type * 4) (CS)←(type * 4+2)	N≠3 (N=3)	51 52	2 1
	INTO	若 OF=1，则 (SP)←(SP)-2 ((SP)+1,(SP))←(FR) (SP)←(SP)-2 ((SP)+1,(SP))←(CS) (SP)←(SP)-2 ((SP)+1,(SP))←(IP) (IP)←(10H) (CS)←(12H)		53(OF=1) 4(OF=0)	1
	IRET	(IP)←((SP)+1,(SP)) (SP)←(SP)+2 (CS)←((SP)+1,(SP)) (SP)←(SP)+2 (FR)←((SP)+1,(SP)) (SP)←(SP)+2		24	1
处理器控制类	CBW	(AL)符号扩展到(AH)		2	1
	CBD	(AX)符号扩展到(DX)		5	1
	CLC	CF 清 0		2	1
	CMC	CF 取反		2	1
	STC	CF 置 1		2	1
	CLD	DF 清 0		2	1
	STD	DF 置 1		2	1
	CLI	IF 清 0		2	1
	STI	IF 置 1		2	1

(续)

类型	汇编指令格式	功能	操作数说明	时钟周期数	字节数
处理器控制类	NOP	空操作		3	1
	HLT	停机		2	1
	WAIT	等待		≥3	1
	ESC mem	换码		8+EA	2~4
	LOCK	总线封锁前缀		2	1
	seg:	段超越前缀		2	1

表中符号说明：

acc：累加器 AX 或 AL　　　　　dst：目的操作数　　　　　EA：有效地址

FR：标志寄存器　　　　　　　　imm：立即数　　　　　　　mem：'存储单元

port：端口地址　　　　　　　　reg：通用寄存器　　　　　rep：重复前缀

op1：操作数 1　　　　　　　　op2：操作数 2　　　　　　seg：段寄存器

src：源操作数　　　　　　　　∧：　与运算　　　　　　　∨：　或运算

⊕：异或运算

附录三　8086 宏汇编常用伪指令简表

	伪指令	格式	说明
数据及结构定义	ASSUME	ASSUME segreg:seg_name[,…]	说明段所对应的段寄存器
	COMMENT	COMMENT delimiter_text	后跟注释（代替；）
	DB	[variable_name] DB operand_list	定义字节变量
	DD	[variable_name] DD operand_list	定义双字变量
	DQ	[variable_name] DQ operand_list	定义四字变量
	DT	[variable_name] DT operand_list	定义十字变量
	DW	[variable_name] DW operand_list	定义字变量
	DUP	DB/DD/DQ/DT/DW repeat_count DUP(operand_list)	变量定义中的重复从句
	END	END [lable]	源程序结束
	EQU	expression_name EQU expression	定义符号
	=	label = expression	赋值
	EXTRN	EXTRN name:type[,…]（type is：byte,word,dword or near, far）	说明本模块中使用的外部符号
	GROUP	name GROUP seg_name_list	指定段在 64K 的物理段内
	INCLUDE	INCLUDE filespec	包含其他源文件
	LABEL	name LABLE type（type is：byte,word,dword or near, far）	定义 name 的属性
	NAME	NAME module_name	定义模块名
	ORG	ORG expression	地址计数器置 expression 值
	PROC	procedure_name PROC type（type is：near or far）	定义过程开始

(续)

数据及结构定义	ENDP	procedure_name ENDP	定义过程结束
	PUBLIC	PUBLIC symbol_list	说明本模块中定义的外部符号
	PURGE	PURGE expression_name_list	取消指定的符号（EQU 定义）
	RECORD	record_name RECORD field_name:length[=preassignment][,...]	定义记录
	SEGMEMT	seg_name SEGMENT [align_type] [combine_type] ['class']	定义段开始
	ENDS	seg_name ENDS	定义段结束
	STRUC	structure_name STRUC structure_name ENDS	定义结构开始 定义结构结束
条件汇编	IF	IF argument	定义条件汇编开始
	ELSE	ELSE	条件分支
	ENDIF	ENDIF	定义条件汇编结束
	IF	IF expression	表达式 expression 不为 0 则真
	IFE	IFE expression	表达式 expression 为 0 则真
	IF1	IF1	汇编程序正在扫描第一次为真
	IF2	IF2	汇编程序正在扫描第二次为真
	IFDEF	IFDEF symbol	符号 symbol 已定义则真
	IFNDEF	IFNDEF symbol	符号 symbol 未定义则真
	IFB	IFB<variable>	变量 variable 为空则真
	IFNB	IFNB<variable>	变量 variable 不为空则真
	IFIDN	IFIDN<string1><string2>	字串 string1 与 string2 相同为真
	IFDIF	IFDIF<string1><string2>	字串 string1 与 string2 不同为真
宏	MACRO	macro_name MACRO [dummy_list]	宏定义开始
	ENDM	macro_name ENDM	宏定义结束
	PURGE	PURGE macro_name_list	取消指定的宏定义
	LOCAL	LOCAL local_label_list	定义局部标号
	REPT	REPT expression	重复宏体次数为 expression
	IRP	IRP dummy,<argument_list >	重复宏体,每次重复用 argument_list 中的一项实参取代语句中的形参
	IRPC	IRPC dummy, string	重复宏体,每次重复用 string 中的一个字符取代语句中的形参
	EXITM	EXITM	立即退出宏定义块或重复块
	&	text&text	宏展开时合并 text 成一个符号
	;;	;;text	宏展开时不产生注释 text

（续）

列表控制	.CREF	.CREF	控制交叉引用文件信息的输出
	.XCREF	.XCREF	停止交叉引用文件信息的输出
	.LALL	.LALL	列出所有宏展开正文
	.SALL	.SALL	取消所有宏展开正文
	.XALL	.XALL	只列出产生目标代码的宏展开
	.LIST	.LIST	控制列表文件的输出
	.XLIST	.XLIST	不列出源和目标代码
	%OUT	%OUT text	汇编时显示 text
	PAGE	PAGE [operand_1] [operand_2]	控制列表文件输出时的页长和页宽
	SUBTTL	SUBTTL text	在每页标题行下打印副标题 text
	TITLE	TITLE text	在每页第一行打印标题 text

附录四 BIOS 系统功能调用

INT	AH	功能	调用参数	返回参数
10H	00H	设置显示方式	AL=00H 40×25 黑白文本,16 级灰度 =01H 40×25 16 色文本 =02H 80×25 黑白文本,16 级灰度 =03H 80×25 16 色文本 =04H 320×200 4 色图形 =05H 320×200 黑白图形,4 级灰度 =06H 640×200 黑白图形 =07H 80×25 黑白文本 =08H 160×200 16 色图形(MCGA) =09H 320×200 16 色图形(MCGA) =0AH 640×200 4 色图形(MCGA) =0DH 320×200 16 色图形(EGA/VGA) =0EH 640×200 16 色图形(EGA/VGA) =0FH 640×350 单色图形(EGA/VGA) =10H 640×350 16 色图形(EGA/VGA) =11H 640×480 黑白图形(VGA) =12H 640×480 16 色图形(VGA) =13H 320×200 256 色图形(VGA)	
10H	01H	置光标类型	CH0-3=光标起始行 CL0-3=光标结束行	
10H	02H	置光标位置	BH=页号 DH/DL=行/列	
10H	03H	读光标位置	BH=页号	CH=光标起始行 CL=光标结束行 DH/DL=行/列

(续)

INT	AH	功　能	调用参数	返回参数
10H	04H	读光笔位置		AH=00 光笔未触发 AH=01 光笔触发 CH/BX=象素行/列 DH/DL=光笔字符行/列数
10H	05H	置当前显示页	AL=页号	
10H	06H	屏幕初始化或上卷	AL=0 初始化窗口 AL=上卷行数 BH=卷入行属性 CH/CL=左上角行/列号 DH/DL=右下角行/列号	
10H	07H	屏幕初始化或下卷	AL=0 初始化窗口 AL=下卷行数 BH=卷入行属性 CH/CL=左上角行/列号 DH/DL=右下角行/列号	
10H	08H	读光标位置的字符和属性	BH=显示页	AH/AL=字符/属性
10H	09H	在光标位置显示字符和属性	BH=显示页　AL/BL=字符/属性 CX=字符重复次数	
10H	0AH	在光标位置显示字符	BH=显示页 AL=字符 CX=字符重复次数	
10H	0BH	置彩色调色板	BH=彩色调色板 ID BL=和 ID 配套使用的颜色	
10H	0CH	写像素	AL=颜色值 BH=页号 DX/CX=像素行/列	
10H	0DH	读像素	BH=页号　DX/CX=像素行/列	AL=像素的颜色值
10H	0EH	显示字符(光标前移)	AL=字符　BH=页号　BL=前景色	
10H	0FH	取当前显示方式		BH=页号 AH=字符列数 AL=显示方式
10H	10H	置调色板寄存器（EGA/VGA）	AL=0,BL=调色板号,BH=颜色值	
10H	11H	装入字符发生器（EGA/VGA）	AL=0~4 全部或部分装入字符点阵集 AL=20H~24H 置图形方式显示字符集 AL=30H 读当前字符集信息	ES:BP=字符集位置
10H	12H	返回当前适配器设置的信息(EGA/VGA)	BL=10H(子功能)	BH=0 单色方式 BH=1 彩色方式 BL=VRAM 容量 (0=64K,1=128K,…) CH=特征位设置 CL=EGA 的开关位置
10H	13H	显示字符串	ES:BP=字符串地址 AL=写方式(0~3) CX=字符串长度　DH/DL=起始行/列 BH/BL=页号/属性	

(续)

INT	AH	功　能	调用参数	返回参数
11H		取设备清单		AX=BIOS设备清单字
12H		取内存容量		AX=字节数(KB)
13H	0H	磁盘复位	DL=驱动器号(00,01为软盘,80,81…为硬盘)	失败:AH=错误码
13H	1H	读磁盘驱动器状态		AH=状态字节
13H	2H	读磁盘扇区	AL=扇区数　$CL_{6,7}CH_{0\sim7}$=磁道号 $CL_{0\sim5}$=扇区号 DH/DL=磁头号/驱动器号 ES:BX=数据缓冲区地址	读成功:AH=0 AL=读取的扇区数 读失败:AH=错误码
13H	3H	写磁盘扇区	同上	写成功:AH=0 AL=写入的扇区数 写失败:AH=错误码
13H	4H	检验磁盘扇区	AL=扇区数　$CL_{6,7}CH_{0\sim7}$=磁道号 $CL_{0\sim5}$=扇区号 DH/DL=磁头号/驱动器号	成功:AH=0 AL=检验的扇区数 失败:AH=错误码
13H	5H	格式化盘磁道	AL=扇区数　$CL_{6,7}CH_{0\sim7}$=磁道号 $CL_{0\sim5}$=扇区号 DH/DL=磁头号/驱动器号 ES:BX=格式化参数表指针	成功:AH=0 失败:AH=错误码
14H	0H	初始化串行口	AL=初始化参数　DX=串行口号	AH=通信口状态 AL=调制解调器状态
14H	1H	向通信口写字符	AL=字符　DX=通信口号	写成功:AH_7=0 写失败:AH_7=1 $CH_{0\sim6}$=通信口状态
14H	2H	从通信号读字符	DX=通信口号	读成功:AH_7=0 AL=字符 读失败:AH_7=1
14H	3H	取通信号状态	DX=通信号	AH=通信口状态 AL=调制解调器状态
14H	4H	初始化扩展COM		
14H	5H	扩展COM控制		
15H	0H	启动盒式磁带机		
15H	1H	停止修理工磁带机		
15H	2H	磁带分块读	ES:BX=数据传输区地址 CX=字节数	AH=状态字节 　=00 读成功 　=01 冗余检验错 　=02 无数据传输 　=04 无引导 　=80 非法命令

(续)

INT	AH	功能	调用参数	返回参数
15H	3H	磁带分块读	DS:BX=数据传输区地址 CX=字节数	AH=状态字节 =00 读成功 =01 冗余检验器 =02 无数据传输 =04 无引导 =80 非法命令
16H	0H	从键盘读字符		AL=ASCII 码 AH=扫描码
16H	1H	取键盘缓冲区状态		ZF=0 AL=ASCII 码 AH=扫描码 ZF=1 缓冲区无按键等待
16H	2H	取键盘标志字节		AL=键盘标志字节
17H	0H	打印字符回送状态字节	AL=字符 DX=打印机号	AH=打印机状态字节
17H	1H	初始化打印机回送状态字节	DX=打印机号	AH=打印机状态字节
17H	2H	取打印机状态	DX=打印机号	AH=打印机状态字节
18H		ROW BASIC 语言		
19H		引导装入程序		
1AH	0H	读时钟		CH:CL=时:分 DH:DL=秒:1/100 秒
1AH	1H	置时钟	CH:CL=时:分 DH:DL=秒:1/100 秒	
1AH	6H	置报警时间	CH:CL=时:分(BCD) DH:DL=秒:1/100 秒(BCD)	
1AH	7H	清除报警		
33H	00H	鼠标复位	AL=00	AX=0000 硬件未安装 AX=FFFFH 硬件已安装 BX=鼠标的键数
33H	00H	显示鼠标光标	AL=01	显示鼠标光标
33H	00H	隐藏鼠标光标	AL=02	隐藏鼠标光标
33H	00H	读鼠标状态	AL=03	BX=键状态 CX/DX=鼠标水平/垂直位置
33H	00H	设置鼠标位置	AL=04 CX/DX=鼠标水平/垂直位置	
33H	00H	设置图形光标	AL=09 BX/CX=鼠标水平/垂直中心 ES:DX=16×16 光标映像地址	安装了新的图形光标

(续)

INT	AH	功能	调用参数	返回参数
33H	00H	设置文本光标	AL=0AH　　BX=光标类型 CX=像素位掩码或其始的扫描线 DX=光标掩码或结束的扫描线	设置的文本光标
33H	00H	读移动计数器	AL=0BH	CX/DX=鼠标水平/垂直距离
33H	00H	设置中断子程序	AL=0CH CX=中断掩码 ES:DX=中断服务程序的地址	

附录五　DOS 系统功能调用（INT 21H）

AH	功能	调用参数	返回参数
00	程序终止（同 INT 21H）	CS=程序段前缀 PSP	
	键盘输入并回车		AL=输入字符
02	显示输出	DL=输出字符	
03	辅助设备（COM1）输入		AL=输入数据
04	辅助设备（COM1）输出	DL=输出字符	
05	打印机输出	DL=输出字符	
06	直接控制台 I/O	DL=FF（输入） DL=字符（输出）	AL=输入字符
07	键盘输入（无回显）		AL=输入字符
08	键盘输入（无回显）检测 CTRL-Break 或 Ctrl-C		AL=输入字符
09	显示字符串	DS:DX=串地址 字符串以'S'结尾	
0A	键盘输入字符串到缓冲区	DS:DX=缓冲区首址 (DS:DX)=缓冲区最大字符数	(DS:DX+1)=实际输入的字符数 DS:DX+2 字符串首地址
0B	检验键盘状态		AL=00 有输入 AL=FF 无输入
0C	清除缓冲区并请求指定的输入功能	AL=输入功能号 (1,6,7,8)	
0D	磁盘复位		清除文件缓冲区
0E	指定当前默认的磁盘驱动器	DL=驱动器号（0=A,1=B…）	AL=系统中驱动器数
0F	打开文件（FCB）	DS:DX=FCB 首地址	AL=00 文件找到 AL=FF 文件未找到
10	关闭文件（FCB）	DS:DX=FCB 首地址	AL=00 目录修改成功 AL=FF 目录中未找到文件

(续)

AH	功能	调用参数	返回参数
11	查找第一个目录项(FCB)	DS:DX=FCB首地址	AL=00 找到匹配的目录项 AL=FF 未找到匹配的目录项
12	查找下一个目录项(FCB)	DS:DX=FCB首地址使用通配符进行目录项查找	AL=00 找到匹配的目录项 AL=FF 未找到匹配的目录项
13	删除文件(FCB)	DS:DX=FCB首地址	AL=00 删除成功 AL=FF 文件未删除
14	顺序读文件(FCB)	DS:DX=FCB首地址	AL=00 读成功 =01 文件结束,未读到数据 =02 DTA边界错误 =03 文件结束,记录不完整
15	顺序写文件(FCB)	DS:DX=FCB首地址	AL=00 写成功 =01 磁盘满或是只读文件 02=DTA边界错误
16	建文件(FCB)	DS:DX=FCB首地址	AL=00 建文件成功 AL=FF 磁盘操作有错
17	文件改名(FCB)	DS:DX=FCB首地址	AL=00 文件被改名 AL=FF 文件未改名
19	取当前默认磁盘驱动器		AL=00 默认的驱动器号 0=A,1=B,2=C…Y…
1A	设置DTA地址	DS:DX=DTA地址	
1B	取默认驱动器FAT信息		AL=每簇的扇区数 DS:BX=指向介质说明的指针 CX=物理扇区的字节数 DX=每磁盘簇数
1C	取指定驱动器FAT信息		同上
1F	取默认磁盘参数块		AL=00 无错 =FF 出错 DS:BX=磁盘参数块地址
21	随机读文件(FCB)	DS:DX=FCB首地址	AL=00 读成功 =01 文件结束 =02 DTA边界错误 =03 读部份记录
22	随机写文件(FCB)	DS:DX=FCB首地址	AL=00 写成功 =01 磁盘满或是只读文件 =02DTA边界错误
23	测定文件大小(FCB)	DS:DX=FCB首地址	AL=00 成功,记录数填入FCB AL=FF 未找到匹配的文件
24	设置随机记录号	DS:DX=FCB首地址	
25	设置中断向量	DS:DX=中断向量 AL=中断类型号	

（续）

AH	功　能	调用参数	返回参数
26	建立程序段前缀PSP	DX=新PSP段地址	
27	随机分块读(FCB)	DS:DX=FCB首地址 CX=记录数	AL=00 读成功 　=01 文件结束 　=02 DTA边界错误 　=03 读部分记录 CX=读取的记录数
28	随机分块写(FCB)	DS:DX=FCB首地址 CX=记录数	AL=00 写成功 　=01 磁盘满或是只读文件 　=02 DTA边界错误
	分析文件名字符串(FCB)	ES:DI=FCB首址 DS:SI=文件名串(允许通配符) AL=分析控制标志	AL=00 分析成功未遇到通配符 　=01 分析成功存在通配符 　=FF 驱动器说明无效
2A	取系统日期		CX=年(1980-2099) DH=月(1-12) DL=日(1-31) AL=星期(0-6)
2B	置系统日期	CX=年(1980-2099) DH=月(1-12) DL=日(1-31)	AL=00 成功 AL=FF 无效
2C	取系统时间		CH:CL=时:分 DH:DL=秒:1/100秒
2D	置系统时间	CH:CL=时:分 DH:DL=秒:1/100秒	AL=00 成功 AL=FF 无效
2E	设置磁盘检验标志	AL=00 关闭检验 　=FF 打开检验	
2F	取DTA地址		ES:BX=DTA首地址
30	取DOS版本号		AL=版本号 AH=发行号 BH=DOS版本标志 BL:CX=序号(24位)
31	结束并驻留	AL=返回码 DX=驻留区大小	
32	取驱动器参数块	DL=驱动器号	AL=FF 驱动器无效 DS:BX=驱动器参数地址
33	CTRL-Break检测	AL=00 取标志状态	DL=00 关闭CTRL-Break检测 DL=01 打开CTRL-Break检测
35	取中断向量	AL=中断类型	ES:BX=中断向量
36	取空闲磁盘空间	DL=驱动器号 0=默认,1=A,2=B…	成功:AX=每簇扇区数 BX=可用簇数 CX=每扇区字节数 DX=磁盘总簇数

(续)

AH	功　能	调用参数	返回参数
38	置/取国别信息	AL=00 或取当前国别信息 AL=FF 国别代码放在 BX 中 DS:DX=信息区首地址 DX=FFFF 设置国别代码	BX=国别代码(国际电话前缘码) DS:DX=返回信息区码首址 AX=错误代码
39	建立子目录	DS:DX=ASCIZ 串地址	AX=错误码
3A	删除子目录	DS:DX=ASCIZ 串地址	AX=错误码
3B	设置目录	DS:DX=ASCIZ 串地址	AX=错误码
3C	建立文件	DS:DX=ASCIZ 串地址 CX=文件属性	成功:AX=文件代号 失败:AX=错误码
3D	打开文件	DS:DX=ASCIZ 串地址 AL=访问和文件共享方式 0=读,1=写,2=读/写	成功:AX=文件代号 失败:AX=错误码
3E	关闭文件	BX=文件代号	失败:AX=错误码
3F	读文件或设备	DS:DX=ASCIZ 串地址 BX=文件代号 CX=读取的字节数	成功:AX=实际读入的字节数 AX=0 已到文件尾 失败:AX=错误码
40	写文件或设备	DS:DX=ASCIZ 串地址 BX=文件代号 CX=写入的字节数	成功 AX=实际读入的字节数 失败:AX=错误码
41	删除文件	DS:DX=ASCIZ 串地址	成功:AX=00 失败:AX=错误码
42	移动文件指针	BX=文件代号 CX:DX=位移量 AL=移动方式	成功:DX:AX=新指针位置 失败:AX=错误码
43	置/取文件属性	DS:DX=ASCIZ 串地址 AL=00 取文件属性 AL=01 置文件属性 CX=文件属性	成功:CX=文件属性 失败:AX=错误码
44	设备驱动程序控制	BX=文件代号 AL=设备子功能代码(0-11H) 0=取设备信息 1=置设备信息 3=写字符设备 4=读块设备 5=写块设备 6=取输入状态 7=取输出状态 BL=驱动器代码 CX=读/写的字节数	成功:DX=设备信息 AX=传送的字节数 失败:AX=错误码
45	复制文件号	BX=文件代号1	成功:AX=文件代号2 失败:AX=错误码

附　录

（续）

AH	功　能	调用参数	返回参数
46	强行复制文件代号	BX=文件代号1 CX=文件代号2	失败:AX=错误码
47	取当前目录路径名	DL=驱动器号 DS:SI=ASXIZ 串地址（从根目录开始路径名）	成功 DS:SI=ASXIZ 串地址 失败:AX=错误码
48	分配内存空间	BX=申请内存字节数	成功:AX=分配内存的初始段地址 失败:AX=错误码 BX=最大可用空间
49	释放已分配内存	ES=内存起始段地址	失败:AX=错误码
4A	修改内存分配	ES=原内存起始段地址 BX=新申请内存字节数	失败：AX=错误码 BX=最大可用空间
4B	装入/执行程序	DS:DX=ASCIZ 串地址 ES:BX=参数区首地址 AL=00 装入并执行程序 AL=01 装入程序,但不执行	失败:AX=错误码
4C	带返回码终止	AL=返回码	
4D	取返回代码		AL=子出口代码 AH=返回代码 00=正常终止 01=用 Ctrl-C 终止 02=严重设备错误终止 03=用功能调用 31H 终止
4E	查找第一个匹配文件	DS:DX=ASCIZ 串地址 CX=属性	失败:AX=错误码
4F	查找下一个匹配文件	DTA 保留 4EH 的原始信息	失败:AX=错误码
50	置 PSP 段地址	BX=新 PSP 段地址	
51	取 PSP 段地址		BX=当前运行进行的 PSP
52	取磁盘参数块		ES:BX=参数块链表指针
53	把 BIOS 参数块转换为 DOS 的驱动器参数块（DPB）	ES:BP=DPB 的指针	
54	取写盘后读盘的检验标志		AL=00 检验关闭 AL=01 检验打开
55	建立 PSP		DX=建立 PSP 的段地址
56	文件改名	DS:DX=当前 ASCIZ 串地址 ES:DI=新 ASCIZ 串地址	失败:AX=错误码
57	置/取文件日期和时间	BX=文件代号 AL=00 读取日期和时间 AL=01 设置日期和时间 (DX:CX)=日期:时间	失败:AX=错误码

283

（续）

AH	功　能	调用参数	返回参数
58	取/置内存分配策略	AL=00 取策略代码 AL=01 置策略代码 BX=策略代码	成功:AX=策略代码 失败:AX=错误码
59	取扩充错误码	BX=00	AX=扩充错误码 BH=错误类型 BL=建议的操作 CH=出错设备代码
5A	建立临时文件	CX=文件属性 DS:DX=ASCIZ 串(以\结束)地址	成功:AX=文件代号 DS:DX=ASCIZ 串地址 失败错误代码
5B	建立新文件	CX=文件属性 DS:DX=ASCIZ 串地址	成功:AX=文件代码 失败:AX=错误代码
5C	锁定文件存取	AL=00 锁定文件指定的区域 AL=01 开锁 BX=文件代号 CX:DX=文件区域偏移值 SI:DI=文件区域的长度	失败:AX=错误代码
5D	取/置严重错误标志的地址	AL=06 取严重错误标志地址 AL=0A 置 ERROR 结构指针	DS:SI=严重错误标志的地址
60	扩展为全路径名	DS:SI=ASCIZ 串的地址 ES:DI=工作缓冲区地址	失败:AX=错误代码
62	取程序段前缀地址		BX=PSP 地址
68	刷新缓冲区数据到磁盘	AL=文件代号	失败:AX=错误代码
6C	扩充的文件打开/建立		成功:AX=文件代号 CX=采取的动作 失败:AX=错误代码

参 考 文 献

[1] 沈国荣.微机原理与接口技术[M].南京:南京大学出版社,2010.
[2] 马维华.微机原理与接口技术.2版.北京:科学出版社,2009.
[3] 杨帮华,马世伟,等.微机原理与接口技术使用教程[M].2版.北京:清华大学出版社,2013.
[4] 陈建铎.微机原理与实训教程[M].北京:清华大学出版社,2013.
[5] 王庆利.微型计算机原理及应用[M].西安:西安电子科技大学出版社,2009.
[6] 刘红玲,邵晓根.微机原理与接口技术[M].北京:清华大学出版社,2011.
[7] 田辉.微机原理与接口技术[M].2版.北京:高等教育出版社,2011.
[8] 刘乐善.微型计算机接口技术及应用.武汉:华中理工大学出版社,2005.
[9] 王克义.微机原理与接口技术.北京:清华大学出版社,2012.
[10] 胡蔷,王祥瑞.微机原理与接口技术[M].北京:机械工业出版社,2013.
[11] 周国祥.微机原理与接口技术[M].合肥:中国科学技术大学出版社,2010.
[12] 王惠中,王强,李策.微机原理及接口技术[M].北京:机械工业出版社,2008.
[13] 杨永,王晓军,李玉忠.微型计算机原理及应用[M].北京:化学工业出版社,2010.
[14] 赵邦信,林嵘.微型计算机原理及应用学习指导[M].北京:化学工业出版社,2010.
[15] 李继灿.微型计算机系统与接口教学指导书及习题详解[M].2版.北京:清华大学出版社,2012.
[16] 李继灿.新编16/32位微型计算机原理及应用教学指导及习题详解[M].5版.北京:清华大学出版社,2013.